九宫格思维

四条线破解认知困局

トリーズの9画面法

[日]高木芳德／著　黄洪涛／译

中信出版集团｜北京

图书在版编目（CIP）数据

九宫格思维：四条线破解认知困局/（日）高木芳德著；黄洪涛译. -- 北京：中信出版社，2024.4
ISBN 978-7-5217-6336-2

Ⅰ.①九… Ⅱ.①高… ②黄… Ⅲ.①思维方法－通俗读物 Ⅳ.① B804-49

中国国家版本馆 CIP 数据核字 (2024) 第 018243 号

トリーズの9画面法
TRIZNO 9 GAMENNHOU
Copyright © 2021 by Yoshinori Takagi
Illustrations © 2021 by Yushi Kobayashi
Original Japanese edition published by Discover 2l, Inc., Tokyo, Japan
Simplified Chinese edition published by arrangement with Discover 2l, Inc. Arranged through Inbooker Cultural Development (Beijing) Co., Ltd.
Simplified Chinese translation copyright © 2024 by CITIC Press Corporation
本书仅限中国大陆地区发行销售

九宫格思维——四条线破解认知困局
著者：　　[日] 高木芳德
译者：　　黄洪涛
出版发行：中信出版集团股份有限公司
　　　　　（北京市朝阳区东三环北路 27 号嘉铭中心　邮编　100020）
承印者：　嘉业印刷（天津）有限公司

开本：880mm×1230mm 1/32　印张：11.25　字数：298 千字
版次：2024 年 4 月第 1 版　印次：2024 年 4 月第 1 次印刷
京权图字：01–2024–1912　书号：ISBN 978-7-5217-6336-2
定价：69.00 元

版权所有·侵权必究
如有印刷、装订问题，本公司负责调换。
服务热线：400–600–8099
投稿邮箱：author@citicpub.com

目录

前言 ············ V
本书的架构及各部分的预期目标 ············ XV

第一部分
九宫格思维的厉害之处

背景及预期目标 ············ 003
为什么九宫格思维是必不可少的（目标共享） ············ 005
什么是九宫格思维？ ············ 008
"包含关系 × 时间轴"让你瞬间掌握信息的整体和
　细节 ············ 011
传统方法无法解决的"痛点" ············ 016

第二部分
掌握九宫格思维

不要与巨人斗，而是站上其肩膀 ············ 023
第二部分的预期目标 ············ 024
亲身体验九宫格思维 ············ 031

第1章　横向三宫格　划分时间顺序后再思考

- 养成划分时间顺序并将之排列的习惯 036
- 学习横向三宫格的目的和效果 038
- 横向三宫格思考法的诀窍 041
- 常用的横向三宫格 043
- 练习使用横向三宫格 069
- 延伸内容　《笔记的魔力》与 TRIZ 079

第2章　纵向三宫格　划分空间（系统）大小顺序后再思考

- 用纵向三宫格划分空间后再思考 082
- 学习纵向三宫格的目的和效果 084
- 用空间轴"三分天下" 085
- 拓展视野，寻找解决问题的资源 088
- 认识"系统"思考法 090
- 常用的纵向三宫格 100
- 纵向三宫格的用法 129
- 延伸内容　3C 分析和纵向三宫格 141

第3章　九宫格　以时间轴 × 空间（系统）轴扩展思考

- 使用六宫格、九宫格的目的和作用 144
- 九宫格的画法 145
- 观察·发明六宫格/九宫格 148
- 用六宫格、九宫格分析热销商品 156
- 延伸内容　九宫格充当"补给站"与创造的 8 个新世界 161

用鸟居七宫格预测发展趋势	163
热销产品预测九宫格	174
策划九宫格	176
企业分析九宫格	180
空间九宫格、系统九宫格	200
预测未来九宫格	202
自我介绍九宫格	209
九宫格实践训练	218

第三部分
利用九宫格思维进行沟通

| 第三部分的预期收获 | ....241 |

第 4 章　用于沟通的九宫格

沟通形态的变化	244
区分可控因素和不可控因素	246
汇报、联络、商量九宫格	248
策划九宫格	271

第 5 章　战略分析与九宫格思维

九宫格思维是战略分析的高级概念	282
用六宫格发现新需求	294
延伸内容　发明要素一览与《日常生活中的发明原理》	296
用九宫格来教学	301

目录　III

第6章 常用的九宫格示例

用九宫格讨论美食 320
用九宫格辅助学习 322
用九宫格做读书笔记 324
用九宫格做预测 326
在九宫格中使用插图 330

参考文献 333
后记 337

前言

"明天就要交提案了,现在还完全没有头绪!"

"好不容易想出一个全新的解决方案,但主管和团队成员却无法理解我的创意……"

不知大家是否有过这样的苦恼。

在规划新事业或写新项目资料时,在撰写新产品策划案、学校或公司的宣传资料时,在构思论文题目或就职面试的自我介绍时……

我们常会面临如下问题:

- 提出新创意;
- 用文字或口头向他人传达自己的创意。

有时我们虽然有不错的创意构思,但在开会讨论或磋商时却总无法将它们很好地表达出来,并因此而感到懊恼。

我本人也面临过同样的困扰。但在我学会并掌握了"TRIZ 九宫格思考法"后,情况就发生了很大变化。通过此方法,我的很多工作和提案都出乎意料地进展顺利。

表达创意 量产创意

"不能很好地表达创意",不仅出现在职场中,其他各种大大小小的场合也都有可能发生,实在是一个让人无奈又烦恼的问题。

创意（即针对某个问题的解决方案）如果不能很好地传达给他人，就无法体现出价值，只能停留在"仅仅是某个人的想法"这一层面，无法在这个复杂多变的现实社会创造出其该有的价值。

因此，进行创意构思时不仅要考虑解决方案，还需要考虑如何将自己的创意传达给他人。

但是，为了创新或为了解决问题的创意思考法大多注重提高创意的"质量"。

不过，创意的"质"是从创意的"量"中得来的（这是事实）。我特意查了一下以解决问题为目的时应如何进行创意，结果都是先进行"创意量产"。

大家耳熟能详的头脑风暴法即为其中一例。

头脑风暴法分为两步：一是让每个人提出数个方案，但不对所提出的方案进行评价；二是对所提出的方案进行"凝练"，筛选出其中有用的创意。

此外，还有头脑风暴法的提出者亚历克斯·奥斯本（Alex Osborn）所提出的奥斯本核检表法，以及6个人在1个小时内提出108个创意的头脑风暴脑力写作法等。

接下来，需要考虑如何向他人"传达"积累下来的好创意。

目前，向他人传达创意的常见方法有演示文稿（PPT）和快速原型制作（RP）等。但这些方法的使用与创意的传达是两回事，所以并不适合用来传达创意。

使用不合适的传达方法会导致什么结果呢？

就像本书开头所提的，当你的创意并非过去创意的简单延伸，而是更新颖、更独特时，就更难于向他人传达，从而面临必须权衡得失的难题。

创意是否有价值取决于其是否能传达出去

"构思创意"和"传达创意"的关系,可用发电站和输电线来比喻。

构思创意就如同发电站发电,不管我们如何努力提升发电效率,只要输电时采用的不是专用的铜线,那么在输电过程中就会产生大量的能量损耗。

尤其是近年来,许多问题呈现出复杂化和多样化的趋势,鲜有问题仅靠一个人或一个创意点子就能解决。

先将自己的创意传达给他人,并在此基础上激发出更新的创意。未来,很多情况下都需要这样的"创意连锁反应",因此,必须确保有一条稳定可靠的"输电线"。

过去那种"先提出一堆创意,再从中提炼出有用创意"的做法已不再适应时代要求,"在可以清楚说明创意理由的前提下,量产创意"日渐重要。

那么,是否存在这样的方法呢?

当然有,这就是本书所介绍的"TRIZ 九宫格思维"。

九宫格思维可激发创意并高效传达

请允许我先做一下自我介绍。我叫高木芳德,任职于索尼股份有限公司,做过产品研发和新事业部门创立及新项目开发等工作,目前从事人力资源开发方面的工作。2017 年起,在东京大学兼任讲师。

多年来,我一直从事创意工作,而且需要将自己的创意传达给他人,我日常采用的传达方法就是 TRIZ 方法。

我的前一本书《日常生活中的发明原理》,是一本有关 TRIZ 的入门书,介绍了 TRIZ 的基本概念——发明原理。这本书在日本亚马逊的发明专利类图书畅销排行榜上连续半年占据第一名，非常感谢大家的抬爱。

TRIZ诞生于俄罗斯，意为"发明问题解决理论"。它取自四个俄语单词的首字母：Teoriya（理论）、Resheniya（解决）、Izobreatatelskikh（发明）、Zadatch（问题）。

20世纪50年代，苏联专利审查官根里奇·阿奇舒勒（G. S. Altshuler）及其团队创立了TRIZ理论，该理论现已推广到全世界并不断进化和发展。

TRIZ理论广受欢迎的原因在于，它是考虑到"跨领域的共通性"后总结和提炼出来的。它也是阿奇舒勒及其团队对200多万件专利进行科学分析和验证后总结出来的科学方法。

这是一个非常优秀且独一无二的解决问题的理论体系。

它诞生于苏联尚未解体时，苏联将之作为一项高度机密，绝不允许向西方国家泄露。1991年苏联解体后，掌握TRIZ技能的专家流散到西方国家，从而给西方国家带来了巨大的震撼。

现在西欧国家已经有专门研究TRIZ的机构，市场上也出现了一项需花费数百万日元才能获得授权的TRIZ软件，专业的TRIZ技术顾问也赚得盆满钵满。

在这样的背景下，作为问题设定的基础受到重视的，就是本书所介绍的"TRIZ九宫格思维"。

九宫格思维是TRIZ理论中最重要的观点。目前，市面上对TRIZ介绍得最详细的书是达雷尔·曼恩（Darrell L. Mann）的《系统性创新手册》（*Hands-on Systematic innovation*），为了让九宫格思维扎根于读者的脑海，这本书几乎每一页上都印着九宫格的图示。

此外，在我主讲的培训及各种训练课程中，TRIZ也获得了广泛好评。在索尼集团内部的300多种基础技术培训中，我负责的与九宫格思维相关的培训获得了学员综合评价的第一名（2018年度）。

而且，参加过培训的人也开始在公司内部向同事介绍九宫格思维。此外，我在东京大学执教的课程，也年年深受学生好评。

这全是因为九宫格思维是一个历史悠久且成效卓越的理论工具。

TRIZ 如此强大，运用起来却非常简单。以九宫格思维为例，其并不需要什么特殊的工具，非常简单易行。

首先，像我们小时候玩五子棋游戏一样，在一张纸上用 4 条线画出"井"字，这样便把纸分出了 3×3 共计 9 个格子的图形。

接下来，分别给横轴和纵轴命名。将横轴定为时间轴，即横向三格分别代表：过去、现在、未来。将纵轴定为包含关系的系统：超系统、系统、子系统（见图 0-1）。

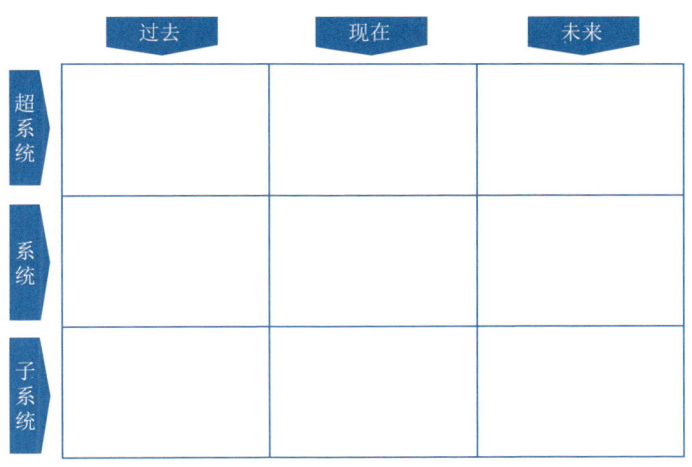

图 0-1　九宫格示例

"超系统、系统、子系统"这些表述听起来可能让人稍感迷惑，但你只要这样理解"系统"就可以了：为了实现某个目的而将几个相关要素集合起来的集合体，而且这些集合体具有包含关系，即阶层（上下）关系（具体内容将在本书第二部分进行详述）。

以人体为例。人的身体是一个大的系统，又由各种具有不同作用的组织及细胞组成。

人体都由哪些部分构成呢？答案是各种器官。例如，摄取食物中的营养并将其分解，并排出食物残渣的器官群是"消化系统"；使血液流向身体各部位的器官群是"循环系统"，等等，身体就是由构成"××系统"的器官构成的。而这些器官本身也是一个系统，它们作为人体的一部分，是一个更小的集合体。

消化系统、循环系统等也都是由更小的器官，如肠、胃、心脏、血管等组成的。

如上所述，为了实现某种目的，相关要素集合在一起就形成了系统，如"身体""消化系统""肠""胃"等，这些系统又具有如下包含关系（大小关系）：

身体系统＞消化系统＞胃、肠

放眼到汽车领域，就有"交通系统""汽车""驱动系统"，家庭中则有用于欣赏音乐和电影的"家庭影院系统"（以及其中的"组合音响""音乐播放器"），等等，这些都属于系统。这些系统也和人体系统一样，存在包含关系（如图 0-2 所示）。现阶段请大家先理解和掌握这个系统的概念。

通过"包含关系 × 时间轴序列"整理的信息，更容易激发创意或策划的灵感，也更容易向他人传达这种灵感。

九宫格思维的威力

前文提过的"所要传达的内容越多，创意或策划案越难于很好地向他人传达"，其实也是我面临过的困扰。

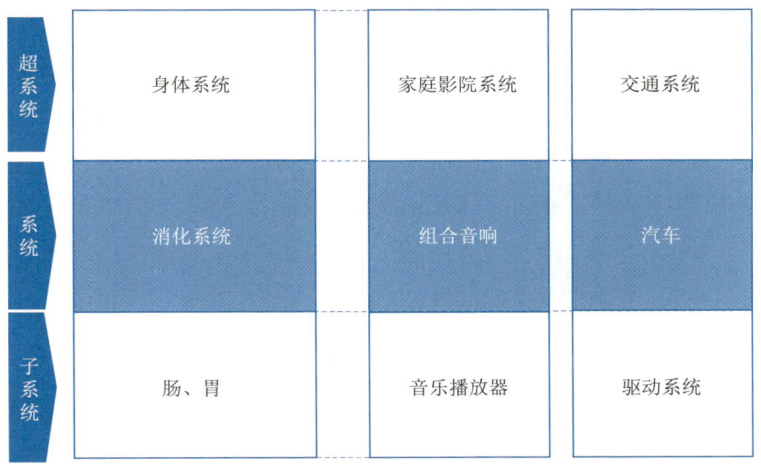

图 0-2　三种常见系统

但在我学会本书所介绍的九宫格思维后,"信息整理"→"创意构思"→"传达"等所有问题都一气呵成、迎刃而解了。结果,我完成了许多人无法完成的工作,也能将本来很难向他人传达的探索性提案很好地分享出去并顺利推进了。

其中,令我印象最深的是我用此方法从一家制药公司接到了订单。那时我向该制药公司推销我们在新项目中开发出的功能,并且成功地获得了订单。

向对方解释这个事面临三个障碍,一是"新业务",二是"业界首创的功能",三是"非相关领域",因此要说服对方非常困难。再加上对方所处的是关系到人的生命安全的产业,它们对于采纳新事物一直是慎之又慎的。

在如此困难的情况下,我竟获得了两家制药公司的订单,我认为这也得归功于九宫格思维。而且,成功获得这两份订单,也让我当时所负责的新业务得以存续。

此外,在某个夏天的10天里,我举办了共有2000多人参加的亲子发明课程，而且多次通过了扩大专利权利范围的审查，还应邀在《日经商业在线》发表连载文章等。由此可见，通过运用九宫格思考，将策划及报告内容进行整理并向他人传达的效率有了很大的提升。

现在，我除了在索尼集团负责人力资源开发工作，还担任了"多样化成长空间——PORT"项目的策划及运营主管。PORT 是一项探索性的工作，不可能凭任何人的一己之力完成。其成员涉及十多家公司，人员结构非常多元。

再加上现在的社会状况已经发生了很大变化，为了应对这样的变化，我反复利用九宫格整理各种信息、提出假设、向他人传达构思，并在实施后进行探讨。

2020 年，受新冠肺炎疫情的影响，我迅速地将各种工作转换为线上模式。我们团队的成员背景多样，自主性极高，即使在新冠疫情肆虐的情况下，仍能每天不懈地努力探索，使这个"互相学习的空间"持续发展。一个媒体朋友在采访后惊叹道："你们比同类其他团体领先太多了！真不愧是索尼！"这位媒体朋友采访过许多和我们类似的团队，所以得到他这样的评价对我们来说是一种莫大的鼓励。

我也因此产生了"应该将这么简单却强大的 TRIZ 介绍给更多人"的想法，这也是我写本书的初衷。

在出版本书的过程中，包括我向编辑阐述出版这本书的意义，以及编辑能在会议上说服其他人采纳这个选题等，九宫格思维也发挥了极大的作用！

可能有人认为，进行创意构思并将自己的创意简单易懂地向他人传达需要个人天分，或者认为这是专业人士的特权。但事实并非如此，只要会运用九宫格思维这个工具，每个人都可以轻松提出创意，并顺利地将创意很好地向他人传达。

简而言之，用简单的 4 条线画出的九宫格，可帮助很多人创造出各种价值。希望大家都能学会运用九宫格来思考,一起打造出一个更美好的世界。

高木芳德

本书的架构及各部分的预期目标

本书由三部分构成。如西蒙·斯涅克（Simon Sinek）在其著名的 TED 演讲中总结的黄金圈法则一样，我将按 why、how、what 的顺序进行说明，帮助大家理解并掌握九宫格思维。

- 为什么要学习九宫格思维（why）
- 九宫格思维的理解和练习（how）
- 九宫格思维的应用与实践范例（what）

首先，在本书第一部分，我简单地介绍了九宫格思维的魅力和优点。

现代社会，不管是职场还是个人生活都越发多样化，所以在帮助他人实现价值时，我们必须意识到自己和他人存在的认知差异。而且，随着科技的进步，环境也时时刻刻发生着变化，在这样的背景下，过去传统的解决问题的方法可能已经不适用了。

这个时候，就该九宫格思维发挥作用了。利用九宫格思考之所以能解决传统方法无法解决的问题，关键在于 3×3 分割法以及时间轴和空间轴的设定。

只要了解九宫格思维与商业中使用的传统方法的异同点，理解九宫格思维的优势，便会明白它优于传统的问题解决法。

在本书第二部分，我将通过 3 个章节讲解如何通过横轴、纵轴画出九宫格。通过列举几个常见且便于进行的例子，以讲解例题及智力竞猜等方式，让大家在不知不觉中学会和掌握九宫格思维。

第二部分的第 1 章，我先以大家容易感受和理解的时间轴为例，通过7个例子讲解如何将横向的时间轴划分为"过去→现在→未来"三宫格。

第二部分的第2章，同样通过7个例子，将系统轴中的纵轴划分为"大、中、小"纵向三宫格，从而让读者加深对"系统"的理解。

第二部分的第3章，通过横轴、纵轴的结合，用7个例子对六宫格至九宫格进行介绍。

在各章的结尾，我还为大家准备了以企业分析为主题的"实践练习"，希望大家能通过自己动手画出三宫格或九宫格，实际体验和学会从不同角度来看待一个问题。

本书第三部分通过九宫格思维的应用实例及范例，让读者加深对九宫格思维的理解。相信读者只要理解了示例及九宫格思维在创意中所起的作用，很快就能学会用九宫格来整理自己的思路。

为什么要学习九宫格思维（why）	九宫格思维的工具和用法（how）	九宫格思维的实际运用（what）
理解九宫格思维的优势	理解九宫格思维的组成要素和运用方法	理解九宫格思维的应用实例及运用方法
认识TRIZ九宫格思维	理解九宫格思维的内容	运用九宫格思维进行沟通
● 何谓九宫格思维 ● 九宫格思维的作用 ● 九宫格思维与传统方法的异同	● 横轴三宫格（时间轴） ● 纵轴三宫格（系统轴） ● 六宫格~九宫格（时间轴×系统轴）	● 用于沟通的九宫格 ● 用于解决问题的九宫格 ● 各种九宫格
第一部分	第二部分	第三部分

（右侧标注：预期目标　主题　具体内容）

图 0-3　本书的预期目标

第一部分

九宫格思维的厉害之处

背景及预期目标

对方为什么不理解我们的创意或策划案？

是我们的创意太难理解，还是对方不了解我们的价值观，抑或对方对我们根本没兴趣……面对这样的情况，很多人可能会这么想。

如果对方对我们想要表达的内容在某种程度上感兴趣，即使内容较难理解，或是与他自身的价值观或所关注的点存在某种程度的偏差，对方可能也愿意听完我们的介绍。

而且，对方对于"创意难以理解"的判断，一定是在听了我们介绍的部分内容后才做出的。

也就是说，如果你认为对方完全没了解你的创意，可能并不是因为创意本身难以理解，而是因为你没有把这个创意的形成背景（即主题设定）向对方表达清楚，或者没有向对方说清楚你的分析及比较意图，以及想得到什么结果。

针对此情况，你需要事先准备"第3条信息"，也就是向对方明确传达这个创意的形成背景以及你所规划的未来蓝图等。

本书所介绍的九宫格思维，就是以横轴为时间轴，以纵轴为系统轴，用横轴和纵轴分别划分出3格，再利用这3×3共9个格子来整理和分析必须解决的问题及其相关问题。

这一方法的关键就在于划分三宫格。

如果你已经了解了现状，同时有了假设或方案，请清楚地告知对方这个创意的背景；如果你已经了解过去的事实和现在的状况，请明确地向对方传达你所规划的未来或假设的结果。

画出一个可以填入"第三条信息"的空格，便能向对方清楚地说明创意的背景以及可能性，由此，还可系统地构思出新的创意。

意识到环境变化	与传统方法的相同点	与传统方法的不同点
VUCA[①]时代，我们必须具有超系统的视角 ⇒ 好的解决方法是什么？	以时间轴和空间轴制作表格，浅显易懂 ⇒ 不会就学，学会制作表格	传统方法注重"要素"，没机会从时空视角进行学习 ⇒九宫格就是最好的学习工具
需要更强的假设能力 ⇒九宫格可满足需要	通过"包含关系×时间轴"进行整理，整体和细节一目了然	传统方法停留在"要素"上 ⇒时空视角思维并非天生，人人都能学会
● 气象相关话题：地震→余震 ● 震撼业界的话题 ● 具有超系统的思维	● 日程表 ● 甘特图 ● 时空画布	● 逐条记下 ● 分割 ● 逻辑思考
时间点1	时间点2	时间点3

纵轴：超系统（环境、前提、背景）→ 系统（主题）→ 子系统（具体要素）　系统轴

图 1-0-1　第一部分的预期目标

在本书第一部分，我将对这个工具的概要及优势进行说明。

首先，从外部环境的变化与九宫格思维系统轴（纵轴）的关系来说明九宫格思维为什么是必不可少的。

---

① VUCA 指易变性（volatility）、不确定性（uncertainty）、复杂性（complexity）、模糊性（ambiguity）。——编者注

接下来，简单介绍九宫格思维到底是一种怎样的方法，从而让大家对它有个大致的认识。

最后，介绍九宫格思维具有巨大优势的秘密。通过将它与传统的问题解决法进行比较，让读者理解和感受到它的巨大优势。

为什么九宫格思维是必不可少的（目标共享）

思考大环境的必要性

我们很多人都生活在相同的大环境中。多数情况下，环境不会发生剧烈的变化，所以我们通常不会太在意环境而过着安逸的生活。我们无须担心空气中的氧气会突然消失，或者空中会突然掉下什么物体。

正是因为环境通常不会发生什么变化，所以我们确实也没什么必要时时在意"环境是否变化"。就像回到家中时，按一下电灯开关就有亮光，一拧水龙头的开关就会有水出来，这些基础民生设施稳定地给我们提供的保障并不会轻易变化。

但是在 2011 年，日本大地震导致核电站停摆，我所居住的厚木市采取了限电措施，规定了每天的停电时间。我虽然对此多有怨言，但也只能无奈地关注我所居住地区的供电情况（即关注环境）。

因此，在一个环境剧烈变化的时代，例如自然灾害暴发或传染性病毒蔓延，人们越来越需要考虑过去发生的事情和未来将发生的事情，并留意环境的变化。

关注商业环境的变化

同样地，我们还需要关注商业大环境的变化。

为什么必须关注商业大环境的变化呢？因为这样才能了解和掌握自己目前所处的环境的状况，并及时与团队成员、下属及上司共享信息。

假设你是一家规模在行业内数一数二的企业的负责人，在你完全不了解公司发生了什么的情况下，面对工作内容发生的如下变化，你是否会感到不安，甚至充满压力呢？

- 以前向客户推销时，被问得最多的是"能否稳定地供货"。
- 最近客户提出这样的要求："请提供贵公司的产品与业内排名第二企业的产品的比较表。"
- 下个月开始，工作重心不再是和客户交流，而是与业界排名第四、第五的企业对接、交流。

如果你事先了解到公司的业务环境发生了以下变化，那么你就能接受变化，并对自己的方案及对策做出相应的调整。

- 以前，我们公司一直是业界老大。
- 最近因业内排名第二和第三的公司合并了，所以我们公司的排名降为第二了。
- 情急之下，我们公司现在正和业界排名第四、第五的公司探讨合并事宜。

如果将影响力较大的因素放在表格上方，便可整理出图 1-0-2。

如前所述，只有了解了比自己日常思考范围更大的环境的变化，

行业内公司运行平稳有序，排名没变动	行业发生"大地震"，排名第二和排名第三的企业合并	行业重组，即将进入"双巨头"时代	行业
公司定位：行业老大，货源稳定，订单无忧	公司定位：行业老二，相比其他企业有比较优势才可拿到订单	公司定位：探索合并之路，寻找可合并企业	企业
制作本公司产品的供应预测资料	制作与其他公司产品的比较资料	制作公司整体财务状况的资料	自己
过去	现在	未来	

图 1-0-2

才能更容易了解自身目前所处的环境，也才能明白为什么自己会被分派做这份工作。如此一来，不仅无端烦恼减少了，自己还能更容易地进行创造性思考。

企业并购是个比较大的环境，此外还有自己所属团队的状况以及所属部门的状况等比自己更大的环境，这些也将成为创意的前提和制约。

只要按照前文所提的方法对现状进行整理，便能在掌握创意前提的情况下整理信息和进行创意构思，这不仅有利于自己的工作，还有助于自己向团队成员及下属说明各种状况。

什么是九宫格思维？

大家在前文看到的3×3分割的图其实就是九宫格。其中的横轴为时间轴，代表着过去的事实、现在的状况和未来的变化趋势；纵轴为系统轴，其中又以企业为中心（系统），将比企业大的环境定义为超系统，将比企业小的环境定义为子系统。

简言之，九宫格就是：

- 以纵轴为系统轴，以横轴为时间轴；
- 将横纵轴分别分割成3等份，由此就形成了9个格子。

这便形成了用于整理信息的框架。

九宫格的制作方法

画一个九宫格非常简单，就如前言部分所写的，像玩"○×"游戏一样用四条线（两横两竖）画出9个格子，并分别给每个格子命名即可。

其中，横向三宫格的3个格子从左到右分别代表过去、现在、未来，也就是将时间轴分为过去发生过的"事实"、现在的"状况"，以及对未来的"预测"，这样便很容易区分事实和推测，找出作为创意构思前提的过去的"事实"。

时间轴在制订项目日程计划以及进行人生规划等方面能发挥很大作用，相信很多人对此并不陌生。

而且，三个代表过去、现在、未来的三宫格叠在一起，便是九宫格思维的特征之一。纵向以相对大小或包含关系（系统）为标准来划分，将较大的集合体或环境放在上段，而将构成要素较少或较小的集合体放在下段[①]（如图 1-0-3 所示）。

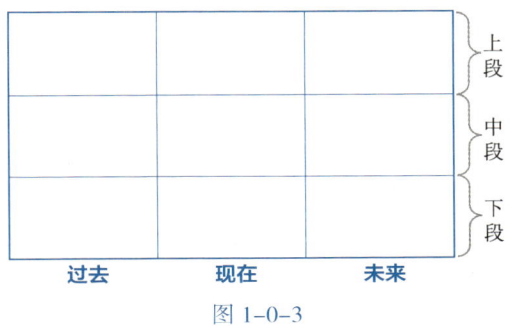

图 1-0-3

由此，我们便可很容易地整理出环境变化带来的影响并做出相应的预测，或清楚自己可以改变的部分以及不可改变的部分。也就是说，这便于我们从宏观视角及微观视角进行思考。

九宫格思维的特点

九宫格思维的特点如下：

● 轴的设定（系统轴 × 时间轴）；
● 将各轴 3 等分。

[①] 如图 1-0-3 所示，本书后文将以上段、中段、下段指代九宫格的三个横向三宫格，同时以最左列、中间列、最右列区分纵向三宫格。——编者注

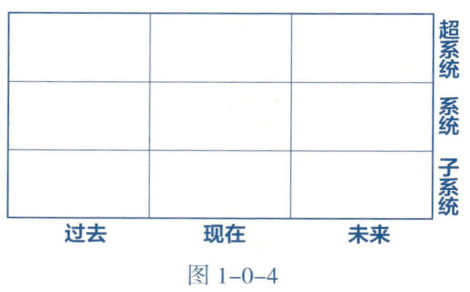

图 1-0-4

①轴的设定（系统轴 × 时间轴）

首先谈谈轴的设定方法。"系统轴 × 时间轴"这个方法非常科学，也是它有别于一般商务问题解决框架的地方。

从科学性来说，"空间的三维（系统的一部分）× 时间变化"确实为最佳方法。大家回想一下初中、高中时所上的物理课，脑海里是不是立刻会浮现用 x-y-z 轴表示空间及用 t 轴表示时间的画面呢？

事实上，世上一切基本可通过其（空间）大小和彼此关系等的"包含关系"及"时间变化"来呈现。所以，只需利用时间和空间这两个维度，便可在无须改变基本标签属性的前提下，提升创意构思的再现性。

那么，为什么在我们步入社会走进职场后，很少遇到这样通过时间和空间来分析问题的情况呢？

其实只是表面上看不到而已，在大家熟知的 3C 或 4P[①] 等分析法的框架里，就隐藏着时间和空间的概念。在职场中，人们为了方

[①] 3C 即 3C 战略三角模型，由大前研一提出。4P 为 4P 分析法，即产品（product）、价格（price）、地点（place）、宣传（promotion）。——编者注

便而用 3C、4P 等名称来指代这些框架。它们的本质也是通过"系统 × 时间"来划分。关于这些内容,本书将在第三部分详述。

②将各轴 3 等分

接下来将各轴进行 3 等分,将 3 种信息列出来,这是九宫格思维的另外一个特点。

不是简单地比较两者的差异,而是设定了 3 个空间,将 3 种信息罗列出来,这样便于补充背景信息,能让大家更容易理解从已知的背景中产生创意或假设的过程。

而且,列出 3 种信息,也有助于我们理解它们之间的相互关系,有助于今后的信息更新和下一步的创意构思。

下面,我将把九宫格思维与传统的商业创意框架进行比较,从而对九宫格思维做进一步说明。

"包含关系 × 时间轴"让你瞬间掌握信息的整体和细节

上一节对九宫格思维的特点做了说明,指出其特点在于轴的设定及将其进行 3 等分。

对于这么简单的框架,大家是否感觉有点眼熟呢?

接下来,我会将九宫格思维与传统的已广为人知且在商业上得到广泛使用的方法进行比较,让大家了解它们的异同。

首先来看共同点。

"包含关系 × 时间轴"是最容易传达信息的

九宫格思维是一个通过列出"包含关系 × 时间轴",实现"容易传达"的同时又富有"创造性"的思考工具。

如前所述,通过设定时间轴和空间轴,信息整理变得更加容易了。

实际上,"包含关系 × 时间轴"的原理已被广泛应用在解决问题的各种框架中,我们也早就受惠其中了。

下面我将以解决问题的几个框架及工具为例进行详细说明。

● 日程表

如图 1-0-5 所示,所谓的日程表,就是按照时间顺序列出每天该做事情的计划表。

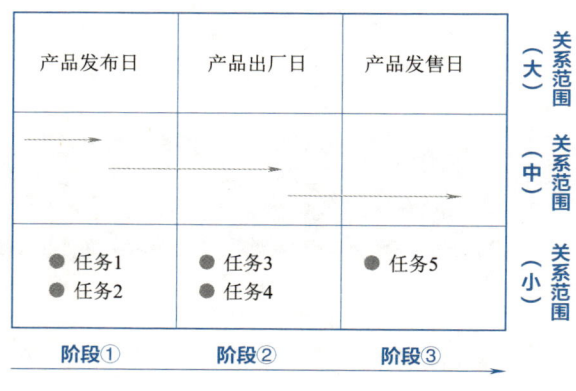

图 1-0-5

世上有两种策划案,一种是有日程表的策划案,另一种是没有日程表的策划案。

当我们把策划案交给主管领导或老师时,对方首先会问:"日程表在第几页?"这样的经历,大家遇见的可能不止一两回吧?

日程表上一定要有时间轴。一般情况下，时间轴是横向从左到右延伸的。如果一份资料不按照时间轴顺序将该做的事情列出，那阅读起来就会非常不方便。所以领导要求我们"按时间顺序给我做一份资料"是有道理的。

其中最容易理解的计划表格式是，将产品的发售日及出厂日等与其他部门关联甚多的事项列在最上面，并在下方对应的位置列出整体工作流程及每项任务具体是什么。

这就是"按照（问题的）粒度从大到小排列"，想必有读者听说过。

接下来，请大家从纵向来考虑"问题的粒度"，也就是将"相关成员的多寡"大致等同为"相关成员所占的空间"，这样就是按照"大空间→小空间"的顺序排列。

● 甘特图

甘特图将日程表进一步细分，且将任务按"前一道工序→后一道工序"的顺序进行排列。

乍看起来，甘特图是按照时间顺序将大大小小的任务混杂在一起的，因此大家可能一开始感觉它并非按从大到小的顺序进行排列，如图 1-0-6 所示。

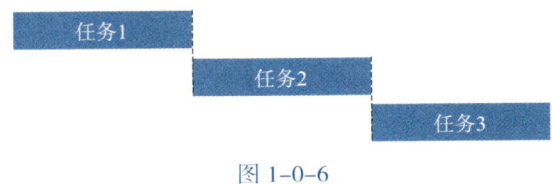

图 1-0-6

不过，如果大家考虑一下各任务的影响程度，便可看出它从上到下是按"大→小"的顺序排列的，如图 1-0-7 所示。

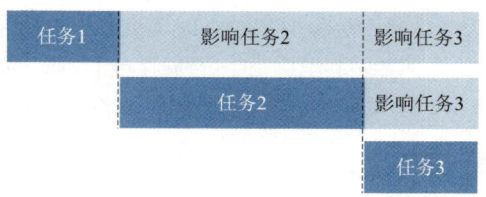

图 1-0-7

任务影响程度的大小取决于相关成员的人数,如果从相关人员所占空间的角度来看,该图就是按"包含关系 × 时间轴"的顺序排列的。

● 包括箭号图形的"大项目""小项目"型

在国家或民间研究机构所制作的项目资料中,常出现如图 1-0-8 所示的以"箭号→大项目→小项目"标示的图表。

图 1-0-8

一般情况下,看以这种形式表述的文件,大家会有一种抓住了主线的感觉,并觉得它能按计划推进。

这是最易呈现整体和细节的表达形式。如果能通过这种方式将信息表示出来,之后的探讨将十分顺利,并可能得到好结果。

这样的资料也是根据"系统 × 时间轴"来整理的,你仔细观察各元素,会发现:

- 箭号：社会、环境、时期等属于大空间范围的内容；
- 大项目：重点内容；
- 小项目：与小空间相关的琐碎内容。

按照时间顺序排列，正是以"包含关系 × 时间轴"的九宫格思维来整理的。

- **时空画布**

最后我要举的例子是"T&S Canvas"（时空画布），这是畅销书《一天只工作3小时，平静生活的思考法》的作者山口扬平先生提出的理论。

"T&S"是"time-space"的缩写，其概念与"时间 – 空间思考法"如出一辙。

同样地，按上位概念在上、下位概念在下的顺序排列，且在时间轴上把代表过去的"原因"列在左边，将时间顺序在后的"结果"列在右边，这种方式的原理与九宫格思维也相同。

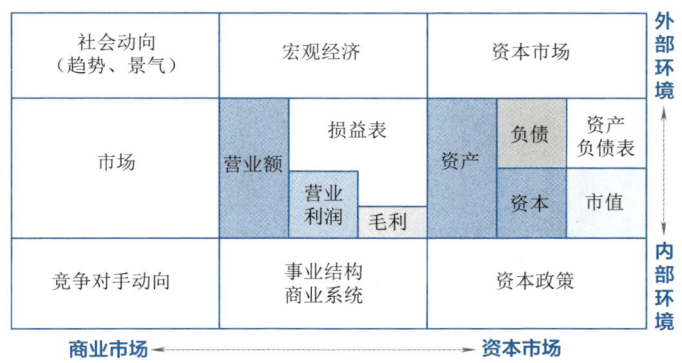

图 1-0-9

综上所述，整体及细节都很容易理解的资料有一个共同点，就是采用了"空间轴 × 时间轴"的形式。

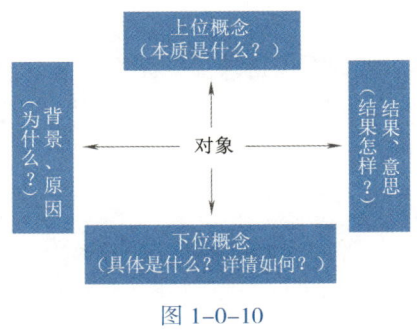

图 1-0-10

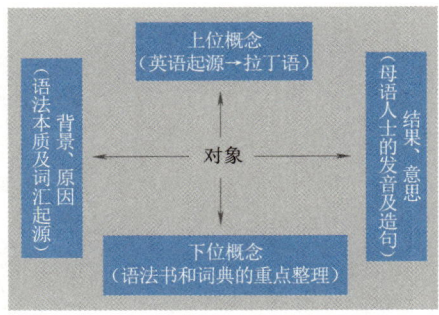

根据山口扬平的《一天只工作 3 小时，平静生活的思考法》制作而成

图 1-0-11　以英语学习为例

传统方法无法解决的"痛点"

前文讲述了用"包含关系 × 时间轴"对欲向他人传达的资料进行整理的方法。也就是说，用这两个轴对信息进行整理，在向他

人传达时会更容易。

讲到这里，大家是否已经发现了，制作简单的日程表或是运用箭号图形、时空画布等整理信息，并非想象的那么难。之前你是否认为要学会制作这类图表肯定需要花费很多时间，或者认为要画出这么简单明了的图表需要一定的天赋？

此外，大家是否有过这样的经历，就是由于行程表过于简单，因此在面对复杂情况时，它的作用非常有限。

实际上，我们日常所使用的思考工具都存在这样的问题，就是简单的太过于简单，复杂的又过于复杂。

在学习利用九宫格思考之前，我们先来分析一下传统思考方法的优点和缺点吧。

① 逐条记录

在与对方交流或听对方介绍信息时，首先想到的记录方法应该是逐条记下。如果能学会速写或用符号代替文字，效率就更高了。

这种不断换行速写的方式简单到连小学生也会，非常容易上手。但如果只是一味地以罗列的方式记下来，就会出现有些地方记得详细，而有些地方过于简略的问题。

如果手头没留有原始信息，对于将来可能出现的情况就有可能因考虑不周而被漏掉。逐条记录法的最大缺点就是，对没有文字记录的信息无法进行知识产出。

此外，人们都会倾向于对最容易想到的内容进行记载和罗列，所以很容易将时间花在容易想到的细节部分，从而导致视野变窄。

② 分割法

针对逐条记录法中容易出现的疏漏,或是将精力集中在某一部分的弊端,可以采用分割法来避免。

分割法是一种依照规模大小将整个问题进行分割,也就是先划分区域再进行思考,即将问题分割成四个空间或设定为两条轴的方法。

例如 MECE 分析法[①],MECE 分析法通过将问题分解为是否满足了标准、是外部原因还是内部原因、是事实还是推测等,对状况进行进一步分析。

此外还有将问题分解为 2×2 的四宫格或设定为 2 条轴的方法。也就是说,通过划分空间将两者进行比较,从而获得新的发现。

但这种方法的难点在于:往往容易停留在与过去的比较、探讨上,鲜少能达到"设定某种假说"的阶段。

③ 逻辑思考法

逻辑思考法注重设定假说,所以它最近在企业的员工培训中多被采用。

所谓逻辑思考,就是采用逻辑树(金字塔)结构,并不断提出问题,如"Why so?"(为什么会这样?)"So what?"(接下来会怎样?)的方法。

对于问题的回答,可以是事实的确认结果,也可以是需要验证

[①] MECE 中文意思是"相互独立,完全穷尽"。也就是对于一个重大的议题,分析时能够做到不重叠、不遗漏,而且能够借此有效把握问题的核心,并解决问题。——译者注

使用者所看到的特征	使用者所看到的特征	使用者所看到的特征
● 虽容易做到，但也容易漏掉重要信息 ● 容易陷在细节里，导致视野变窄 ● 广告业常用	● 虽有新发现，但一直停留在比较、探讨的层面	● 虽可提出假设，但需花费很长时间才能掌握
传统的方法 逐条记录	**传统的方法** 分割法	**传统的方法** 逻辑思考法
上述方法的组成要素 ● 水平位置（缩进） ● 符号（■/▼/·）	**上述方法的组成要素** ● MECE（事实与预测、外部因素和内部因素） ● 2×2四宫格 ● 通过两条轴来思考	**上述方法的组成要素** ● 逻辑树（金字塔）结构（为什么会这样？接下来会怎样？）
难度小	难度中	难度大

图 1-0-12　传统的知识产出方法及其特征

的假说。这种方法非常适合具备逻辑思考能力的团队，用于成员之间的探讨，是一种知识生产性非常好的方法。

逻辑思考法的难点在于不容易学会和掌握。很多企业为此会对员工进行培训，但仅靠一两次培训人们无法真正掌握。

要想熟练掌握逻辑思考法，必须在耗时几个月的项目中不断运用，直至达成目标。然而，除非你是专业咨询团队的一员，否则你很少有机会接触这样的学习环境。这是一种非常卓越但很难掌握的方法。

综上，传统的逐条记录法和分割法各有优缺点。逐条记录法虽简单，但容易让人将视线集中在某些细节上从而错过其他细节；分割法虽容易把握全局，但无法设定假说或提出方案。这两种方法在上一节"包含关系 × 时间轴"等有图表要素的情况中非常有效，但在设定假说等方面仍有不足。

逻辑思考法虽然强大，但不容易掌握。

然而，九宫格思考法却能让我们直接学会"包含关系 × 时间轴"，而且，通过这一方法，谁都可以拥有设定假说的能力，并能将自己的构思通俗易懂地传达给他人。

本身已经具备很强的创意构思和设定假说能力的读者，也请试着用九宫格思维进行传达。我保证，你一定会惊讶于自己的想法竟能如此顺利地传达给他人。

接下来的第二部分，我将通过具体事例教大家如何实际运用九宫格思维。

第二部分

掌握九宫格思维

不要与巨人斗，而是站上其肩膀

如果我看得比别人远，那是因为我站在了巨人的肩膀上。

——牛顿

谷歌是网络界的巨人，这是毋庸置疑的。现今要将它打倒绝非易事，而它也不会有想与谁战斗的意思吧！它每天都在以自己的方式，努力让世界变得更美好。

面对这样的巨人，我们要做的不是与之战斗，而是想办法站到其肩膀上。而且，巨人也有自觉，就是意识到自己正站在以科学、网络为名的"巨人的肩膀上"。

那么，怎样才能站到巨人的肩膀上呢？

为了从谷歌的成功中学习经验，在这里我建议大家用九宫格思维从各方面对谷歌进行分析。

德意志帝国的"铁血宰相"俾斯麦有句话说：愚者从经验中学习，智者从历史中学习。

温故知新：以历史为题材，学习如何传达"大创意"

谷歌为什么会取得成功？

对于这个问题，社会上也有很多不同的观点：

- 着眼于网页链接/被链接关系的PageRank（网页排名）方式；
- 在检索结果中夹带广告的Adward（关键词广告）方式。

虽然我们可以找到很多创意成功落地的案例，但都是其领域特有的，没有太大的参考价值。

然而，谷歌绝不是仅靠其中的一两个创意获得成功便成为巨人的，而是历经了几千、几万个甚至更多的试错才取得了今天的成就（也就是说，在这家拥有 10 万名员工的巨人公司中，一定还有不少人在不断地进行创意构思）。

在精心策划出一个创意时，我们经常会感觉自己没能力将"庞大的创意"顺利传达给他人。其实，我们只要平时多关注"生活中的实例"（尤其是最佳实践），有意识地关注及选取对周遭有益的创意，并努力理解和掌握，便可从不擅长传达创意的烦恼中解脱出来。

在第二部分的各章中，我给三宫格到九宫格贴上了各种标签并进行了说明，希望大家在学习了相关知识后，通过各章最后的练习能够找到谷歌成功的部分要素。

第二部分的预期目标

在第一部分中，我已经介绍了九宫格思维的特点和威力，第二部分将通过 3×3 的九宫格，教大家从时间轴 × 系统轴的视角进行考虑，并形成习惯。

第 1 章以横向三宫格为例，讲述如何划分时间轴。

第 2 章以纵向三宫格为例，讲述如何划分系统轴。

第 3 章则结合前两章内容，教大家实际运用由时间轴和系统轴组成的六宫格到九宫格。

希望大家在学习完对时间轴和系统轴进行三等分后，通过"时

间轴 × 系统轴"的结合,感受到九宫格思维的强大。

① 九宫格思维的学习之路:
　　时间轴的划分(第1章)

虽然时间是连续不断的,但总能按照某个标准对其进行分割,这样便有助于我们思考。例如,可按以下标准将时间进行分割:

- 昨天已经完成的事;
- 今天正在发生的事;
- 明天计划做的事。

由此,便可将时间分割成昨天、今天、明天,这样大家考虑和分析问题也变得更加容易了。

这么一来,各种影响因素及其关联性变得更加明确,更易于进行整理。例如,由于昨天运动过度,今天仍感到非常疲惫,明天的状况如何则取决于今天能睡多久。也就是说,今天的状况受到昨天的影响,同时影响明天的活动。

像这样将时间分割后进行排列可使思考变得更加容易,也更容易向他人传达。

在第1章中,我们将通过横向三宫格学习时间轴的划分。

- 无法改变的过去(既定事实);
- 自己能完成的现在的具体状态(事实+自我意志);
- 还停留在假设阶段,通过推测可随时更改(推测+自我意志)。

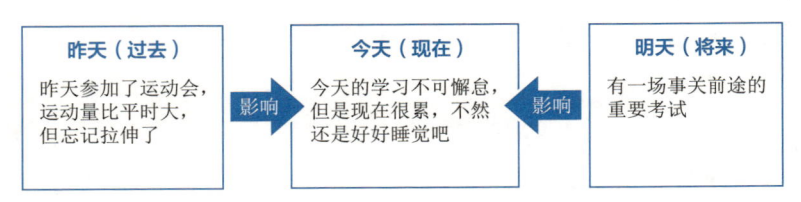

```
┌──────────────┐       ┌──────────────┐       ┌──────────────┐
│ 昨天（过去） │       │ 今天（现在） │       │ 明天（将来） │
│ 昨天参加了运 │ 影响  │ 今天的学习不 │ 影响  │ 有一场事关前 │
│ 动会，运动量 │──────▶│ 可懈怠，但是 │◀──────│ 途的重要考试 │
│ 比平时大，但 │       │ 现在很累，不 │       │              │
│ 忘记拉伸了   │       │ 然还是好好睡 │       │              │
│              │       │ 觉吧         │       │              │
└──────────────┘       └──────────────┘       └──────────────┘
```

图 2-0-1

重点就在于这三个时间段的区别。当你脑中浮现出一个好创意，或者你顺利地将自己的想法传达给他人时，你会发现其实你已经留意到时间节点的不同，或是已经不自觉地运用了时间轴来解决问题。换言之就是，时刻意识到并运用时间轴，是解决问题的捷径。

② 九宫格思维的学习之路：
系统轴的划分（第 2 章）

空间也是有连续性的，假如你能以某种单位对空间进行分割，这也有助于你的思考。

例如，按照都道府县[①]来划分，日本的东海三县便是三重县、爱知县、静冈县。以此标准来划分，各县的行政归属便可一目了然。

但是，空间的划分取决于划分标准。还是以日本的行政区划为例，也可以用"日本国 > 都道府县 > 市町村"的标准进行划分。

另外，日本对河川等级的划分也有一定的标准，比如按流域及重要性来划分的话，由国家进行管理的为一级河川，由都道府县管理的为二级河川，由市町村进行管理的是准用河川。道路也同样，分国道、县道（省道）和市道等级别。

[①] 日本的一级行政区划，相当于我国的省、自治区、直辖市。日本共分为 1 都 1 道 2 府和 43 个县。——译者注

日本爱知县有一个中部国际机场，其中对旅客出入境的检查是国家范畴的工作，而对名古屋铁路公司或公共汽车的管理，则是县级范畴的工作。此外，由于地铁只在城市地区运营，所以管理权归属于名古屋市一级。

虽然管理的主体不同，但是河川、道路及交通工具之间还是有关联性的（如图 2-0-2）。例如，车站是肯定会与道路相连的，铁轨也多沿着河川铺设，所以当河川泛滥时，道路交通便受到影响。在实际思考运用时，如能以同等级别的规模进行考虑，思路便会变得更清晰。

空间·大	国家级：日本（一级河川、国道、出入境航班旅客检查）
空间·中	省级：爱知县（二级河川、省道、私营铁路公司、公共交通）
空间·小	市级：名古屋市（准用河川、市道、地铁）

图 2-0-2

再举一个个人日常生活中的能划分大、中、小空间的例子。

"天空、下雨、雨伞"是咨询公司常用的逻辑思考例子。"感觉天要下雨，就带伞出门"的逻辑，其实就包含了"空间的大、中、小"（如图 2-0-3 所示）。

空间·大	天气 ➡ 自己活动范围内的天空状态
空间·中	当天的所有活动（预测）➡ 会下雨吗
空间·小	行为之一 ➡ 带上伞、打开伞

图 2-0-3

空间大小的变化决定了自己受到影响的程度，所以先划分好空间再考虑问题非常重要。美国商业作家芭芭拉·明托提出的金字塔原理，大部分内容都与空间大小有关，就是按照空间的大、中、小进行排列。

在第 2 章中，我将利用纵向三宫格介绍如何按大小来划分空间和系统。

③ 九宫格思维的学习之路：
   划分时间和空间并将其进行排列（第 3 章）

如前所述，时间和空间都具有连续性，但将其进行合适分割，会有助于我们思考。

在第 3 章中，我们将体会横轴和纵轴结合所产生的效果。在认识到环境随着时间的变化而变化的前提下，我们来看一个将条件设定为"台风即将登陆"的例子。

条件设定：

　　本周初，气象台发布了台风要登陆的消息，由于台风规模不小，所以明天可能无法出门了。

　　昨晚确认了家中的常备防灾物资，发现有些东西缺乏。那么，今天该如何行动呢？

很显然，当务之急就是要采购家中所缺的防灾物资（以及灾后的食物等）。由于昨天已经确认过所需物资了，因此便可轻松判断今天需要出门购买什么（见图 2-0-4）。

日常生活中，我们只要能从自己所处的大环境以及当下情况（要素）出发，便能客观地做出判断和行动，也能更清楚地将自己的想法传达给他人，而且，思虑不周的部分也会自然而然地显现出来。

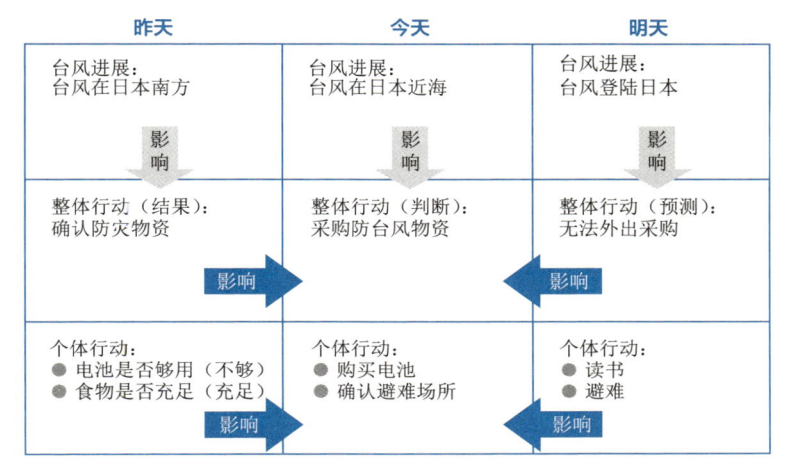

	昨天	今天	明天
台风进展	台风在日本南方	台风在日本近海	台风登陆日本
	↓影响	↓影响	↓影响
整体行动	（结果）：确认防灾物资	（判断）：采购防台风物资	（预测）：无法外出采购
	→影响	→影响	
个体行动	● 电池是否够用（不够） ● 食物是否充足（充足）	● 购买电池 ● 确认避难场所	● 读书 ● 避难
	→影响	→影响	

图 2-0-4

正如前文介绍的一样，九宫格思维有助于我们整理已知内容，明确应该考虑的内容（即中间列所示的现状），突出相关要素及知道未来该做的事情等。

各章的特点及活用方法

本书每一章都从不同的点切入，并通过练习题对九宫格思维进行解说，而且每章最后都有一个"试着写出你所了解的谷歌"的练习，让读者切实感受到九宫格思维的强大和自己的进步。

而且，读者无须将第一部分和第二部分通读一遍后才能进行这个练习，因为各章的每一项内容几乎都是独立的，彼此没有关联。

因此，对于第 1 章，大家可以按顺序阅读能看懂的部分，不懂的内容可以先跳过。章末的问题也只挑自己会做的部分去做即可。

对于第 2 章的内容，大家也不必在意章节顺序，可挑选自己感兴趣的关于纵轴的内容去阅读就好，对于章末问题的处理也同样。

在阅读第 3 章时，大家可以优先阅读在第 1 章、第 2 章已经读过的有关横轴、纵轴的内容。

大家甚至还可以先浏览第 3 章，在想要认真学习掌握九宫格思维时再翻回第 1 章、第 2 章的相关内容。

第1章的目标	第2章的目标	第3章的目标	
想拥有长远的眼光和很强的行动能力，必须学会分割时间。尤其需要先了解过去、预测未来再思考，这样可有效地运用"现在"的时间	想兼备宏观视角和具体的探讨能力，依照分析对象的规模进行划分是一个好办法。尤其是将空间大小和相关要素分成三种粒度后再思考，对深入思考更有利	为了激发创意，进行的组合越多越好，但缺点是，不容易进行。因此将集合了分析对象粒度的纵轴三宫格按时间顺序排列形成九宫格，既呈现了时间顺序，又利于激发创意及设定假说	预期目标
第1章的主题	**第2章的主题**	**第3章的主题**	
划分时间轴并将之排列成横向三宫格	将系统或空间按规模大小三等分，并纵向排列成三宫格	将时间和空间进行划分并依序排列，组成多样性和综合性兼备的九宫格	主题
第1章的内容	**第2章的内容**	**第3章的内容**	
● 事前 ➡ 事中 ➡ 事后 ● 过去 ➡ 现在 ➡ 未来 ● 历史 ➡ 现状 ➡ 将来 ● 之前 ➡ 之后 ➡ 推测 ● 传统 ➡ 创新 ➡ 预测 ● 事实 ➡ 抽象化 ➡ 具体化 ● 成就 ➡ 赠予 ➡ 目标	● 较大空间 ➡ 基准空间 ➡ 较小空间 ● 超系统 ➡ 系统 ➡ 子系统 ● 使用者 ➡ 发明物 ➡ 发明要素 ● 需求 ➡ 产品 ➡ 要素、技术 ● 环境 ➡ 企业 ➡ 企业活动 ● who ➡ what ➡ how ● why ➡ what ➡ how	● 观察·发明六宫格/九宫格 ● 热销产品六宫格/九宫格 ● 鸟居七宫格 ● 策划九宫格 ● 企业分析九宫格 ● 空间九宫格、系统九宫格 ● 预测未来九宫格 ● 自我介绍九宫格	课程内容
第1章	第2章	第3章	

图 2-0-5　第二部分的预期目标

第二部分所预设的学习过程

在第二部分，只要有一项内容让你发现了九宫格思维的魅力并决定实践，我写此书的初衷就算实现了。请大家先按自己的想法将信息填进九宫格，然后体会九宫格思维的作用。

可以先画出几个相同的九宫格，先掌握如何划分横轴、纵轴，再尝试其他步骤。

可以先试着对几个九宫格的纵轴进行划分，在清楚纵轴划分的共同点后，再翻阅后文"系统的概念"一节。

如我在前言所讲的，你只需大致理解"分析对象的环境与要素"即可。

亲身体验九宫格思维

学会画九宫格后将会发生怎样的变化呢？我想先请大家亲身体验一下。

第二部分各章末尾都附有练习题，我将通过这些练习对谷歌这个巨人进行分析。用时间轴对企业所处环境及企业活动进行整理，便可对企业的目标进行预测，这也有助于对分析对象的分析和理解。

下面就以"谷歌的企业分析"为例让大家感受九宫格思维的魅力。

我不给任何提示，大家可以通过手机或电脑去搜索资料，限时5分钟，在规定时间内将自己的"分析结果"写在纸上或电脑的记事本里。现在请开始吧！

时间到了，大家觉得如何呢？

是否有人发觉我们虽然经常使用谷歌,但对其却一无所知,或是虽然对其企业信息有一定了解,但因不知该如何整理而无从下手呢?

如果学会了本书第二部分所介绍的划分九宫格的方法,你就能画出如图 2-0-6 所示的九宫格。第 3 章的实践练习都是实际工作中会遇到的问题,所以在读完第 3 章后,请大家务必感受一下九宫格

过去的环境	现在的环境	未来的环境	
● 股东(创业者):拉里·佩奇、谢尔盖·布林 ● 竞争对手:雅虎、Goo、Altavista[①] ● 客户:个人计算机用户	● 股东:Alphabet ● 竞争对手:苹果、脸书、亚马逊 ● 客户:安卓用户等	● 股东:Alphabet公司? ● 竞争对手:(G)AFA[②]、百度、阿里、腾讯、汽车公司? ● 客户:+汽车用户	环境
企业的过去(沿革)	企业的现在	企业的未来(MVV)	
建一个"能帮助用户找到最想看的网页"的搜索引擎网站	谷歌(母公司是Alphabet) 世界最大的广告企业	整合全球信息,供大众使用	系统轴 企业
过去的企业活动	现在的企业活动	未来的企业活动	
● 搜索服务 ● 改进搜索引擎(网页排名) ● 数据采集技术	● 以搜索为核心的系列服务 ● 数量庞大的服务器管理及节能措施 ● 收集全世界的信息	● 以自动驾驶为核心的移动服务(模型即服务,MaaS) ● 高效节能服务 ● 20%法则	企业活动

过去　　　　现在　　　　未来
时间轴

图 2-0-6　用九宫格思维分析谷歌

---

① Goo 是日本的一家互联网搜索引擎和门户网站。Altavista 是全球知名的搜索引擎公司之一。——编者注
② GAFA 即谷歌、亚马逊、脸书(现改名 Meta)、苹果。——编者注

思维给自己带来的变化。另外，对于已经很熟悉九宫格思维的读者，为了进一步理解或是获得新的观点，也请仔细读一读。

现阶段，先不说将图 2-0-6 所示的九宫格运用在实际工作中，仅从读取（分析）信息的角度来看，一定有读者认为其中的信息实在太多了。但在熟练掌握用九宫格思考后，这些读者一定也会想"以这样的信息密度和伙伴们共创新价值"。

图 2-0-6 是企业分析九宫格（环境 / 企业 / 企业活动 × 过去→现在→未来），后文还将介绍其他九宫格标签。

大家可以从自己感兴趣的部分开始阅读，做到熟读并将其运用到实践中。

第 1 章

横向三宫格
划分时间顺序后再思考

养成划分时间顺序并将之排列的习惯

九宫格是由横向三宫格与纵向三宫格组合而成的。其中，横向三宫格由时间轴（按时间顺序）划分而成，纵向三宫格由系统轴（视角大小）划分而成。

本章将通过几个实例，让大家学会如何按时间划分横向三宫格。

此时的关键词是"左前右后"，以中间的格子为基准（现在），左侧格子表示过去的时间点，右侧格子表示将来的时间点。一般情况下，时间轴越靠左表示时间越早，越靠右表示时间越晚，与人的直觉相符。

下面，我将通过不同划分标准教大家使用时间轴上的横向三宫格。

养成将三个不同的时间点按先后顺序进行横向排列后思考的习惯，所产生的效果超乎想象。这是因为大脑海马中存在情景记忆（episodic memory），它能以时间顺序实现情景再现。在漫长的进化过程中，由于所处环境几乎没发生什么变化，人们无须对过去都回想一遍，而是可以从过去发生的某件事开始依序回想之后的情景，然后进行思考。

但现在情况发生了变化，尤其是商业环境发生了翻天覆地的变化。因此在考虑如何行动之前，我们必须掌握不同时间节点的状况，再从未来逆向思考，即进行倒叙推演。这就如在一个复杂的迷宫中，从终点往回走到起点会更容易。

例如，在准备升学考试时，比起毫无目的地按顺序逐页翻阅课本，不如先找到目标院校的往年考题，再从中预测未来的出题倾向并找到应考对策，这样更容易确定重点内容，同时还可提高学习效率。盲目地备考与有针对性地加强某一科目学习后参加考试，两种情况在结果及对策等方面是截然不同的。

请增强"时间"意识，并亲身感受将之进行划分后而得以提升的创造力吧。

比基准时间点早的时间点	基准时间点	比基准时间点晚的时间点
过去	现在	未来

时间轴 →

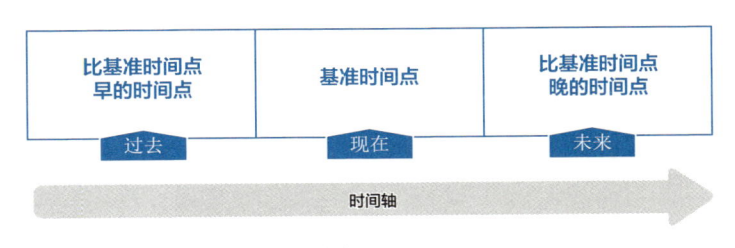

图 2-1-1

事前	事中	事后

时间轴 →

过去	现在	未来

时间轴 →

历史	现状	将来

时间轴 →

之前	之后	推测

时间轴 →

传统	创新	预测

时间轴 →

事实	抽象化	具体化

时间轴 →

成就	赠予	目标

时间轴 →

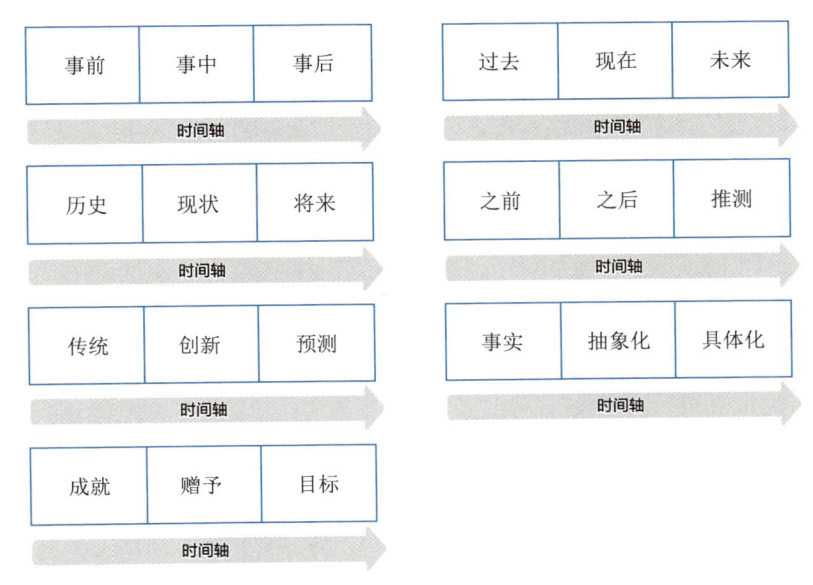

图 2-1-2　常用的横向三宫格标签

第二部分　掌握九宫格思维

学习横向三宫格的目的和效果

将时间进行分割、排列的意义

无论在学校还是职场，如果一开始就拿到了年度计划表，面对接下来的工作安排，你是不是感觉更容易了呢？

如果让你在中途参加某个活动（如业务、工作或团建等），你能否在这项活动中发挥作用、能在多长时间里发挥作用，取决于你事先是否了解该活动的情况：

- 目前为止（＝过去）发生过什么事情？事情的经过及开始本活动的契机是什么？
- 接下来（＝未来）的目标是什么？
- 现在是什么状况？目前正在进行的工作是什么？

如上所述，只要将事实按照时间顺序一一列出，再找出它们之间的关联性，你在向别人传达或继续深入思考时将会变得很轻松。

因此，本章教大家的是划分时间段并将之进行排列的"横向三宫格"。

使用横向三宫格的目的和效果有以下三点。

首先，将分析对象分为"过去、现在、未来"能让人更容易达成共识，且更容易分清事实和推测。

其次，分成三个空间，这样能轻松厘清作为前提的现在的事实，以及对未来进行预测。在了解现在的状况及明确将来的目标之后，便可补充为了实现目标所需的既定事实，从而能针对未来做出假设。

最后，列出过去、现在、未来三种要素，有利于纵观全貌，提升收集信息的精度及提出假设的精准度。参照另外两个格子的内容，我们可以更加准确、详细地整理过去的信息，将现在的行动引导至更加正确的方向，从而对未来的假设充实内容及提高精准度。

划分过去、现在、未来的重要性

区分过去和现在非常有用，过去代表不能改变的既定事实，现在代表接下来可以改变的状况，理解"过去是过去，现在是现在"，有助于接下来采取的行动。

话虽如此，如果影响仅仅停留在行动上，仍然有可能导致失败，所以必须对过去进行仔细的分析。日常生活中要养成兼顾过去和现在的思考习惯，这有助于分析和行动。

综上可知，从历史和现状、传统和创新、之前和之后等视角去看待问题并进行对比，对分析问题大有助益。

另外，兼顾事实和预测同样重要。做汇报时一定要将事实和预测讲清楚，这是作为社会人的基本原则。老实说，我在步入社会的最初 10 年时间里都没怎么被告知这项原则（非常感谢当时让我意识到这项铁则重要性的部长）。

只要将三个格子横向排列，就能清楚区分"左侧格子代表的过去，中间格子代表的现在（事实），以及右侧格子代表的未来（预测）"，具有这样的意识对于我们的汇报非常有帮助。大家在实际工作中也要意识到这三者的不同：

- 无法改变的事实（既定事实）；
- 较为具体，可以按照自己的想法采取行动的现在（事实＋个人想法）；
- 尚处于假设阶段，可以根据预测采取行动的将来（预测＋个人想法）。

例如，在求职面试时，我们肯定会被问到如下三点：

- 过去的经历（学习经历、职业经历）；
- 现在的状况，或是平时最关注并投入最多时间的事情；
- 接下来（未来）希望从事的职业及职业生涯规划。

在填写应聘申请表或在面试时，企业方最关注以上问题，并且不是只关注其中的单个时间点，而是将这三个时间结合起来综合考量。

人的一生中也许不会有多次求职经历，但认识新朋友需要做自我介绍的机会应该不少。

这时，也只需按以下顺序做准备：

- 过去的成就；
- 现在可以为他人所做的贡献（赠予）；
- 将来的目标。

每项各准备 10 秒左右的介绍内容，便可顺利完成 30 秒左右的完美自我介绍。

以我个人为例，我就是按图 2-1-3 准备的自我介绍。

我将这种自我介绍方式用在索尼公司内部及外部培训上。每次培训的最后，我都会让所有参加培训的人（多为 20 人左右）轮流进行自我介绍练习。

成就 （过去）	赠予 （现在）	目标 （未来）
在公司内部300多场技术培训中，我主讲的九宫格思维综合评价第一	能将较为晦涩难懂的专业知识向其他领域的人顺利、深入地传达	所有人都能以对方喜欢的方式，与对方分享自己解决问题的方法

图 2-1-3

至今已经有 100 多名学员听我讲了"30 秒自我介绍"方法，我也得到了这样的反馈："这是我听过的最好的自我介绍方法！"

如前所述，将分析对象划分为过去、现在、未来三个要素，并厘清三者之间的关联性，可使传达及创意构思都更轻松、简单。

横向三宫格思考法的诀窍

接下来，我将介绍各种横向三宫格，不管是什么内容，制作方法都是相通的。

大家可以按如下的方法进行绘制，以便在将来的实际工作和生活中能派上用场。

准备

- 准备纸和笔（笔记本或者 A4 纸皆可）；
- 纵向画两条直线，将纸张划分为横向三个空间（三宫格），左边代表过去，中间代表现在，右边表示未来；

● 分别给每一格贴上标签。		
（过去）	（现在）	（未来）

实施

● 先从三宫格中最容易填写的部分开始填写；

● 参考空格标签在其余空格填入相应内容；

● 确认每一格都是按时间顺序排列，并对所填内容进行完善和更新。

使用便签制作三宫格

如果各要素发生在哪个时间点还不确定，或者自己还没习惯以时间顺序来思考，那么使用便签就是最简便的方法。

做法非常简单，就是用一张便签代表一个格子，三张便签横向排列，并分别写上"过去""现在""未来"，如此就成了横向三宫格。如果一张便签写不下相关内容，还可适当增加。

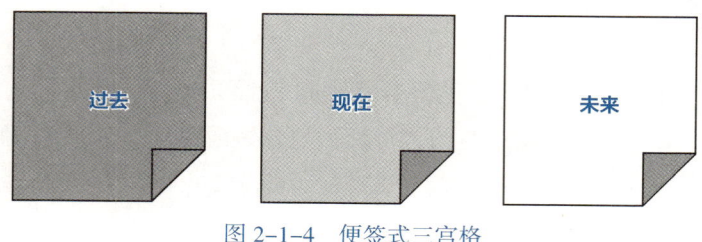

图 2-1-4　便签式三宫格

具体操作内容在第 3 章还会详述，如果你已经有了"过去→现在→未来"的思考习惯，也可用黄色便签代表过去，绿色便签代表现在，蓝色便签代表未来，这样也便于日后回顾。

用电脑绘制三宫格

另外还可通过 Word 或 Excel 绘制简单的三宫格。只需制作一个一行三栏的表即可。

常用的横向三宫格

① 时间轴

▶ 事前→事中→事后

大家在参加重要会议或考试（如求职面试、推销主打产品、入学考试等）时，想必都是做好充分准备才上场的。

我想应该没有人是不做任何准备就匆匆上场，一定都是事先做足了各种准备的。如开会前准备好会议资料，考试前做好复习等。

对于特别重要的事项，事后还要继续跟进。如会后给对方发感谢邮件、报价，或寄送样品等；考试后会核对答案、更正错误，或对不擅长的科目进一步加强学习等。

真正地意识到这一流程，有助于利用时间轴进行创意构思和创造价值。

在解决问题或进行逻辑思考时，我们经常会听见这样的要求："用 MECE 法考虑，做到无遗漏，不重复！"

但对于还不会灵活运用 MECE 法的人来说，这确实不容易。但是，大家很容易就可以掌握的"划分时间并按序排列的三宫格"，其实就是 MECE 式的时间划分法。

在以 MECE 概念划分时间的方法中，最简单的就是划分出事前、事中、事后三个时间点。

首先确定某个特定时间段，并将其设为"事中"阶段，在其之前为"事前"，之后为"事后"（如图 2-1-5 所示）。

| 事前 | 事中 | 事后 |

时间轴 →

图 2-1-5　划分时间段

例如，2 月 1 日 9:00—12:00 要与其他公司开会磋商（或参加入学考试等），那么三个时间点如下：

事前：2 月 1 日 9:00 之前；

事中：2 月 1 日 9:00—12:00；

事后：2 月 1 日 12:00 之后。

问题 01　"事前→事中→事后"三宫格

用"事前→事中→事后"的观点将时间轴进行三分后再对状况进行整理和思考，不仅有助于我们思考，还能让我们更充分地利用资源。

下面让我们利用身边常见的事例，试着绘制"事前→事中→事后"横向三宫格。

如果你是学生，就以即将到来的面试或考试为例，如果你是职场人士，就以近期要进行的磋商为例，按事前、事中、事后的顺序将相关内容填入图 2-1-6 所示的横向三宫格。

	考试或磋商	
事前	事中	事后

时间轴 →

图 2-1-6

- 事前：在考试或磋商之前应该做什么？
- 事中：在考试或磋商时该做什么？
- 事后：考试或磋商结束之后该做什么？

问题 01　思考过程及参考答案

大家练习得怎样？如果是考试，那在考试前应该确认考试范围、准备课堂笔记、做题强化等，所以在事前的格子里应该填入所做的这些努力。而在考试之后则只能进行估分及核对答案等极其有限的工作。万一考得不好，还需要考虑应该如何向父母解释等问题（见图 2-1-7）。

考试前	考试中	考试后
●确认考试范围 ●准备课堂笔记 ●做题强化	●参加考试	●自己估分 ●核对答案 ●若未考好，考虑应该如何向父母解释
事前	事中	事后

时间轴 →

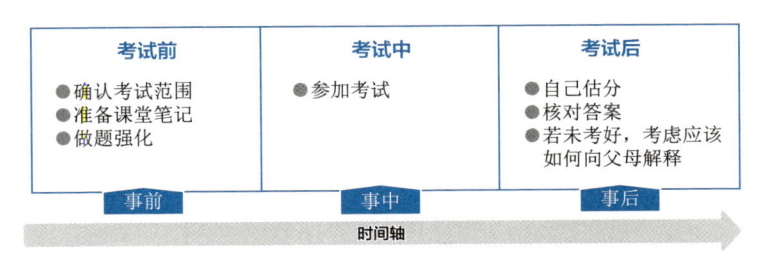

图 2-1-7

第二部分　掌握九宫格思维　　045

但是如果事先画出了这样的横向三宫格，预测到了结果，你就会意识到找借口不但于考试成绩无补，还会使自己良心不安，从而能进一步认真思考："为了避免这样的结果，在考试之前（事前）应该做什么？"

在职场上也一样，事后向对方发致谢邮件或要求对方付款等，都是"如果当下没做好今后会更糟"的事情（见图 2-1-8）。为此，我建议大家养成从"事前→事中→事后"来思考的习惯，用横向三宫格去考虑和分析问题。

磋商前	磋商中	磋商后
● 准备材料 ● 和对方约时间 ● 探索解决问题的方法	● 出示价格 ● 对条件进行交涉	● 发致谢邮件 ● 要求对方付款 ● 事后跟进
事前	事中	事后

时间轴

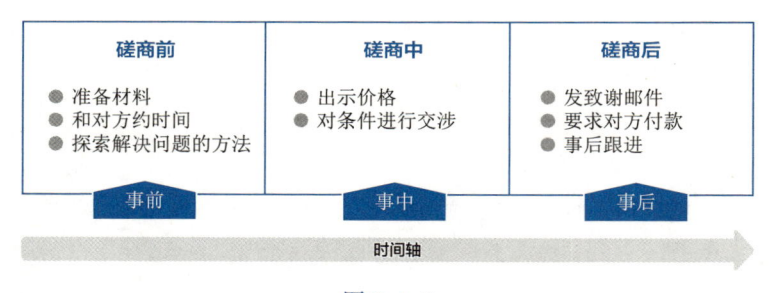

图 2-1-8

大家可以根据自己关注的重点对时间划分的范围进行自由调整。

例如，如果你关注的是"吃早餐"这件事，那么可简单绘制出如图 2-1-9 所示的三宫格。

事前	事中	事后
准备早餐	吃早餐	收拾碗筷

图 2-1-9

如果将时间范围再放大些，也就是将上述三宫格的全部内容作为"事中"来考虑，那么三宫格就如图 2-1-10 所示：

事前	事中	事后
● 起床 ● 洗脸 ● 刮胡子（或化妆）	● 准备早餐 ● 吃早餐 ● 收拾碗筷	● 换衣服 ● 去公司（或学校） ● 工作（或学习）

图 2-1-10

也就是在准备早餐之前，要完成起床、洗脸、刮胡子（或化妆）等事情，收拾碗筷后就是换衣服、去公司（或学校）、开始工作（或学习）等。

像这样把时间划分为三段，可更容易把握整个行动过程（这样做的效果我将在本书第三部分详述）。

下面再来看一个不同的例子，这是以一个发布会为例画出的三宫格，如图 2-1-11 所示：

事前	事中	事后
● 事前准备 ● 练习 ● 宣传	● 引导客人入席 ● 发布 ● 演示	● 善后 ● 回顾反省 ● 庆功

图 2-1-11

② **抽象的时间轴**

▶ 过去→现在→未来

上一节介绍了以中间的格子代表"事中"来分割时间轴的方

第二部分　掌握九宫格思维　　047

法。而将时间轴分割成三部分的最好做法就是分成"过去→现在→未来"（见图2-1-12）。

| 过去 | 现在 | 未来 |

时间轴

图2-1-12

例如，对于10年前至10年后这个时间段，比起混在一起考虑，不如分为"过去→现在→未来"更容易进行整理。

此外，除了单纯以时间为标准给三宫格贴标签，也可以用"当时的状态"为基准进行划分。

比如以某个阶段为基准来划分人生，如果你是职场人士，那么你的学生时代就是"过去"，在职场工作的时间就是"现在"，退休后步入"银发族"就相当于"将来"。这就是以当下的自己为中心，从这个视角划分的人生三阶段。

如果你是高中生，那就应该将时间范围缩小些，初中及之前的阶段为"过去"，高中阶段为"现在"，将来的大学生活及之后就是"未来"。

当然还可以分得更短，假设现在是下午，那么上午就相当于"过去"，晚上相当于"将来"。我想一般情况下大家应该是这么区分的：早上我在家里，下午（现在）在公司上班，晚上有事要去拜访某人。

比如日程表上可能会如下以小时或分钟为单位地详细记载：

9：00—10：00 ○○○○

10：00—12：00 △△△△

15：00— ××××

就像前面举的这些例子一样，其实我们在日常生活中，很多时候已经在无意识地将时间进行分割再考虑问题了。

问题 02　过去→现在→未来三宫格

日常生活中，在与别人交流或思考问题时，我们总在不经意间将时间分成了过去、现在、未来。

下面，请将下列词语填入图 2-1-13 所示的三宫格：

昨日	今日	明日
速报	目标	历史
预测	传统	现状

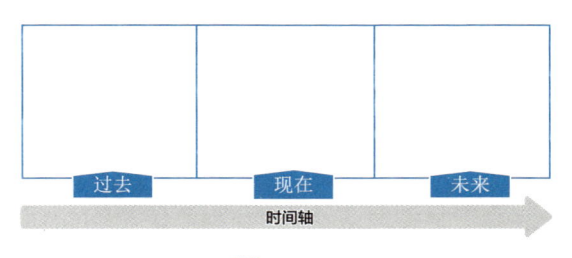

图 2-1-13

问题 02　思考过程及参考答案

即使不用"过去""现在""未来"等表述，我们在日常生活中也常有类似的想法——"过去的已经过去""未来的还未发生"。

但是鲜少有人将之细分为"过去→现在→未来"，并将它们进行比较。

根据时间轴分割成三个格子并给每个格子贴上标签，再将三个格子按序排列，这样在你进行创意构思时，思考的清晰度和创造力就能有所提升。

本节练习的答案见图 2-1-14。

昨日 历史 传统	今日 速报 现状	明日 目标 预测
过去	现在	未来

时间轴

图 2-1-14

除了练习题举出的例子，对于"过去→现在→未来"还有其他多种如图 2-1-15 所示的划分方式。

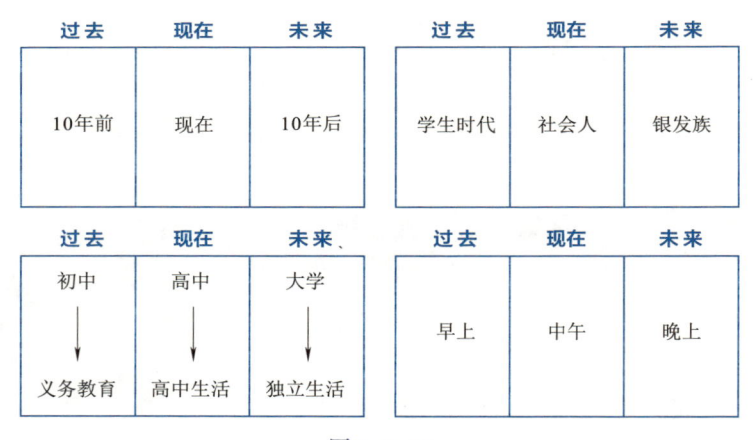

过去	现在	未来	过去	现在	未来
10年前	现在	10年后	学生时代	社会人	银发族

过去	现在	未来	过去	现在	未来
初中↓义务教育	高中↓高中生活	大学↓独立生活	早上	中午	晚上

图 2-1-15

③ 助力思考的时间轴

▶ 历史→现状→将来

用"过去→现在→未来"的视角将时间轴进行三分后，视野变得更宽阔的表现之一就是学会从历史→现状→将来的角度分析问题（见图 2-1-16）。

| 历史 | 现状 | 将来 |

时间轴

图 2-1-16

请大家设想一个自己到一个完全陌生的地方旅行的场景。比起毫无目的地到某个观光景点逛逛，不如去一个能帮自己熟悉和了解当地历史的地方，这样更能感受到那个地方的魅力。因此，大部分旅行团的行程都包括参观历史古迹或博物馆等能够让游客感受和了解当地历史的旅游景点。如果能进一步了解当地的区域发展未来规划等，你就能对当地有更深层次的了解。

当然，这就是旅游业常用的划分时间轴的方法，即可应用在工作中的"将企业的历史→现状→将来依序排列"的方法。日本成千上万家公司，尤其是那些人们耳熟能详的大企业，都有着其独特的历史，而且每家大企业历史上也一定有过某种热销产品。

例如，本田公司曾推出过一款名为"超级幼兽"（Super Cub）的超级省油的摩托车（1升汽油可跑100km以上），该摩托车畅销全世界。本田的创办人就是大名鼎鼎的本田宗一郎先生，该公司最早推出的产品是自行车辅助引擎。

关于企业现状，可查阅企业向投资人公开的资料。2019年，以本田技研工业株式会社为主的本田集团的营业额高达15万亿日元，其中利润达7000亿日元。

其中汽车（四轮）为主力产品，贡献了11万亿日元的营业额；本田集团的员工数为22万，目前最畅销的车型是Freed。

对于企业提出的目标及投资计划等"将来的宏图"，可聚焦于企业的 MVV [mission（使命）、vision（愿景）和 value（价值观）]。本田的品牌口号是"The power of dreams"（梦想的力量）。结合以上信息，再填入本田的主力产品信息等，这样便可完成如图 2-1-17 所示的三宫格了。

历史（沿革）	现状	将来
● 热销产品 ● 最初的产品 ● 创业者	● 营业额、利润 ● 主打产品 ● 员工数量	● 使命 ● 开发中的产品 ● 投资计划

历史（沿革）	现状（2019年）	将来
● 超级幼兽 ●（自行车）辅助引擎 ● 本田宗一郎	● 营业额15万亿日元 ● Freed ● 22万人	● "梦想的力量" ● ASIMO ● 转而生产摩托车

图 2-1-17

用三列共九个项目来体现本田的企业特色，这样企业情况在时间轴上就显得更有立体感了。

问题 03　历史→现状→将来三宫格

讲述某个企业的故事时，如果能以"历史→现状→将来"的脉络进行，将更容易向其他人传达（具体内容参见第 3 章）。

另外，这个解决问题的思路除了可用在地区或企业，也适用于学校。

因此，这里就以某个地区、企业及学校为例，讲述如何对其历史、现状及未来进行整理分析（见图 2-1-18）。

历史（沿革）	现状	将来
原来的名称 传统产品 历史上的创建者	人口、面积 特产、主要产业 收支状况	人口增长预测 发展目标 大力生产的产品
历史（沿革）	现状	将来
创立时的名称 最初的产品 创立者	营业额、利润 主要产品 员工数量	使命 开发中的产品 投资计划
历史（沿革）	现状	将来
创立时的旧名 创立者/第一任校长 杰出校友	学生人数 代表人物 有名的活动	校训 主要推行的制度 教学目标

历史（沿革）　　现状　　将来

时间轴

图 2-1-18

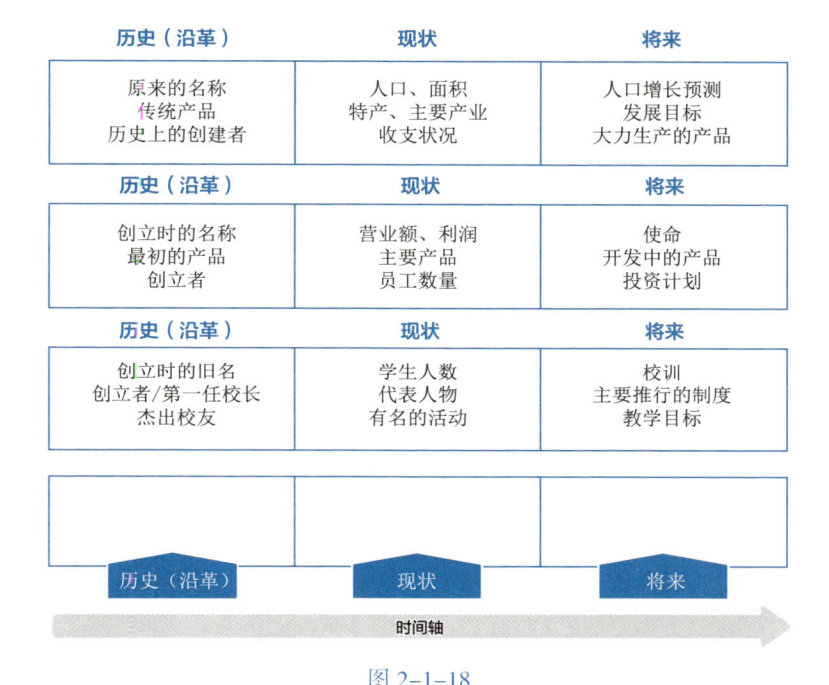

在图 2-1-18 的底部我刻意留了三个空白的格子，大家可以以自己的出生地、毕业学校或就职的公司为例，按照"历史→现状→未来"的顺序填入相关内容。

接下来我会从图中挑出一些内容进行讲述，给大家做个参考。

问题 03　思考过程及参考答案

以我的母校开成学园为例（见图 2-1-19），可整理出如下信息：

创立者是佐野鼎，创立时的校名为共立学校。

第一任校长是高桥是清，过去最杰出的校友是俳句作家正冈子规。

目前的初高中在校生共有 2100 人，现任校长是野水先生。该校

历史（沿革）	现状	将来
共立学校 佐野鼎/高桥是清 正冈子规	2100人 校长：柳泽 → 野水 校运会	质实刚健 高中教学楼竣工 到海外留学的学生增加

图 2-1-19　以开成学园为例

因为考上东京大学的人数多而闻名，但更有名的是校运会。

校训是"质实刚健"。

高中教学楼近期即将完工。而且，因为前任校长柳泽先生不仅在东京大学任教过，还曾在哈佛大学执教，所以自柳泽校长开始，学校确立了让更多毕业生到海外留学的目标。

另外，我还以富士胶片公司为例（见图2-1-20），让大家了解如何用横向三宫格对企业进行分析。

历史（沿革）	现状	将来
富士相机胶卷 实现了相机胶卷国产化	33932人 首席执行官：古森重隆 影像解决方案	随着社会文化的发展，与多个不同行业技术融合 投资健康产业

图 2-1-20

④ 提高创造力的时间轴

▶ 之前→之后→推测

欲提高创造性，必须先提高"预测能力"。本小节的横向三宫格就是"之前 → 之后 → 推测"的组合。

倘若你的面前有一个体重为5千克的小婴儿，让你猜猜一个星期后他的体重将增加多少。我想能立刻回答这个问题的人应该不多，除非他有过育儿经历。

但假如你知道这个婴儿上星期的体重是 4.8 千克，那么你就可以预测下星期他的体重为 5.2 千克左右。

同样地，"计划"也可分为将当前数值与之前的数值进行比较后制订的"计划"，以及仅仅是喊口号式的"计划"。很显然，这两种"计划"的成功率绝对是天壤之别。

因此，希望大家能养成如下的好习惯，即用两根竖线将横轴进行三分割，并在左侧两格标记上之前和之后，再在此基础上进行预测或制订计划（见图 2-1-21）。

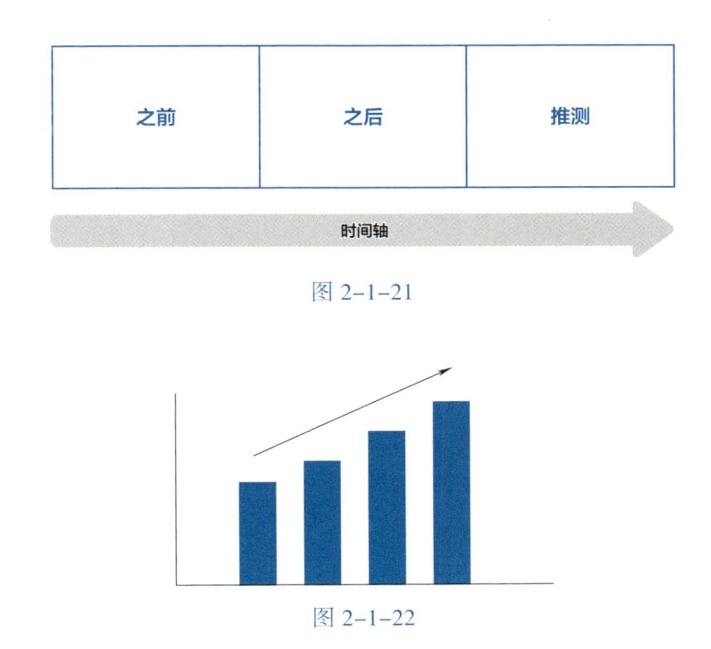

图 2-1-21

图 2-1-22

在教小学生绘制表格时，一般是这样的：先画出两个或两个以上的点，然后用直线将点连接起来，最后画出延伸的线。这与本小节的内容有着异曲同工之妙。

同样是"实现营业额比去年提高 20%"的目标，也要具体看去年营业额与前年营业额的比较情况，据此做出判断，如去年比前年高 20% 或 5%，或是去年比前年减少了 10%，针对不同情况，接下来要采取的行动当然也不同。

问题 04　之前→之后→推测三宫格

接下来我们一起做个简单的科学实验。

大家都知道，在一定范围内，水的温度越高，白砂糖越容易溶于水。这个溶解度实验想必大家在小学阶段都做过。

现在的问题是：假如 20 毫升 40℃的水可以溶解 47 克的白砂糖，那么 20 毫升 50℃的水可以溶解多少白砂糖？

我想，除了理科高才生，能立刻回答这个问题的人应该不多。

但假如此时多给你一个条件，情况就不一样了，比如 20 毫升 30℃的水（加热前，即"之前"）可以溶解 43 克白砂糖，那么结合横向三宫格，水温为 50℃时的溶解量计算起来就容易了。

- 之前（加热前）：水温为 30℃时可以溶解白砂糖的量；
- 之后（加热后）：水温为 40℃时可以溶解白砂糖的量；
- 预测（进一步加热后）：计算出水温为 50℃时可以溶解白砂糖的量。

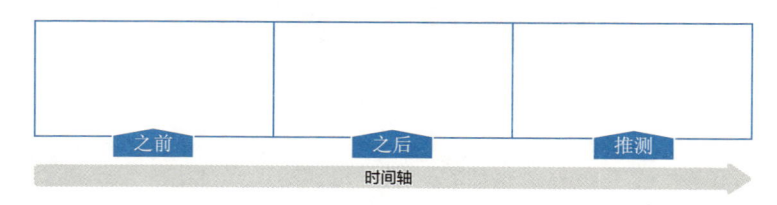

图 2-1-23

问题 04　思考过程及参考答案

通过横向三宫格，20 毫升的水在某一温度能溶解的白砂糖量就很容易计算了。

20毫升30℃的水可以溶解43克白砂糖	20毫升40℃的水可以溶解47克（+4克）白砂糖	20毫升50℃的水可以溶解51克（+8克）白砂糖
之前	之后	推测

时间轴

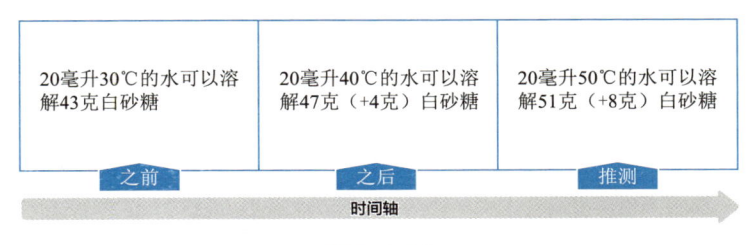

图 2-1-24

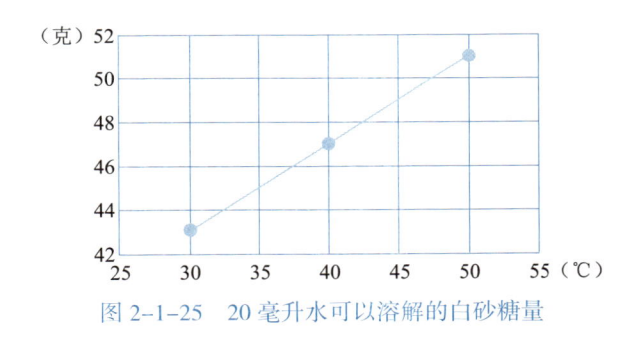

图 2-1-25　20 毫升水可以溶解的白砂糖量

⑤ 用以进行比较的时间轴

▶　传统→创新→预测

随着深度学习技术的进步，许多需要快速判断正误或提供最佳参数的工作可以交给 AI（人工智能）来完成，AI 不仅效率比人高得多，而且可以大幅降低作业成本。在创造价值过程中剩下的必须由人完成的工作，如构思创意、提假设等的重要性日益凸显。因此，希望大家在日常生活中养成从"传统（事实）/创新（事实）/预测

（考量后预测）"思考的习惯（见图 2-1-26）。

| 传统 | 创新 | 预测 |

时间轴

图 2-1-26

刚步入社会的职场新人常被前辈教诲要时刻牢记"汇报、联系、商量"的基本规则，而且进行"汇报、联系、商量"时一定要注意分清事实或预测。一直以来广为人知的事情（过去）就是"事实"，而接下来（现在）要做的就是"创新"，再在此基础上进行预测。这样区分更容易理清自己的想法并向他人传达。

就如某洗洁剂的广告语一样："传统的洗洁剂无法洗掉的顽固污渍，用我们的产品，还您洁白如新的衣物！"

此外，在传统的靠无线传播电视信号的时代，日本电视台的高清标准是"Full HD"，大致是水平分辨率为 1920（即 2K）。但最近 NHK（日本放送协会）的 BS Premium 频道已开始播放 4K、8K 的高清视频。2002 年世界杯时，在其他电视台还在采取模拟信号播放（清晰度相当于 1K）的情况下，NHK 就开始以 BS Full HD（卫星电视数字高清画质）转播了。也就是说，NHK 走在了高清转播的前列，后来被其他电视台模仿。由此，我们可以预测，将来其他电视台也一定会像 NHK 一样，采用 4K、8K 高清信号播放节目。

问题 05　传统→创新→预测三宫格

随着技术的进步和环境的变化，我们与电视节目的关系也发生了很大变化。

例如，随着社交媒体的出现和普及，过去那种被动的节目播放已经变得主动，比如在节目中介绍热门推特（Twitter）信息或视频，还可邀请观众投票或留言等使其直接参与节目。而且，社交媒体还可更广泛地将信息散发出去，间接地对社会产生一定影响。

我动笔写这本书时，正逢新冠疫情肆虐，许多电视节目或连续剧的拍摄方式也因此发生了很大变化。在线录制或远程拍摄的情况越发常见。

那么，结合新冠疫情时期的情况，你认为今后电视节目及其拍摄方式将会发生怎样的变化呢？

请用横向三宫格思考并将思考后的内容填入图 2-1-27。

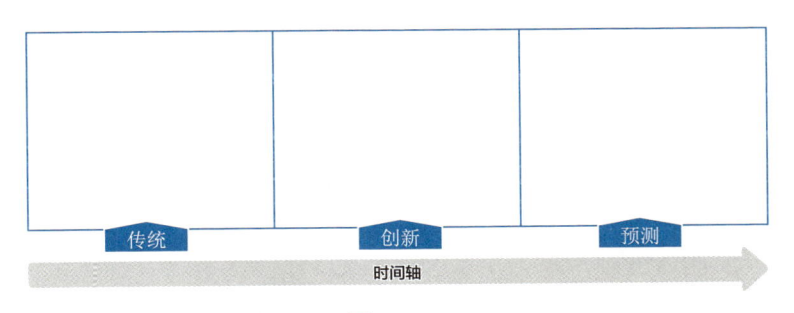

图 2-1-27

问题 05　思考过程及参考答案

以前，谈到电视节目收视率时，大家关注的基本是电视剧。在日本，电视剧会找多位当红明星参演，分季播出，每季 12 集，剧情缓慢展开，再一步步推向高潮，以求不断地赢得热议、持续带动话题。

然而，拍摄电视剧势必需要人与人的接触，故而在新冠疫情期间深受影响，难度加大。因此，包括 NHK 大河剧在内的很多剧集在当时都宣布延期拍摄。

在这样的背景下，益智类节目增加了，尤其是与观众有互动的节目。与电视连续剧不同，这类节目各期内容都相对独立，一期播完一个主题。在未来不明朗的情况下，人们更加注重节目编制的自由度。同时，人们观看YouTube的机会也大幅增加了。

在疫情趋势仍不明朗的情况下，对制作人来说，节目的制作周期越短越好。另外，观众的观影倾向也变成了"想通过YouTube看到大结局"，并且"希望能选择自己喜欢的结局"。

因此，我们可推断出未来大受欢迎的节目是，观众能根据喜好改变故事结局或剧中角色的短剧。这类节目通过与观众互动最大程度地吸引观众。

然而，如果没有更进一步的信息，我们就难以对未来的节目形式进行预测，而且也很难将预测内容传达给他人。在第3章，我将给大家介绍如何才能更好地进行预测。

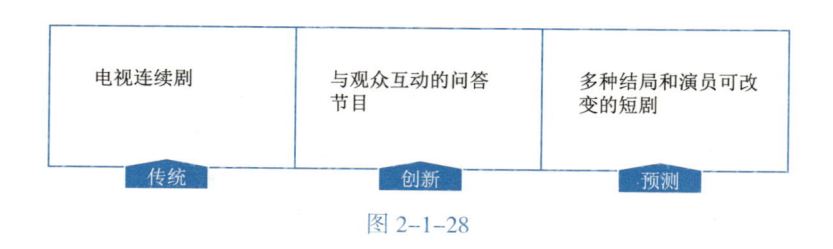

电视连续剧	与观众互动的问答节目	多种结局和演员可改变的短剧
传统	创新	预测

图 2-1-28

⑥ 提高企划能力的时间轴

▶ 事实→抽象化→具体化

下面介绍将时间轴的概念运用得更加灵活的两个标签（见图2-1-29）。我们先来看一个在糕点上刻划凹痕的案例。

这要从一则新闻讲起。2015年4月10日，日本越后制果公司起诉日本佐藤食品工业侵害自家在切块年糕侧面刻划凹痕的专利权

| 事实 | 抽象化 | 具体化 |

时间轴

图 2-1-29

的审判结果出来了,东京地方法院做出了被告赔偿原告 7 亿日元的判决结果。请大家从这则新闻开始思考。另外,也可联想一下"块状巧克力一直都有便于掰开的凹痕""没有凹痕的咖喱块一直都不好卖"等身边的例子。

接下来,请将这些过去的事实进行抽象。比如"在切块年糕、巧克力块、咖喱块上面设计出凹痕,使消费者更容易将它们分成小块使用,这样不仅方便了消费者,也能使产品的销量更高,因而更挣钱",这就是抽象化。

接着,将抽象化的知识应用在自己面临的课题及其他领域,以帮助解决问题,这就是具体化。

以上所举的例子都是食品方面的,其实这一方法也可应用在金属工具制作方面。将这种"凹痕式设计"应用在切割界的是日本 OLFA 切割公司的"折刃式美工刀",就如该公司官网上所介绍的,"折刃式美工刀"的创意源自巧克力块(见图 2-1-30)。

| ● 关于凹痕专利权的判决
● 块状巧克力
● 咖喱块 | 消费者可轻松分割成小块的设计,让产品大受欢迎 | ● 折刃式美工刀
● 在金属板上刻下凹痕 |

事实　　　　　抽象化　　　　　具体化

时间轴

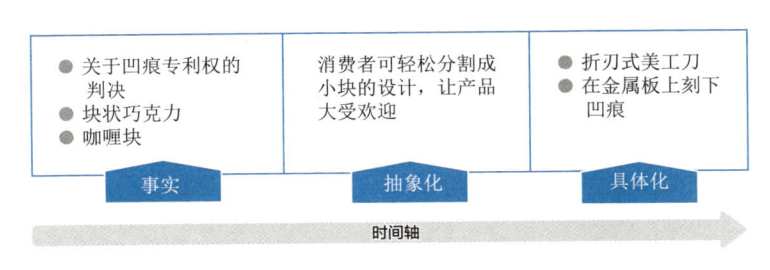

图 2-1-30

现在,"折刃式美工刀"已经成了国际标准。因此可以说,OLFA 也是一家成功将不同领域已发生的事实进行抽象后再将之具体化,然后凭之创造出价值的企业。

问题 06　事实→抽象化→具体化三宫格

苏联天才阿奇舒勒在浏览了大量跨领域的专利申请书后,发现其中似乎存在着某种有助于解决问题的共通性,他将这些解决问题的方法以 TRIZ 发明原理的形式进一步抽象化,明确了其共通性。

例如,发明原理的第一条"分割原理"就是将分析对象进行分割(细分)后再考虑解决方案,其实这就是抽象化的方法。

- 可将咖喱块分成小块儿;
- 用炸药将矿山炸开,然后采集矿石;
- 露营时要将柴火劈成小块儿。

问题(1):将上述事实抽象化后会有什么发现呢?乍看之下似乎毫无关联的事物,彼此之间存在什么共通性呢?

问题(2):除了上述 3 个事例,还有其他例子吗?如何将先抽象化再具体化的概念运用到你的工作和生活中?另外,你能找出本书什么地方应用了"分割原理"吗?

请将答案填入图 2-1-31。

事实	抽象化	具体化
● 切咖喱块 ● 用炸药把矿石炸碎 ● 劈柴	(1)	(2)

时间轴 →

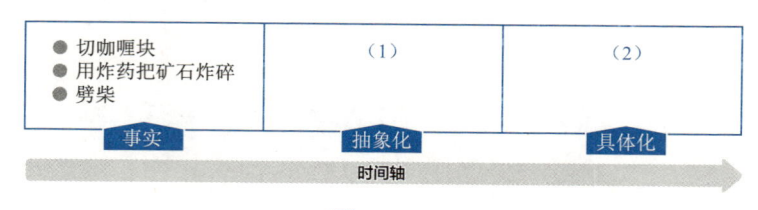

图 2-1-31

问题 06　解答方法及参考答案

煮咖喱饭时我们一定会先将整块咖喱分割成小块儿再放进锅里，因为小块儿的咖喱更容易溶解。采矿时要先用炸药将矿石炸成小块，因为这样便于运输；将柴劈成小块儿，这样柴更容易燃烧（现在大概只有去露营时才有机会劈柴了）。

这就是跨领域的问题解决法——分割法。

通过对上述例子的学习，希望大家能掌握"将分析对象进行分割后再考虑解决方案"的方法，并将其运用到实际工作中。

例如，本书由三个部分构成（即分割成第一部分、第二部分、第三部分），各部分独具特色。同时，第二部分又能分割成 3 章，分别介绍"横向三宫格""纵向三宫格""3×3 九宫格"。

在图书宣传时也可采用分割的概念，如分册或将部分内容发布在媒体平台上等。

事实	（1）抽象化	（2）具体化
● 切咖喱块 ● 用炸药把矿石炸碎 ● 劈柴	细分后更容易处理	图书的内容结构也可以细分

时间轴

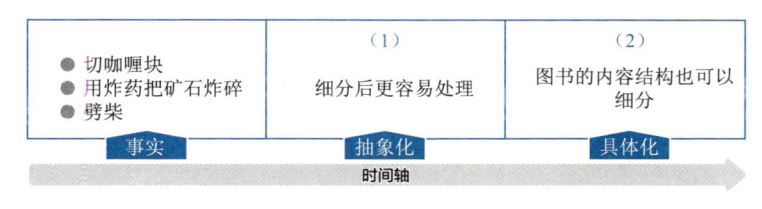

图 2-1-32

⑦ 用于自我介绍的时间轴

▶　成就→赠予→目标

本章最后的主题是"30 秒的自我介绍"。

请大家回想一下：到目前为止，自己共进行过多少次自我介绍了？在百岁人生的时代，未来还要进行多少次自我介绍呢？

另外，过去在进行自我介绍之前，例如入职面试或在演讲时等，你事先做好准备的有多少次呢？我想应该不是很多吧。

也许有人会说："事先准备自我介绍是自我意识太强的表现，我才不做呢！"我想劝有这种想法的读者再仔细考虑一下，当你听一个人自我介绍了两三分钟却始终没有讲到重点时（尤其是那种满是自夸抑或极度自卑的自我介绍），你会是什么感觉呢？

人类在听别人说话时，注意力是有限的，因此对于自我介绍，30秒是一个比较合适的时长。所以事先准备好一段简明扼要、能让对方有所收获的自我介绍，并非自我意识太强，而是尊重对方。请参考下面的自我介绍内容。

自我介绍初稿

我叫 A，是一名专利代理人。
专利代理人的工作就是协助他人提交专利申请。请多多关照。
最近我沉迷于手机游戏。……我希望更多的人了解专利工作。

上面这个自我介绍基本集中在自己是专利代理人这一点上，听众中除非有正好想提交专利的人，否则是不会有人想听他多说一句的。

请大家再看看下面的自我介绍。

整理后的自我介绍

我叫 A。
说来惭愧，这把年纪了我还沉迷于手机游戏，而且半年之内为游戏花了 15 万日元。每次和朋友说起这事时大家都很惊讶，

> 于是我把这件事画成了4格漫画，结果竟深受朋友们好评。
>
> 　　最近我已经习惯了通过4格漫画向别人传达想法，甚至能教别人如何通过4格漫画讲述自己的趣事等，在座如有对此感兴趣的朋友，可以找我私聊。
>
> 　　我还想通过这种方式，将相对晦涩难懂的与专利有关的知识简单有趣地传达给更多的人。

　　大家觉得这个自我介绍怎么样呢？如果听到这样的自我介绍，你是不是也想和他多说几句话？

　　事实上，这是我用横向三宫格整理出来的30秒的自我介绍内容。具体方法是将内容分为"成就/赠予/目标"3部分，每部分各50字左右（口述约10秒钟），如图2-1-33所示。

　　将2-1-33的内容按顺序整理出来，就是一段30秒左右的自我介绍了。在之前的讲课中，我让100多名学员用这种方式进行过自我介绍，大多数学员表示"用这种方式做自我介绍比自己以往的自我介绍更有吸引力且有趣多了"。

成就	赠予	目标
这把年纪了还热衷于手机游戏，且半年为此花费了15万日元。后来将此事用4格漫画画出，深受朋友好评	可以通过四格漫画将个人趣事向他人传达	将来想通过四格漫画将较为晦涩难懂的与专利相关的知识向更多人传达

图 2-1-33

　　首先，将自己平时投入时间和精力最多的内容作为"成就"列举出来。比如"曾在某赛事中获得冠军",这样的介绍最简单明了。另外,在我的教学经验中,我听到最多的介绍是"(因出差或旅行)到过国内某个地方"等。如上所述,如果可以用具体数字或排名来表达"成就",听者更容易接受和理解。

接下来是关于赠予,也就是在获得上述成就的基础上,能向别人传授获得这些成就的诀窍,或是能给别人推荐有用的信息,助力他人迈出成功的第一步等,这样的内容更有说服力。

最后简单讲自己将来的目标,可根据现场的情形来定,比如可以用"今天如果能和大家一起……是我的莫大荣幸!"收尾。

30秒自我介绍的架构和模板可整理如下,也就是从"成就、赠予、目标"三项来构思。

30秒自我介绍的内容结构

过去的成就:
至今自己所取得的最大成就

现在能赠予他人的内容:
自己现在能给他人提供的帮助的价值

将来的目标:
自己将来的目标是什么

自我介绍的模板

在某项大赛中获得第一名 / 去过某个地方;
可以向别人传授某种知识;

> 目标是今天能和大家实现某个更高的目标。
>
> 成就：取得某种资格、第一名、去过 100 个地方
> 赠予：通过这些成就可以教给别人某项技能
> 目标：实现更高的目标

问题 07　成就→赠予→目标三宫格

请大家构思一个 30 秒的自我介绍并填入图 2-1-34，要求如下。

| 成就 | 赠予 | 目标 |

时间轴

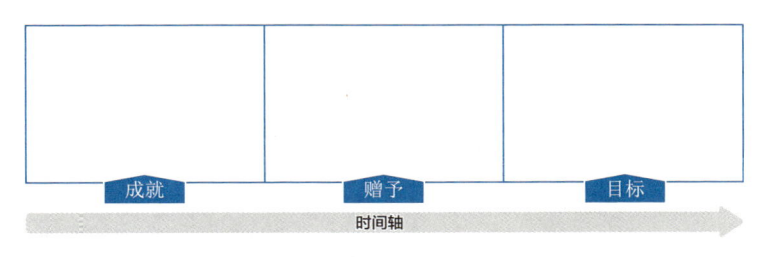

图 2-1-34

（1）在最左边的格子（代表过去）中填入至今所获得的成就（比如取得了某种资格，在某项比赛中斩获冠军，收集了 100 个某种物品，坚持做某事 10 年以上，等等）。

（2）在中间的格子（代表现在）罗列出所获得的成就中可以向他人传授的东西。此时，"可以向他人传授的"即自己最擅长且可以教给别人的东西。

（3）将自己目前最想得到的东西或掌握的技能作为关键词填入代表目标的格子（最右侧格子）。如果无法确定，也可以填写比目前成就更高的目标，比如获得更高一级的资格或挑战其他资格考试；

比如之前曾获得过某赛事冠军，下一步的目标可以写获得全国冠军或世界冠军；又如之前收集了 100 个某样东西，下一步目标是收集 200 个或 300 个。

请实际运用图 2-1-34 所示横向三宫格进行自我介绍，假如身边有人愿意听你练习，那就对着他进行练习，并认真听取反馈。

问题 07　思考过程及参考答案

图 2-1-35 是我的自我介绍例子：

成就	赠予	目标
上一本著作《日常生活中的发明原理》在日本亚马逊上，占据专利类畅销书榜单冠军长达半年。（约 40 字）	可以教你将专业知识简单易懂地传达给别人，助他人提升创造力。（约 30 字）	通过这本书提高读者的信息整理和提出假设的能力。（约 20 字）

时间轴

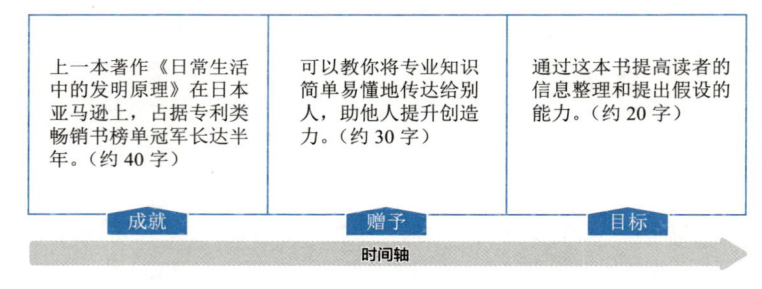

图 2-1-35

对于即将迎来人生新起点的读者来说，当然需要好好地准备自我介绍。在这个时代，人们在网上沟通的机会增多，因此必须通过语言进行表达的机会也相应增多。

掌握利用横向三宫格进行自我介绍，我们便可在关键时刻简单易懂地向别人展现自己的个人魅力。

本书第 2 章和第 3 章还将介绍其他自我介绍方法（如纵向三宫格或九宫格）。

练习使用横向三宫格

通过分析企业规划自己的职业生涯

前文我们通过 7 个示例对绘制横向三宫格的方法进行了说明，大家只要掌握其中一种，就可直接进入第 2 章的学习。为了让大家体验更多综合运用横向三宫格的例子，在本章的最后，我将用一个主题展示如何运用前述的 7 个横向三宫格。

在考虑人生中的重大问题时，"今后的职业规划"是一个必须考虑的大主题。下面，我们就来学习在"新的职业规划"情境下，不管是即将就职，还是在现在的岗位上积累经验，或者打算跳槽到别的公司，如何绘制出职业规划横向三宫格。

这里以打算入职（或跳槽）谷歌的 A 先生为例。那他在进行企业分析时应该考虑哪些问题呢？

《孙子兵法》有云："知彼知己，百战不殆。"因此，我们第一步就是要尽量去了解对方，也就是说要先调查将要入职（跳槽）的企业。

想了解一家企业，必须站在其员工的立场上，理解它的理念和方针，以及即将开发的服务项目。同时还必须从宏观的角度去了解该企业在行业中所处的位置。

接下来，我们用前文介绍过的三宫格，对这些信息和资料进行整理。

图 2-1-36 的三宫格我特意留白了，大家可以在空格里填入自己的想法，完成本次的实践训练。

谷歌的沿革	谷歌的现状	谷歌的目标
＿＿＿＿大学的拉里·佩奇、谢尔盖·布林，＿＿＿引擎（网页排名）	● 世界上最大的＿＿＿企业 ● 关键词广告、YouTube	（MVV） 整合全球＿＿＿ ＿＿＿＿＿ ＿＿＿＿＿

图 2-1-36

③ 历史→现状→将来
[企业的历史→现状→将来（MVV）]

首先，请大家用横向三宫格来阐释谷歌的"历史→现状→将来"。

谷歌公司是拉里·佩奇和谢尔盖·布林在斯坦福大学读博士时创建的搜索引擎公司。

目前，谷歌通过在搜索结果中夹带广告的 Google Ads（谷歌推广）及在 YouTube 视频内插入广告等，实质上成了全球最大的广告公司。

谷歌的官网首页上明确写着它的使命——"整合全球信息，供大众使用，让人人受益"。

接下来，将收集到的谷歌相关信息填入分别代表谷歌的历史、现状、将来的横向三宫格，填写示例见图 2-1-37。

谷歌的沿革	谷歌的现状	谷歌的目标
斯坦福大学的拉里·佩奇、谢尔盖·布林，搜索引擎（网页排名）	● 世界上最大的广告企业 ● 关键词广告、YouTube	（MVV） 整合全球信息，供大众使用，让人人受益

图 2-1-37

④ 之前→之后→预测

企业在招聘人才时，一定会对求职者做出这样的判断："他（求职者）进入我们公司是否会给公司带来价值？"或"他是否对本公司有兴趣？是否了解和能想象出在本公司的工作情况？"，等等。

只要收集企业信息，便可立刻获知该企业的主打产品。接下来求职者只要把握该主打产品的"之前→之后"，再预测接下来的发展趋势便能够明确地传达自己的想法和观点。

以谷歌为例，最近我们接触得较多的可能并不是它的检索结果，而是它在 YouTube 上的视频，以及视频中插入的广告。

但是，谷歌最早的主打产品其实是可以影响检索结果的在线广告。事实上，2019 年 YouTube 的营收达到了 150 亿美元，比上一年增加了 36%，占其母公司 Alphabet 年总营业额的 9%。

根据上述事实，我们可以推测出：YouTube 视频的广告营收在谷歌所有广告营收中的占比将会提高，并成为谷歌主要的广告收入来源。相信谷歌公司也是这么认为的。

将上述信息填进图 2-1-38 横向三宫格，便得出如图 2-1-39 所示的三宫格。

之前的主打产品	之后的主打产品	将来的主打产品（预测）

图 2-1-38

之前的主打产品	之后的主打产品	将来的主打产品（预测）
谷歌在线广告为广告收入主要来源，全公司的广告营收增加了16%	在 YouTube 视频中插入广告，广告营收为150亿美元（比上一年增加36%），占谷歌总广告收入的9%	在 YouTube 视频中插入广告所带来的收入占比将会增加

图 2-1-39

⑤ 传统→创新→预测

除了根据主打产品之前、之后的情况进行预测，还可将传统产品和新创产品进行比较，通过附加其他相关信息，以非连续性思维推测出下一款主打产品。

能做到这一步的求职者并不多，因此如果求职者 A 能够用横向三宫格进行分析和阐述，那么在众多求职者中，A 一定会显得出类拔萃。

例如，我们将"谷歌搜索"作为传统产品，将 YouTube 视频作为新创产品，同时结合谷歌正在进行的汽车自动驾驶实验相关信息进行综合考虑。

谷歌以前在搜索引擎以及 YouTube 视频等方面积累下来的经验不太可能应用到自动驾驶上。但请大家注意这样一个现象，就是很多人会在智能手机上安装谷歌地图 App（应用程序），用以取代车载导航。

结合以上信息试着预测谷歌下一代主打产品，并填入图 2-1-40 的三宫格。

例如，可以将迄今为止积累下来的技术应用到包括汽车自动驾驶在内的"超级汽车导航"的系统控制界面（如图 2-1-41 所示）。

由此可知：谷歌在提供搜索服务之余，以"文字信息→图片信

传统产品	新创产品	预测产品
谷歌检索页面	YouTube界面	自动驾驶技术

图 2-1-40

传统产品	新创产品	预测产品
谷歌检索页面	YouTube界面	超级导航界面 自动驾驶技术

图 2-1-41

息→视频"的方式进化,在增加信息量的同时,提供"接近真实生活"的服务。因此,我们可更容易地预测到也会有和以往不同的合作对象或竞争对手,同时还可理解为什么手机上的谷歌地图会比它的其他服务更先进且方便。

其实,很多人已经做过预测,企业发展到谷歌这样的规模后,很可能会跨界涉足汽车领域。当你到知名度没那么大的企业去面试时,如果也能对该企业提出同样的假设,那你一定能和竞争对手拉开差距。

更重要的是,如果在日常工作中能预测到自己公司或其他公司的决策层所设想的未来竞争对手或行业结构,那么这对你的工作也是大有助益的。如果能养成这样的习惯,你将会发现乍看之下难以理解的动向其实背后有着某种统一性。

⑥ 事实→抽象化→具体化

如果了解了企业的主打产品及所属行业的变化,就能看出该企业亟待改善的地方。所以请大家尽量先将生活中的发现进行抽象,之后试着对主打产品提出创意。只要按本书第二部分中③—⑥的内容做好准备,你就极有可能被认为是具备很高创造力的人才。

接下来,试着将谷歌检索的意义进行抽象,可将之概括为"为信息提供者和需求者提供信息匹配服务"。

假设你关注儿童厌学的问题,便可结合谷歌的信息提供服务,提出"针对厌学儿童的教育资源匹配服务"这样的构想(见图 2-1-42)。

事实	抽象化	具体化
谷歌检索页面	信息提供者和需求者之间的匹配服务	针对厌学儿童的教育资源匹配服务

图 2-1-42

此时的构想还称不上"具体",所以在第 3 章的最后我们将学习如何通过九宫格将创意具体化。

大家可以结合自己的职业生涯或以某家企业为对象,绘制出③—⑥部分所讲的三宫格,这样便能更清楚地了解自己或对象企业。

将信息收集整理完毕后,沿着"过去→现在→未来"的思路来考虑自己的职业生涯。

⑦ 过去→现在→未来

比起漫无目的地思考未来,或只是简单地从现状考虑未来,不如先列出过去和现在的情况，让其成为努力实现未来的动力，以及让自己职业生涯朝更好方向发展的推动力。

还是以谷歌为例，前文已经分析了谷歌未来的主打产品，下面结合谷歌的现状重新考虑。

假设求职者 A 的未来规划如图 2-1-43 所示，那他在填写求职动机时应该能写出较有说服力的内容。

自己的过去	自己的现状	自己的未来
变得厌学的朋友；回头想想，如果能早点采取措施就好了	负责公司的营运工作，经常用车；意识到厌学儿童的教育问题	策划如何更好地运用谷歌的超级导航服务，同时结合位置信息和 YouTube 的观看记录，及时发现厌学儿童，防患于未然

图 2-1-43

站在经常开车的驾驶者立场预测谷歌未来推出的超级车载导航，提出希望自己将来能从事该项目的服务策划工作。同时，还可通过移动终端确定厌学儿童的位置信息，并通过 YouTube 的观看记录及早发现潜在的厌学儿童。

① 事前→事中→事后

当你能够想象出在该公司工作的情形时，就可以考虑加入这家公司了。比如我们可以将面试日设定为"事中"（即①，见图 2-1-44），如此再进一步考虑"事前"和"事后"应该做什么，这样能更有效利用"事中"之前的时间。

以下还是从求职者 A 的角度考虑问题的示例。

事前	事中	事后
②准备面试资料，查去谷歌的路线；⑤从谷歌员工处收集信息	①面试	③面试后的跟进；④顺便与朋友 G 见面；⑥向帮了自己的朋友致谢

图 2-1-44

首先，必须事先准备好面试及填写应聘申请表所需的资料（②）；其次，确认面试当天去往谷歌公司的路线；应聘者还需在面试之后（事后）发送跟进邮件（③），当天还想顺便与在谷歌工作的朋友 G 见一面（④）等。这么一来，A 可能就会发现，如果能从朋友 G 或者他的同事那里获取谷歌的相关信息好像更棒（⑤）。于是又加了一条，就是面试后要向朋友 G 及其同事致谢（⑥）。

综上所述，对求职者来说，事先收集信息、事后跟进以及寻找帮手等，不仅在面试时有用，在其他方面也非常有帮助。

逐渐填满三宫格，各格内容相互影响

在前文中，填写三宫格时都是按顺序逐格进行的，这只是为了便于说明。实际填写时，基本与上个示例一样，在各个格子间来来回回填写。换成九宫格后也一样，因为每填一个格子都会对下一个格子产生影响，所以对每个格子的内容都必须反复修改，这也是九宫格思维的精髓所在。

⑦ 成就→赠予→目标

在准备面试材料或填写应聘申请表的自我推荐，以及准备面试的

自我介绍时，大家可以按照本书前文的"30秒自我介绍"进行。

下面，请参照"30秒自我介绍"相关内容事先准备几份30秒左右的自我介绍，再配合收集到的谷歌的目标——"整合全球信息，供大众使用，让人人受益"，对目标和赠予部分内容进行修正。对于"成就"部分，如有更适合的内容，也可进行修正。

接下来以我自身为例。我的目标是"让每位学员都具备教别人的能力"，这个目标和谷歌的目标有着异曲同工之处，因此我将两者结合起来，如图2-1-45所示（参见"目标"格子）。

成就	赠予	目标
九宫格思维在整个公司的300多场技术培训中获得综合评价第一	3×3的九宫格可以帮我们将复杂的创意言简意赅地向他人传达	向全世界传达我的个人经验，并希望已经学会的人能教会更多的人使用该方法

图 2-1-45

为了实现这个目标，"赠予"的内容必须有说服力。我在"赠予"格子中所填写的内容，就是本书所写的内容。而在"成就"格子中，我从自己获得的各种"成就"中选取了能让"赠予"更有说服力的内容。

前文中，我们以准备到谷歌公司面试的 A 先生为例，用 7 种不同的横向三宫格分别进行了分析。大家感觉如何呢？是否感受到了即使仅通过横向三宫格，思路也能更加清晰，也更容易提出假设了呢？

另外，在自我介绍部分，我以自身为例进行了说明，因为 A 先生毕竟只是个虚构人物，以自己为例同样具有说服力。

一个人在求职或想跳槽时，是他最关注目标企业的时候。但我想说的是，大家在平时也应多关注企业的客户、竞争对手以及投资对象等，这些侧面同样值得我们进行更深入的考察。

学习完第 2 章及之后的纵向三宫格、九宫格，相信大家一定会更清楚如何对企业进行更深入的考察。当然，这种分析方法并不仅限于用来分析企业。

综上，本章主要介绍了先按时间轴将内容划分为"过去→现在→未来"再进行思考的 7 个示例。

① 事前→事中→事后
② 过去→现在→未来
③ 历史→现状→将来
④ 之前→之后→推测
⑤ 传统→创新→预测
⑥ 事实→抽象化→具体化
⑦ 成就→赠予→目标

提出心物二元论、被称为"现代哲学之父"的笛卡儿有句名言："难题需拆解！"

当想法过于庞大而一时难于向他人传达时，用时间轴加以划分是一种最简单且能保证 MECE（不重叠、不遗漏）的方法。

学完这些方法后，如果有哪种让你感觉"提出创意变得轻松多了！"或"思维都整理好了！"，那就先用那种方法进行思考吧。

培养用两条竖线划分以"关注的时间点"为中心及其前后的三个时间段的意识，是掌握九宫格思维的第一步。

第 2 章将学习我们平时不常接触的系统轴。我们将从系统的概念学起，再学习如何将系统按照层级分为三层。

延伸内容

《笔记的魔力》与 TRIZ

　　日本直播软件 Showroom 创始人前田裕二在他的著作《笔记的魔力》中提到了"事实、抽象化、借用"的概念，我读后感觉受益匪浅。

　　前田先生将被 TRIZ 界称为"四格模式"的思考方法，用可以轻松记录的方式，完美地套用在横向三宫格中。我认为《笔记的魔力》使用的是一种非常合理的模板。此外，该书还列举了用彩笔区分内容、给标题做记号等做笔记的技巧。

　　详细内容将通过引用该书内容进行说明。这本书以同一视面的两页为一组，左侧的双码面列举自己实际遇到的事实，对其加以抽象并用于解决问题。作者认为，这样的抽象化和借用（具体化）方法，在 IT（信息技术）和 AI 技术发达的当下最能展示人类本质的知识创造工作，对此我也深有同感。就像打棒球时的挥棒练习一样，知识创新工作也需要挥棒练习。而且，比起毫无章法地挥棒，练习时使用正确的姿势可大大提高击球的命中率。

　　前田裕二先生就是凭借"以自己的方式不断积累"在工作中获得了相应成果。（我本人在过去的 5 年中，总共记了 3000 多张九宫格笔记）

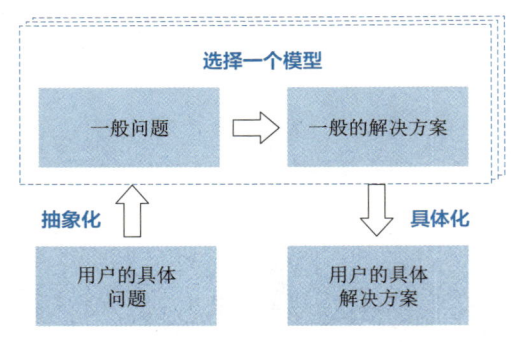

图 2-1-46　存储在知识库里的模型群

*资料来源：根据中川彻先生在第 10 次 TRIZ 论坛（2014）的资料改编

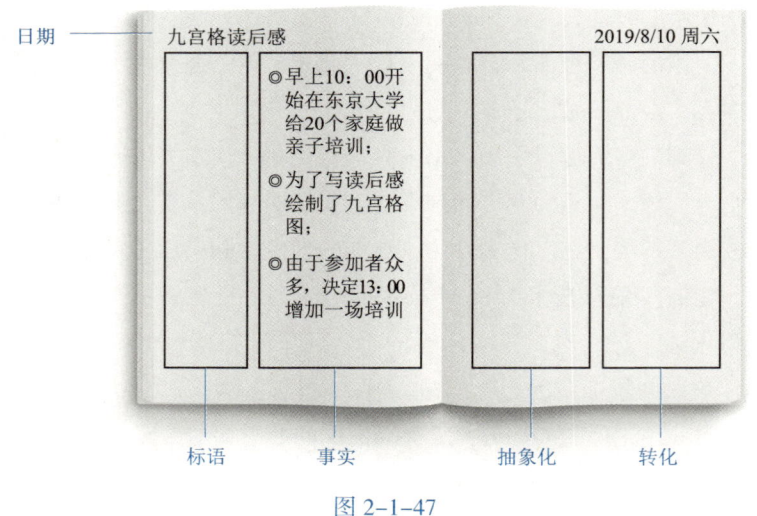

图 2-1-47

*资料来源：根据前田裕二的《笔记的魔力》作成

080　九宫格思维

第 2 章

纵向三宫格
划分空间（系统）大小顺序后再思考

用纵向三宫格划分空间后再思考

第 2 章主要是学习和理解九宫格中的纵轴，也就是空间轴的内容。

关于第 1 章中的时间轴，其关键词是"左前右后"，而第 2 章的关键词则是"上大下小"。

先用两条横线把一个页面分成三个空间（三个格子），并将最上面一格标记为较大空间、最下面一格标记为较小空间。如此一来，便可从宏观视角和微观视角对分析对象进行深入思考。

此时的"上大下小"可以用来表现公司中的职级，例如在公司里职位越高，权限就越大，从小到大的顺序为：科长→部长→社长（以日本的企业为例，下同）。同时，权限越大，其工作所涉及的范围就越大。相反地，职位越低，权限就越小，其工作所涉及的范围也越小。如科长、组长和一般员工的权限按从大到小排列为：科长＞组长＞一般员工。

与第 1 章按时间顺序划分时间轴的内容相比，本章内容可能更难，因为很多人可能还不习惯划分空间。不过，在大家掌握划分空间的方法后，思考和创意能力会大幅提升。

和第 1 章一样，本章也将通过 7 个示例对纵向三宫格进行说明。大家可以从中挑选一个自己最容易接受和理解的来学习，其实原理就和学跳绳或学骑自行车一样，相信大家一定能慢慢掌握其中的诀窍。

图 2-2-1

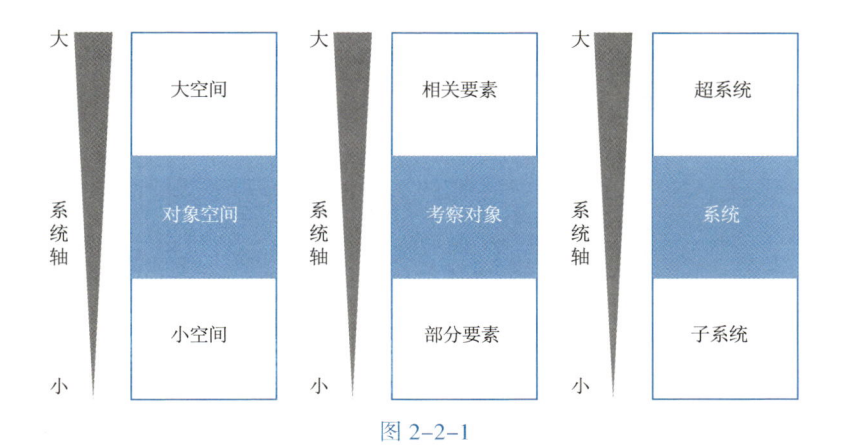

以下编排上下交错是因思考的范围存在差异

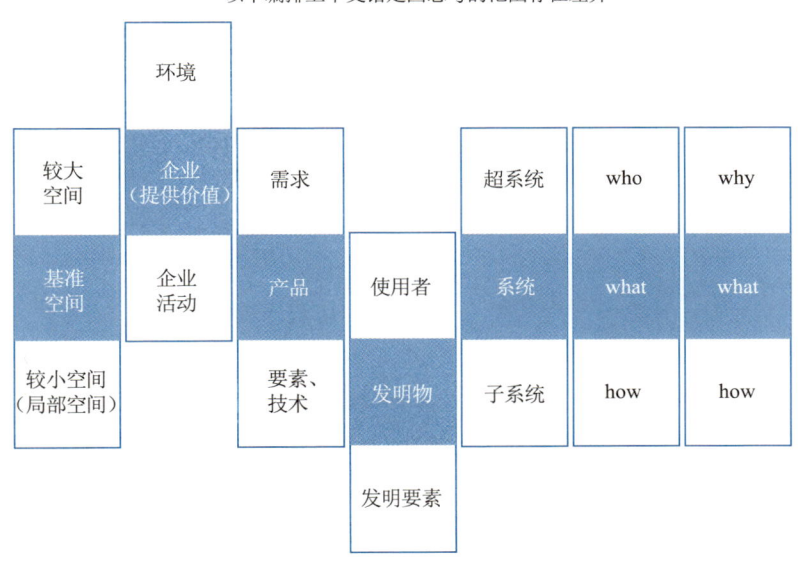

图 2-2-2　常用的纵向三宫格

第二部分　掌握九宫格思维

学习纵向三宫格的目的和效果

将空间进行分割排列的意义

大家是否有过这样的经历，就是讨论或思考时钻了牛角尖，导致工作毫无进展。我过去就经常这样。

所以我强烈建议有过这样经历的读者一定要尽快学会绘制纵向三宫格后再思考，并形成习惯。学会利用空间大小思考问题后，你在面对日常生活中的很多问题时，自然就能先区分问题的概要和细节再考虑解决方法。学会九宫格思维之后，我在与他人讨论或对话时自然而然地掌握了如何把握所涉及问题的范围。

设定系统轴后再对问题进行整理，便可能做到：

- 可以从系统的视角来分析问题；
- 可以区分可控制及无法控制的要素（内因和外因）；
- 可以不断完善解决方法。

首先，对"系统"的概念加以区分，这对理解本章内容非常有帮助。所谓的空间或系统大小，换个说法其实就是日常生活中我们不经意间使用的"why/what/how"[①]。如果不具备将分析对象拆开分解再考虑的意识，那么整理信息将会非常困难。因此，只要有意识地设定系统轴，确定分析对象的大小规模就很容易了。

系统的概念将在后文详述，大家可先回忆前言部分的相关内容

---

① 有关 why/what/how 的内容，参见本章"逻辑三宫格"一节。——编者注

084　九宫格思维

（比如以身体为例，从某种意义上看身体就是一个整体，但同时又有比身体更大的"环境"，以及构成身体的各种要素等）。

其次，将系统分为三部分，找出自己难以施加影响的环境（超系统），以及自己可以施加影响的要素（子系统），每个人都清楚了自己能产生影响的范围，便可明确自己能进行创意发挥的部分。

接下来，将系统轴的三个格子与时间轴一样进行排列，便可在把握全貌的前提下提升创意构思、假设及信息整理的精准度；同时可以参照其他两个格子的内容，不断提高信息收集的精准度并修正自己的分析视角。

下面请大家简单地将空间分成大、中、小三个层次，体验其优势及效果。

用空间轴"三分天下"

空间大小与问题解决难易度的关系

接下来，我们继续深挖将空间按大小划分成3个层次的好处。

首先来看将空间按大小划分的意义。简言之，意义就帮我们更容易地解决问题。

解决问题的难易度与问题的空间大小密切相关。一般来说，相关的空间越大，牵涉的人就越多，问题也越难解决。请大家考虑一下以下事例。

在开始学校生活或开始上班时，我们面临的第一个问题就是"早起"。大家可以结合下面的"练习"来思考这个问题。

练习

（1）以什么为基准划分空间轴？该从什么角度考虑呢？

请环顾你的卧室，留意与睡觉相关的物品和结构，并按尺寸大小分成大、中、小三部分（如图 2-2-3）。

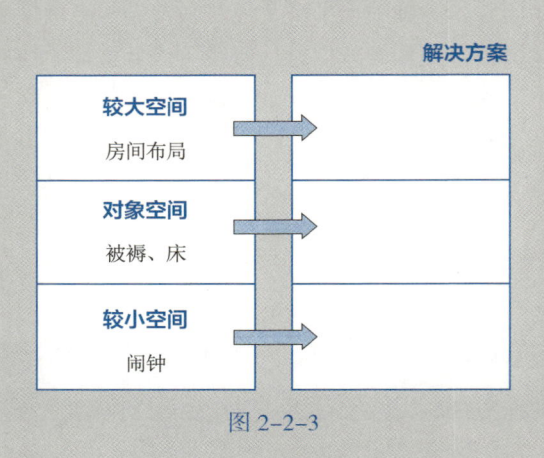

	解决方案
较大空间 房间布局 →	
对象空间 被褥、床 →	
较小空间 闹钟 →	

图 2-2-3

将被子和床铺等和自己身体大小差不多的东西归为"中"，将房间布局、卧室大小等如要改变必须付出巨大劳动的事物归为"大"，将闹钟等比自己小的东西归到"小"类中。

（2）准备解决方案

先暂时抛开"睡眠"这个话题，将家中常见的日用品、房间布局及房屋空间等目之所及的东西都归入这 3 个部分。

（3）"早起"问题的解决方案

将这些大小不一的物品关联起来，思考应如何用于解决"早起"问题。

为了解决"早起"的问题，应该做何改变呢？这时，可用纵向三宫格的空间思维来考虑。

此时所用的纵向三宫格分别如下：

① 把分析对象及其同等规格的事物填入中间格子；

② 以中间格子为标准区分其他事物的大和小；

③ 按规格（大、中、小）将事物分别填入纵向三宫格；

④ 从以上三种规格分别考虑解决方案，并在此基础上整理出整个问题的解决方法。

对于此例子，具体做法是先按不同规格分别列出解决方法，接着再将这些方法分别填入上、中、下三个格子。

上格：比自己大的事物；

中间格：和自己大小差不多的事物；

下格：比自己小的事物。

具体来说，在最上方的格子列入比自己大的事物（要素），比如卧室（的大小）、窗户、阳光照射的方向等。如果想要改变这些要素，方法只有一个，就是搬家。

而搬家将面临高昂的搬家费及新住所的押金和礼金等支出。尤其是和家人同住的情况下，仅为了解决自己的起床问题就要搬家，这样的情况在现实中应该不多见吧。

接下来，将卧室中与起床相关且和自己差不多大小的事物列入中间的格子，例如床、被褥、空调等。这些东西虽然价格也不便宜，不能随意更换，但不像上方格子中的事物一样昂贵，而且更换后对于同住者的影响也不大，是无须搬家即可改变的要素。

最后，在下格列入比上格和中间格的事物影响更小的事物，如闹钟、枕头、睡衣等。所以，就实际情况而言，对于"早起"问题，从这个小范围来考虑方案就好。

然而，说到闹钟，有时可能因怕吵到身边人而不能使用，此时，与闹钟相关的因素的影响就比卧室还大了，也就是意味着解决问题的难度加大了。

综上所述，对于问题的解决，要先区分空间大小再根据其大小及状况去考虑。如果能帮助大家形成这样的意识，本书的目的也就达到了。

关于早起问题的解决方案，后文会具体讨论。

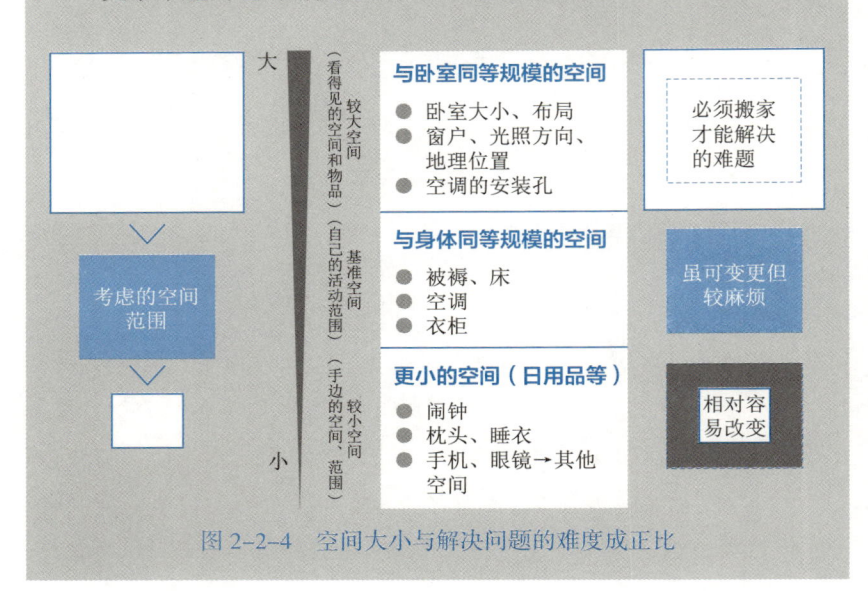

		与卧室同等规模的空间	必须搬家才能解决的难题
大	（看得见的空间和物品）较大空间	● 卧室大小、布局 ● 窗户、光照方向、地理位置 ● 空调的安装孔	
考虑的空间范围	（自己的活动范围）基准空间	与身体同等规模的空间 ● 被褥、床 ● 空调 ● 衣柜	虽可变更但较麻烦
小	（手边的空间、范围）较小空间	更小的空间（日用品等） ● 闹钟 ● 枕头、睡衣 ● 手机、眼镜→其他空间	相对容易改变

图 2-2-4 空间大小与解决问题的难度成正比

拓展视野，寻找解决问题的资源

向上看朝前走

日本有一首歌叫《向上看朝前走》（上を向いて歩こう）。

人在面临困难的时候，往往会低下头，此时视线也会朝下，如此一来，视野也会变窄。

这时候,"继续努力朝前走!"这样的鼓励就非常重要。同时,"抬起头朝前看"也非常重要。

其实,在解决问题的众多方法中,发现资源是最容易使用的方法之一。

做法很简单,就是"发现问题时,在问题的周边找到有助于解决它的资源(如物品、手段、动向、特性等)"。这样说确实有点晦涩难懂,但这是我们面对问题无从下手的时候,会自然而然地用到的一种思考方式。我们在忙得不可开交或者束手无策时,会发现过去从未在意的东西竟也能派上用场。

而纵向三宫格,就是一个在我们思考遇到瓶颈时可帮助我们找到解决方案的工具。

例如,在面临前文所述的起不了床的问题时,根据菅原洋平所著的《改变人生的睡眠法则》一书,要想让人从睡梦中醒来,需要1500勒克斯(lux)的光线,因此,应尽量把床摆放在靠近窗户的位置,让自己能被光照到。

但是,床一旦摆放好,再移动起来也非易事,所以,应该考虑是否还有其他解决方案。

巨大的空间(如床铺、窗户或光照方向等)确实不易改变,但大空间中也有可以用于解决问题的资源,如可借用镜子来改变光照方向等。只需将镜子摆放在可以将阳光反射到自己脸上的位置,就可以帮助我们早早起床了。

一个找了许久都找不到的东西突然出现在某个意想不到的地方,想必大家一定有过这样的经历。其实,想法也同理。

如果将"空间的大小"换一种说法,就是"只要将视线放到更大的空间,就能很快发现解决问题的方法"。这不仅适用于日常生活,还可用于商业创意。

话虽如此,一般情况下,总不会有人刻意把自己逼到绝境。为了避免陷入这样的绝境，我们要时时抬起头，用把视线放宽的纵向三宫格来思考是非常有效的。

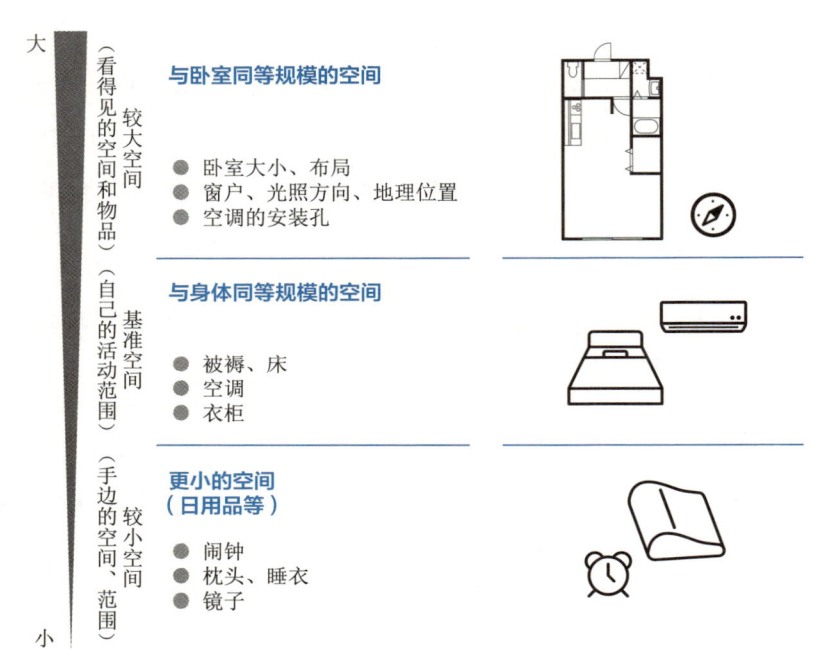

大
（看得见的空间和物品）较大空间

与卧室同等规模的空间

- 卧室大小、布局
- 窗户、光照方向、地理位置
- 空调的安装孔

（自己的活动范围）基准空间

与身体同等规模的空间

- 被褥、床
- 空调
- 衣柜

（手边的空间、范围）较小空间

更小的空间（日用品等）

- 闹钟
- 枕头、睡衣
- 镜子

小

图 2-2-5　扩大空间，寻找解决问题的资源

认识"系统"思考法

上一节我们以九宫格中的纵向三宫格为空间轴进行了说明。想必大家已经真切感受到了，只要学会以大、小（宏观、微观）两种视角去看问题，思考和创意的自由度便会发生很大的变化。

实际上在实践或思考这一方法时，一定有人产生过这样的困惑——"大小该如何界定呢？""划分大和小的标准太难确定了，是否可以用其他尺度划分大小呢？"等等。

其实，这种感觉非常重要，因为这是决定一个人能否自如运用九宫格思维的关键。所以，在九宫格中纵向划分基准空间、比基准大的空间以及比基准小的空间的能力十分重要。

我这里使用了"划分"这个词，想必大家一看就能明白，这是因为规模的设定标准并不是唯一的。后文还将对此进行详述。

那么，应该如何掌握这种划分规模的方法（感觉）呢？为了阐明这一点，我们有必要先了解一下"系统"。

其实，九宫格还有个别名叫"系统操作员"。按纵轴方向从上到下分别为超系统、系统和子系统。

能否自如运用九宫格思维取决于是否正确理解"系统"的概念。

现在暂时还不想了解系统概念的读者可以直接翻到"纵向三宫格的用法"一节，将纵向三宫格的内容看过一遍后再翻回这里。

我们先来了解何为"系统"。为了帮助大家理解，我将按以下顺序逐一举例说明。

◎ 何为系统？"系统"的特征
● 系统有大有小；
● 系统由为了实现某种功能的多个要素组合而成，且各要素之间相互影响。

◎ TRIZ 中的系统
● 系统的定义及具体例子；
● 系统是分阶段的；
● 系统的上下关系（超系统／子系统）。

何为"系统"？系统的特征

日常生活中我们常能听到"系统"这个词。但如果有小朋友或新手问你"什么是系统？"，你该如何回答呢？

在给出"系统"的定义之前，我们先来看看世界上所有被称为"系统"的事物的共同特征吧。

提到系统，大多数人最先想到的是"电脑系统"。例如，公司同事对你说"请把它输入××系统"（如会计系统），这种情况下的系统大都是通过电脑才能达到目的的电脑系统。此外，银行的ATM机也是一种通过计算机来实现存取款功能的系统。

以前也有"影音系统"这样无须通过电脑，而仅将几台设备连接起来就能满足顾客需求的产品组合，这样的设备组合也被称为系统。

另外，没有机械设备的组合，也可称为系统。比如，在观看日本职业足球联赛或其他国家的足球联赛转播时，我们常能听到解说员提到"队员们配合相当默契"（都在有系统地跑位）这样的表述。是的，进行足球比赛时，针对同一个球进行跑位的运动员们，其实也组成了一个系统。

在餐厅中，我们也常能听到"我先给您介绍一下本店的（畅饮）套餐"这样的话，这也是一种系统，系统内容大致包括套餐费用、所能提供的酒水种类、畅饮时间，以及每次每人只能点一杯酒水的规则，等等。

接下来，你在店里所喝的酒水和所吃的点心将会进入你的肠胃，即你的消化系统。对了，消化器官群也组成了一种系统。

系统一词现在被广泛应用于各个领域，其共同点是"系统不是由单个个体组成，而是由多个要素共同组成的"。英文"system"一词对应的汉语是"系"，如 solar system 是太阳系，而汽车的制动系统英文是"breaking system"。

既然提到了汽车，那不妨以汽车为例来说明系统的另一特征。首先，我们可将汽车划分成若干个小空间，如先找出由各种零部件构成的被称为"××系（统）"的部分。此时，你会先找出什么呢？

多数人首先会想到驱动系统或制动系统等。

驱动系统中的发动机或内燃机其实也是一个系统，其中又包括点火系统等。看到这里，即使你现在还说不清楚系统到底为何物，但从词语本身来看，也应该能理解它是具有某种程度的空间。

反过来也一样，我们先将整个汽车看作一个小空间，然后慢慢把视野缩小，思考其中包括什么零部件、程序或系统等。

将汽车看成一个小空间，可看出它是由螺丝和铁板等零部件（元素）构成。这些零部件又被组装成了发动机、离合器、轮胎、排气管等。

这些零部件通过彼此间的物理接触或计算机控制实现了相互支撑或传动，从而构成了驱动系统或制动系统等各种系统。汽车就是由多个这样的系统组合而成。

接下来将视角扩大，你将看到高速路出入口设置的ETC（电子不停车收费），它通过汽车内与收费口的通信系统以及开关系统等联动，从而实现无须停车也能完成缴费。再将视角（空间）进一步扩大，你将发现城市道路上的公交车与公交线路一同构成了"某都市圈的交通系统"。继续将视角扩大，你将发现城市交通系统也只是某个国家以及整个世界交通网络的一部分而已（见图2-2-6）。

如上所述，从汽车发动机这样的小空间开始，将视角逐步扩大到汽车运行的道路这样的大空间上，你会发现一切都可用系统一词来表述。因此，系统本质上就是（为了达到某种目的）多个相互影响的元素的组合体。

第二部分　掌握九宫格思维　　093

```
┌─────────────────────────┬──────────┐
│  交通                    │          │
│  系统    🚦  🚗          │  超系统  │
├─────────────────────────┼──────────┤
│         汽车             │          │
│         🚐              │  系统    │
├─────────────────────────┼──────────┤
│  驱动系统    驱动控制系统 │          │
│                          │  子系统  │
├─────────────────────────┼──────────┤
│  轮胎、发动机、排气口、   │          │
│  螺丝、金属板            │ 零部件、要素│
└─────────────────────────┴──────────┘
```

图 2-2-6

我们身边存在数不胜数被称为系统的组合（虽然有时系统一词并非绝对贴切），因为它们都很好地遵循和体现了系统的定义。

系统的定义

综合上述内容，我们可以给系统下一个定义：为了实现某个目的的相关要素的集合体。前文所列举的例子都符合这个定义。

前文例子包括：

- 公司财会系统→以处理公司财会事务为目的的各种要素的集合体（收据、计算机程序、员工的银行账户信息等）；
- 自动取款机（ATM）→以和银行之间进行存取款业务为目的的要素的集合体（触控面板、现金、处理程序等）；

- 家庭影院→能满足观影需求（目的）的各种要素的集合体（功放机、音箱、电线等）；
- 足球比赛→为了赢得比赛（得分）的各种要素的集合体（队员、足球、传带球）；
- 酒水无限畅饮套餐→能让顾客和餐饮店都获得满足感的各种要素的集合体（酒精饮料、软饮、时间限制等）；
- 消化系统→将食物分解并从中吸收营养的各种要素的集合体（口腔、胃、肠等）。

以上这些全为系统（见表 2-2-1），但如果要素彼此毫无关联就不能称为系统，它们只是单纯"集合"在一起。比如 11 名足球队员在一起而不组成一队就只是单纯地集合，或者买齐了喇叭、功放器、电线，但只把它们放成一堆而不进行连线，它们也不能称为家庭影院系统。

表 2-2-1　各种系统

系统名	目的	相互关联的要素示例
财会系统	处理公司财会事务	收据、计算机程序、员工的银行账户信息等
ATM	银行账户的存取款	触碰面板、现金、处理程序等
家庭影院	音画视听	喇叭、功放机、电线等
足球比赛	获得比赛胜利	前锋、后卫、传带球等
酒水无限畅饮套餐	顾客感觉物超所值，店家盈利	多种饮料、价格、时间限制等
消化系统	吸收营养	胃、肠、胰脏等

系统中存在阶层

其实，以上系统也只是更大系统的一部分而已。

例如，消化系统与循环系统、呼吸系统等一样，只是人体这个更大系统的一部分（见表 2-2-2）。也就是说，人体就是一个为了让生命体活下去（目的）而使各种要素（脏器及各种细胞等）相互关联在一起的集合体。如果没有系统，只是将构成身体的 60 万亿个细胞聚在一起，那么生命体无法活下去。

表 2-2-2

要素 1	要素 2	要素 3	领域（专业）
	人体		
呼吸系统	消化系统	循环系统	消化内科（临床医学）
胃	肠道	胰脏	肠科研究医师
肠细胞	肠内菌群	（毛细）血管	肠内细菌学会
细菌 A	细菌 B	细菌 C	细菌学
细胞膜	细胞核	线粒体	分子生物学
核膜	染色质	核小体	分子生物学
蛋白质	DNA（脱氧核糖核酸）	组织蛋白	有机化学
脱氧核糖	磷酸	盐基（A,C,T,G）	有机化学
磷原子	氧原子	氢原子	无机化学
质子	中子	电子	物理学

另外，消化系统又由一个个更小的系统构成。例如肠道的主要功能是分解食物和吸收营养，肠内壁有绒毛状结构，肠道内还有被称为肠道菌群的细菌，被这些细菌分解而成的氨基酸等营养成分经由静脉毛细血管运送至身体各处。

肠道菌群又是一个由双歧杆菌等益生菌（有益菌）和产气荚膜梭菌等致病菌（有害菌），以及介于两者之间的中性菌等组成的菌群系统。这些细菌都是单细胞生物，细胞又是一个更小的系统，主要由细胞膜、细胞核、线粒体等相关要素构成。而细胞核又由更小的相互关联的要素构成。

系统的上下关系

将构成系统的部件作为独立个体集合在一起，与作为构成系统的要素比较，你便能明白其中的道理。

将这些要素作为独立的个体进行个别分析，肯定不如将之看成相互关联的一个整体有利于创意构思，也更容易进行知识积累。

例如看病时，比起将胃、肠等作为独立的器官来考虑，肯定是将之作为消化系统的一部分来考虑更好，后者使医生更容易找到治愈疾病的方案。各医院的科室一般都是按人体系统（循环系统、内分泌系统、神经系统）划分的，如分为循环科、内分泌科、神经科等。

对于肠道内的细菌群也同理，比起单个分析，将之作为一个整体（肠内细菌群）分析，你可能更能发现一个新世界。将"大小相当的集合体"作为一个专业领域，更容易进行信息交换。如我们常听到的消化系统学会、肠内细菌群学会，以及××学会等就是一个例子。

此外，如上一节表2-2-2中的灰色部分所示，系统大小不同，所属的学科领域也有所不同。所以，形成划分分析对象系统的意识非常重要。

形成区分超系统、子系统的意识

综上可知,将自己要分析的集合体作为一个系统来考虑十分必要。此外我们从前文了解到,学术界常以系统为单位进行研究。

养成如前节所述的思考习惯,也就是将分析对象划分成基准空间、大空间、小空间等,解决问题就变得容易多了。

其实系统也一样。

首先请大家记住与九宫格思维相关的两个较陌生的词语"超系统"和"子系统",它们并非九宫格思维的专有词语,而是与系统有关的专业术语。

将分析对象作为基准系统,接下来按大小分为超系统和子系统,再将系统从大到小对应填入纵向三宫格,这便是"系统三宫格"。

上格:超系统

中间格:系统

下格:子系统

例如,以肠内菌群为分析对象(系统)时,肠道就是超系统,各个细菌群就是子系统(见图 2-2-7)。

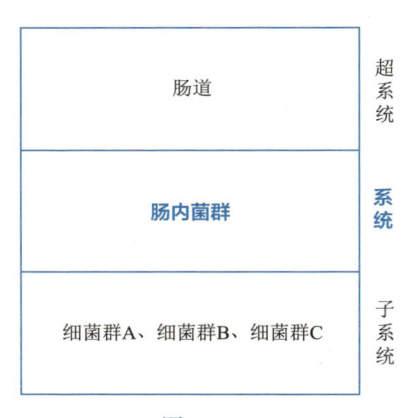

肠道	超系统
肠内菌群	**系统**
细菌群A、细菌群B、细菌群C	子系统

图 2-2-7

系统大小取决于分析对象的大小

在给系统下定义时,判断分析对象是超系统还是子系统,会因着眼点不同而不同。

利用九宫格思考时,都是将分析对象放在中间格子,为了方便说明,本文有时也将中间格子称为"对象系统"。

纵向三宫格的上下级关系为:上格是系统的集合,下格是组成要素的集合。因此,子系统为"组成对象系统的要素",超系统是"包括对象系统的更大系统"。

最大的系统 → **分析对象系统** → **系统要素**

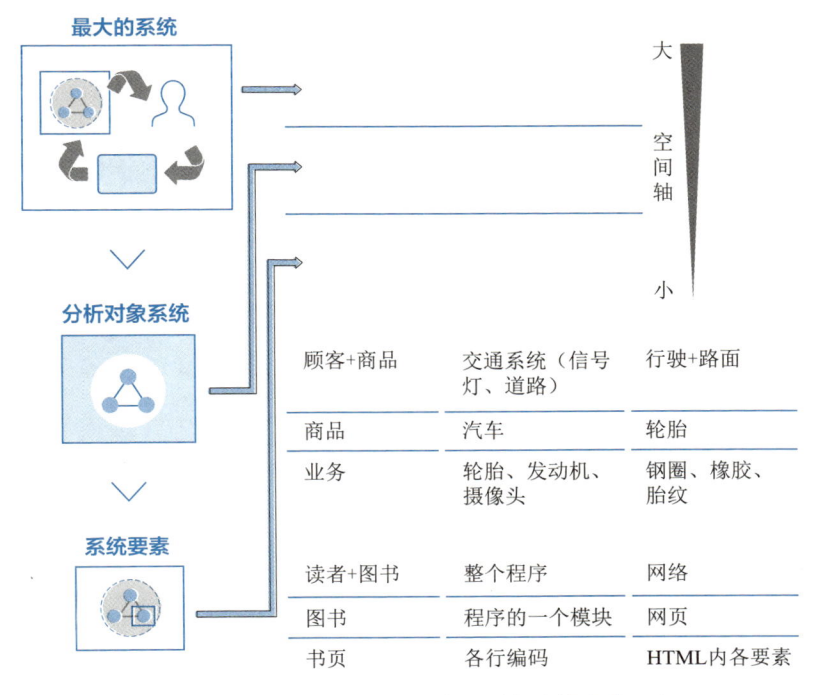

空间轴:大 → 小

顾客+商品	交通系统(信号灯、道路)	行驶+路面
商品	汽车	轮胎
业务	轮胎、发动机、摄像头	钢圈、橡胶、胎纹
读者+图书	整个程序	网络
图书	程序的一个模块	网页
书页	各行编码	HTML内各要素

图 2-2-8 空间的大小与解决问题的难易度成正比

例如，人的心脏是将血液输送到全身各处的系统。假如将心脏作为分析对象系统，那么子系统就是组成心脏的各要素，包括左心房、右心房、左心室、右心室等。填写子系统各项目时无须列出所有要素，仅列出分析所需的便可。（但在进行故障分析等时，必须列出所有要素）

超系统是以分析对象（如心脏）作为组成要素的更大的系统，如人体。也可以换个角度从"目的/手段"的关联性来考虑，此时的超系统可以定义为"为了实现目的而形成的集合体"，这样的解释也许有助于大家的理解。

前文将心脏解释为"将血液输送到全身的系统"，此时的超系统应为整个人体。

如何划分超系统和子系统，取决于分析对象系统的范围。

还是以心脏为例。如果心脏是一个分析对象系统，那么可根据想考察的内容确定超系统。如果简单地将心脏定义为"组成身体的一部分"，那么此时的超系统就是"整个身体"。如果要探讨"心脏在呼吸活动中的作用"，那么超系统就变成"与呼吸相关的系统（包括肺、肺动脉的血液、肺静脉的血液、心脏、动脉血液、静脉血液以及其他细胞）"。

以上就是关于系统、超系统、子系统的说明。

这些不要求大家现在就全部理解，下面我将教大家运用各种纵向三宫格，大家可以从中学习和领悟。

常用的纵向三宫格

接下来介绍纵向三宫格的使用实例。我设计了很多填空问题，大家可以一边学习一边填写，相信这一定有助于大家的理解。

阅读第 3 章时，大家可以按照以下"准备事项"和"实施"所示准备好必要物品，可使用横线笔记本或便签来绘制表格，也可使用电脑来绘制。

准备事项

- 准备 1 张 A4 纸，横放；
- 纵向画两条横线，将纸张分成三行，即三个格子；
- 沿着与横轴垂直的方向将纸张折成三等份（由此可获得 3×3 共 9 个格子）。

使用其中的纵向三宫格（把纸张展开就是九宫格）。

折线

实施

- 先将最容易填写的格子填好（一般情况下是中间的格子）；
- 参照标签内容，填写剩下的格子；
- 意识到三个格子是彼此关联的，不断完善、优化填写的内容。

① 空间三宫格

大 / 中 / 小空间

前文的"早起"示例中，利用纵向三宫格思考的基本思路就是

第二部分　掌握九宫格思维　　101

以与自己等身的规格（或是想要探讨的规格）为基准，对物理空间进行划分。

确定基准后，就容易分出比基准大的空间及比基准小的空间，再将这三个空间按大、中、小顺序纵向排放，便可得出空间的纵向三宫格。

下面，我们来练习使用空间纵向三宫格观察自然界的生物。

首先请大家想一下利用奔跑的优势生存的动物都有哪些。想象一下自己被追赶的情况便可知道，逃跑时一定要有足够的体力和很强的奔跑能力，直至与"追兵"拉开距离。逃到"追兵无法到达的空间"后，形势立刻变为对逃跑一方有利了。

因此，我们可以以"拥有特别的器官，可以利用较大空间作为退路"的标准来选择分析的动物对象，因为只有具备这样的技能，它们才能在激烈的生存竞争中存活下来。

与哺乳类动物相比，爬行类动物进化缓慢，几亿年来几乎没发生进化。一听到没有进化，大家是不是感觉这种动物还比较原始？其实事实正好相反。对生物来说，最好的评判标准就是该物种能否持续存活。

所以，我们要重新审视爬行类动物。从这个角度看，我们会惊叹于它们在几亿年前就进化出了优异的生存能力。以这样的视角看问题，有助于提升创意能力。

例如，在墙上自由爬行的壁虎脚上长有刚毛。如果用纵向三宫格体现的话就如图 2-2-9 所示。

模仿生物形态有助于一些制造企业产生创意灵感。日东电工公司就模仿壁虎研发出了黏性很强但又容易撕除的壁虎胶带。

另外，美国斯坦福大学的一个团队也以壁虎为对象研究出能够帮助人类在垂直方向攀登的"壁虎手套"。

图 2-2-9

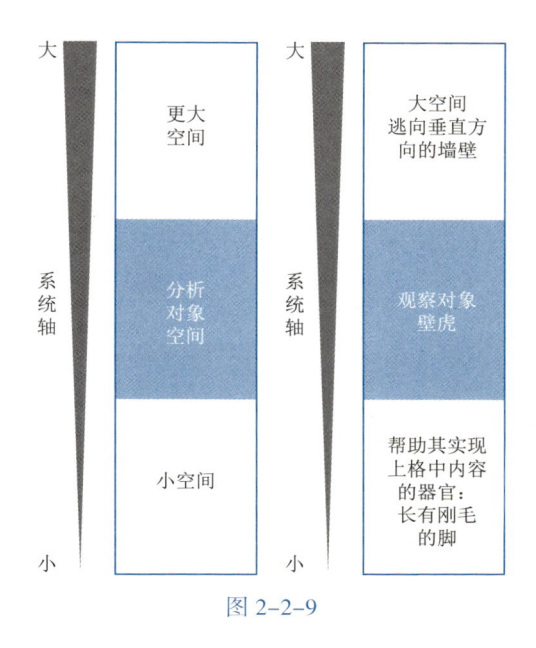

问题 01　空间三宫格

生物在生存方面的竞争，比企业之间的竞争激烈得多。因为对它们来说这是一种不折不扣的"赌上性命"的竞争。一般来说，生物的体格越大、力量越强、速度越快，越容易生存。如果将捕猎所获得的能量平均分配给以上各项，那么它在变得更大、更强、更快之前就有可能被天敌吃掉了。

因此，每一种生物都会将能量集中分配给某一特质。此时，生物考虑的不仅是自身的空间，还有比自身更大的逃跑空间，这是一种高性价比的投入，只有做到这一点的生物才能存活下来。请利用这个提示完成下面的练习。

练习题：请以壁虎为例，将下列表述分别填入图 2-2-10 的三宫格。

第二部分　掌握九宫格思维　　103

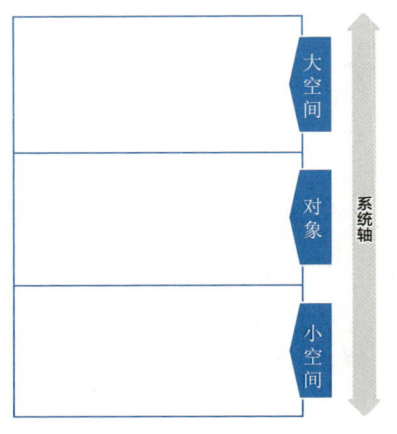

图 2-2-10

①褐冠蜥栖息在水边，它具有很长的脚趾和动作很敏捷的后腿，能够利用水面的张力，在水面上短距离奔驰，从而逃脱。

②沙漠中的蜥蜴（砂鱼蜥）拥有鱼鳞一样光滑的鳞片和流线型身体，这让它可以在沙子中像鱼在水中游一样甩脱天敌。

接下来，请以下列生物为对象，将相关内容分别填入纵向三宫格。

③蚁狮（草蜻蛉的幼虫）

④尼罗鳄（栖息于尼罗河的鳄鱼）

提示：蚁狮

上格：蚁狮会在松软的沙地上做漏斗状的陷阱，然后静等蚂蚁陷入，无须花太多力气就能捕获到猎物。

下格：为了很好地利用这个陷阱空间，蚁狮长出了强有力的双颚。

提示：尼罗鳄

尼罗鳄的咬合力高达 2 顿，一旦被它咬上，猎物绝对难于逃脱。但仅仅是咬住猎物，还不足以将猎物杀死。3 亿多年来它们几乎没有进化，靠的就是栖息地的优势。

问题 01　思考过程及参考答案

对于①褐冠蜥和②砂鱼蜥只要如图 2-2-11 所示按空间整理出各要素就可以了（部分特征可以列出一个）。

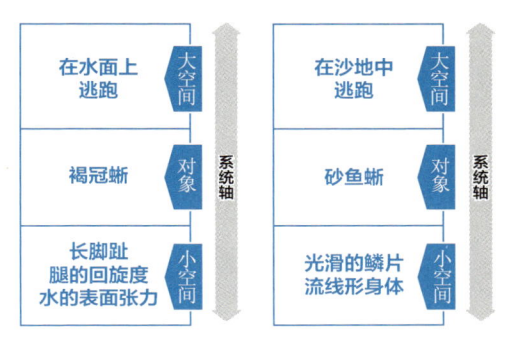

图 2-2-11

蚜狮和尼罗鳄的共同点是"具有强有力的双颚（和牙齿）"，但两者运用这个强项的方式因栖息地不同而不同（见图 2-2-12）。

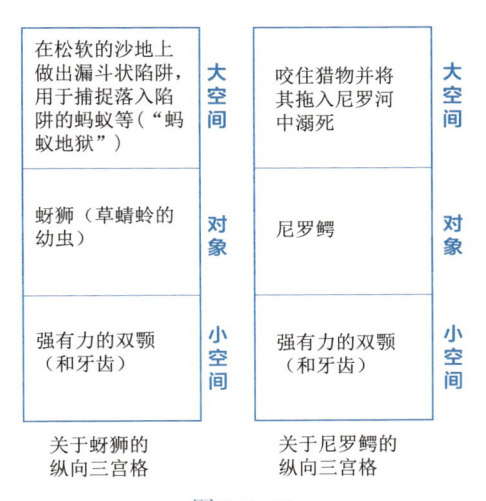

图 2-2-12

蚜狮为了防止猎物逃走而用双颚将其控制在陷阱内，双颚起到了类似蛛丝一样的作用。而尼罗鳄的双颚是用来溺死猎物的武器。它们并没有让身体的每个部位都进化得很强大，而是巧妙地利用了比自己身体更大的空间存活了下来。

同样的做法，其他物种中还有很多（也可理解为它们因此而获得了自己的生态位）。

- 具有拟态能力的动物（变色龙、章鱼、兰花螳螂等）；
- 寄生在寄主体内的动物（寄生虫、寄生植物、小丑鱼等）；
- 自己可制作坚固巢穴的动物（河狸、白蚁、蜜蜂等）。

综上所述，生物通过身体的一部分利用比身体更大的生存空间，适应了几百万年，甚至几亿年的环境变化，从而存活下来了。

除了模仿部分要素的仿生能力，生物还具备从更宏观的视角"利用比自身更大空间（地利之便）"的能力，希望大家也能从中受到启发并应用（被众多企业家当作宝典的《孙子兵法》也多次提到了"善用地利"）。

思考"更大空间"和"更小空间"的意义

在空间纵向三宫格中，重视粒度的不同，便可提高分析观察对象特征的能力，同时提高解决问题（即提升创造性）的能力。

实际上，分析已经存活了几百万年甚至几亿年的生物的特征，对于人类解决问题十分有益，尤其是在仿生学领域。

每一种生物都拥有适应所栖息环境的能力。有些生物甚至进化到能利用自己的生活环境（即周边环境），使其更利于自己生存。这也被称为形成自己的生态位。

了解了一种生物的生态之后，除了分析其身体特征，还要关注其生活环境，即关注更大的空间，这是分析问题的一项重要内容。

下面，我们以蜘蛛为例来分析生态位的形成。蜘蛛通过蛛网扩展自己的手脚无法触及的更大空间，从而获取猎物。

前文的例子都是较为常见的，其实，如何利用纵向三宫格，着眼于更小空间并记录下来就是一种有效方法。如果从比蛛网更小的空间进行考虑，就能发现蛛丝是蜘蛛身上一个叫作"吐丝器"的器官制造的带有黏性的细丝。

日常生活中，我们经常利用比自己大的空间来解决问题。例如，对于夏天四处乱飞的蚊子，直接将它们打死很难，但我们可以利用蚊帐创造出一个蚊子很难进入的更大空间。其实，这与蜘蛛用蛛丝织出一个比自己更大的网的做法如出一辙。此外，还有用蚊香或驱蚊药创造出一个更大空间，以避免被蚊虫叮咬的解决方案。

思考上述问题时，考虑小空间（的要素）就显得非常重要。因为小空间（的要素）是解决问题的信息宝库。只有不断丰富信息宝库，创造能力才能不断提升。

② 系统三宫格

超系统→系统→子系统

将要分析考察的对象当作系统，那么比它更高一级的就是超系统，两者为上下级的关系。反之，比系统更小的是子系统，子系统是构成系统的要素。

将上述三个系统按顺序叠放，就构成了纵向三宫格。

在九宫格中，纵向为"系统轴"。

我们还可以将系统轴延长（增加格子），不过作为日常解决问题的工具，一般情况下，以分析对象为中心分成上、中、下三格就足够了（见图 2-2-13）。

问题 02　系统三宫格

下面还是进行纵向三宫格的练习。

请将下列词语填入图 2-2-14 的系统轴纵向三宫格。

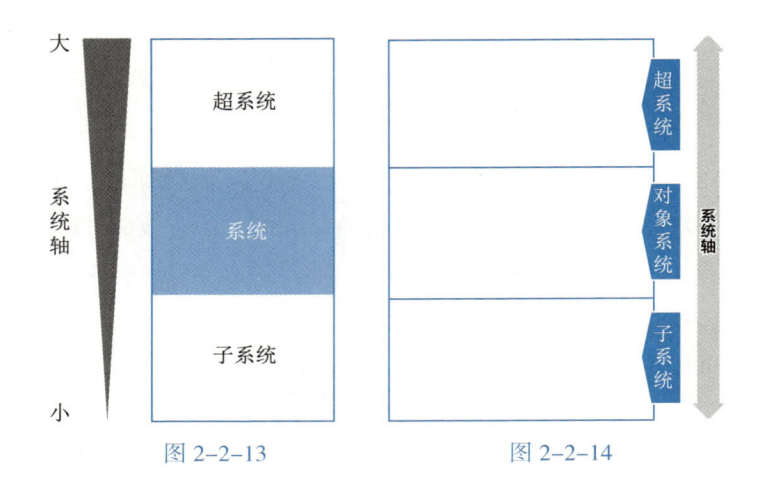

图 2-2-13

图 2-2-14

（1）驱动系统、发动机系统、点火系统；

（2）太阳系、银河系、地球／月亮；

（3）会计系统、经营管理系统、（交通费等）费用计算系统。

如果还有精力，也可以在超系统和子系统的上下方各加一个格子。

问题 02　思考过程及参考答案

（1）

驱动系统的组成要素（子系统）包括发动机系统，而发动机系统中又包括点火系统。进一步细分的话，点火系统又包括火花塞，以及使火花塞放电的系统等。此时的超系统就是汽车（一辆汽车就是一个系统），或者比汽车系统更大的交通系统。

（2）

地球及围绕地球运转的卫星（即月球）两者之间因引力而相互影响，这也是一个系统。我们在天气预报里经常听到的大潮汐、小潮汐等词语，就是因为月球对地球的引力而引发的海平面变化（潮汐力）。同时，地球和月球又同属太阳系，地球上的一切都受到太阳的影响。虽然地球对于太阳的影响非常轻微，但地球有时也会吸引太阳系内的小岩石（我们称为陨石）。影响虽然轻微，但却是实际存在的。

另外，太阳系只是被称为"天河"的浩瀚银河系的一部分而已。虽然只是银河系万千星系中的万千微小要素之一，但太阳系还是具备一定的质量及与其他星系之间的相互作用力的，这也是构成银河系的要素之一。同时，银河系其实也只是更浩瀚的本超星系团的要素之一。这么看来，宇宙真的是浩瀚无垠呀！

（3）

我们先把视线从宇宙拉回到现实生活中。对于会计系统来说，交通费计算系统只是其中的一小部分（子系统）。会计系统还与管理营业额的系统、收支系统等一起向管理全公司经营状况的经营系统发送数据。公司高层就是根据这些数据决定公司运营方针的。

如上所述，首先是发现身边被称为系统的事物，接着通过不断思考，掌握系统概念。

- 找出该系统的目的；
- 找到该系统的范围；
- 找到实现该系统目的的组成要素。

下一章我将以与生活息息相关的事物，如产品发明、热销产品、企业分析等，讲述如何用纵向系统三宫格去扩展我们的视野，提高创造性。

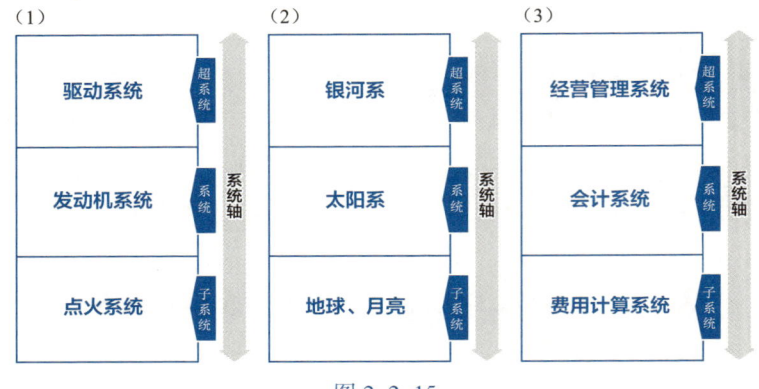

（1）	（2）	（3）
驱动系统 / 超系统	银河系 / 超系统	经营管理系统 / 超系统
发动机系统 / 系统轴	太阳系 / 系统轴	会计系统 / 系统轴
点火系统 / 子系统	地球、月亮 / 子系统	费用计算系统 / 子系统

图 2-2-15

③ 发明三宫格

使用者→发明物→发明要素

每年夏天，我都会在东京大学、日本国立科学博物馆、索尼公司等机构举办亲子活动。活动期间，对于我提出的"在 21 世纪，必不可少的能力是什么？"问题（多选题），"创造性"一直是最多的回答。比起满大街的英语培训班及电脑编程培训班，教人提高创造性的培训班可谓少之又少。面对这样的情况，我们应该如何做才能提高创造性呢？

俗语有云"学习从模仿开始"。也就是说，我们身边的大部分日用品，都是模仿已有产品而来的"新产品"。例如象征着光明的电灯泡，后来出现的荧光灯及 LED 灯就是其后续的新发明产品。其实，我们身边的很多生活用品都融合了过去的多个发明元素，多到无法用一两句话说清楚。

这时，纵向三宫格就派上用场了。

首先可以思考日用品的使用场景，这样自然会意识到"较大的空间"及其作为日用品的要素，即"更小的空间"。

发明要素多种多样，下面我将以"刻下凹痕，使产品容易分割"的要素为例进行说明。

例如，巧克力块上必定留有凹痕，如果没有凹痕，整块的巧克力在食用时会很不方便，凹痕便于顾客将其掰开食用。

和巧克力类似的例子还有咖喱块，有了凹痕大的咖喱块就容易分成小块儿，放进锅里才能更快溶解。

此外，切块年糕上也有凹痕，这样它煎起来才不容易变形。

利用纵向三宫格分析身边的日用品，就会发现生活中的很多便利性，其灵感都是源自某个共同的发明要素（见图 2-2-16）。

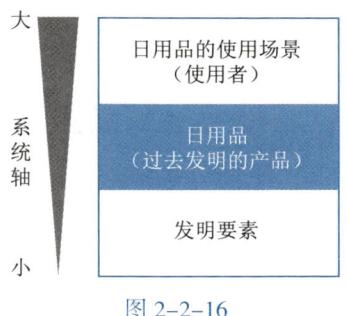

图 2-2-16

问题 03　发明三宫格

"将凹痕看作发明"并不限于食品领域，大家可以从身边的物品中找到带有凹痕的日用品，并将其信息填入纵向三宫格。

例如，带有凹痕的美工刀也是过去的发明。刀片上的凹痕使它可以很容易被折断，所以我们只需把钝的部分掰下来，剩下的刀片便又锋利如新了。目前，折刃式美工刀已经成了国际标准规格。发明折刃式美工刀的这家名为 OLFA 的日本公司，员工只有 91 人，一年的营业额竟高达70亿日元。看到这样的业绩，那些负责新项目开发的人想必一定很震惊吧。该公司的官网上也明确写出了这个创意源自块状巧克力。

下面请大家以OLFA公司的"折刃式美工刀"为例，将图2-2-17的纵向三宫格填写完整。

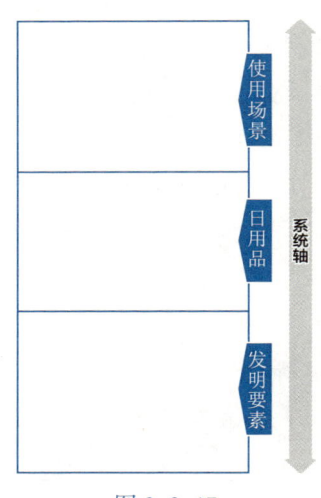

图2-2-17

①下格：美工刀上的凹痕；
②中间格：有凹痕的日用品；
③上格：凹痕的作用及效果。

问题03　思考过程及参考答案

就OLFA美工刀的情况，纵向三宫格应该按如下填写（见图2-2-18）：

下格：（美工刀）刀片上的凹痕；

中间格：折刃式美工刀；

上格：只需把钝了的部分掰下来，立刻获得锋利的刀刃。

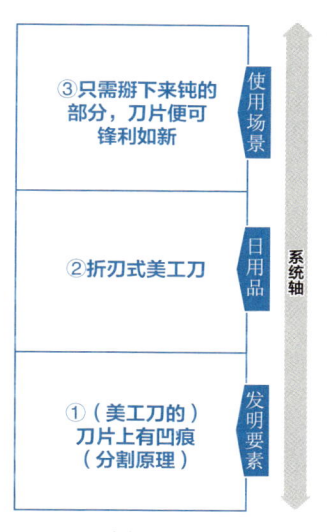

图 2-2-18

　　上述"从日用品中找到简单的发明创意"的练习，与后文"热销产品三宫格"的内容非常相似。其实这也不难理解，热销产品之所以受欢迎，正是因为"购买或使用该产品已是理所当然的（即它已成为日用品）"，如果将"使用场景"和"发明要素"换一种说法，就是"需求"和"要素"。

　　不过，只要着眼于发明要素，就能更好地发现解决方案的根源并找到重点。

　　熟悉了前文所述找到凹痕设计之后，下面请挑战"从非对称部分找到发明要素"。关于发明要素，可以参考我的《日常生活中的发明原理》一书，书中列举了240个发明要素与日常用品的组合，希望能帮助大家培养"只要看见……，就……"的创意思维。

　　我在东京大学授课时，主讲的就是用九宫格来分析给我们的生活带来便利的日用品，找到其发明原理。

④ 产品三宫格

▶ 需求→热销产品→要素、技术（资源）

《日常生活中的发明原理》出版后，委托我以创意创造师的身份提供咨询服务的人多了起来。其中很多人的需求是"能否从我所拥有的要素（资源）中，帮我找到市场需求"。

的确，只要要素和需求完美契合，就能制造出热销产品。用这个观点去分析世界上的各种产品和服务，不仅能提升个人的策划能力，还能让我们将创意轻松地向他人传达。

下面以2019年的一款热销产品——手持小风扇为例，分析并填写纵向三宫格（见图2-2-19）。

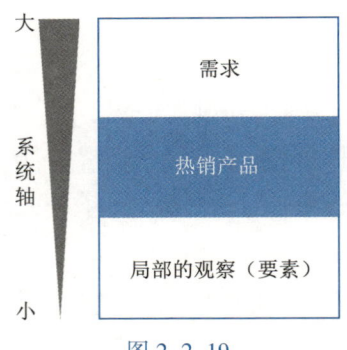

图2-2-19

①中间格：填写热销产品的名称，即"手持小风扇"。
②上格：列出购买此产品使其成为热销产品的客户及其需求等，如：

- 在散步时也有凉风拂面；
- 在闷热的办公室也能吹到凉风；

- 从外面回家时能快速降温。

其实这些都是存在已久的需求，现在只需一个集合了多种要素的手持小风扇便可满足，将这些分别写入纵向三宫格对于提升创意能力十分有益。

③下格：列出支撑此热销产品的要素或技术，如：

- 内置电池，通过 USB 接口充电，充一次电可用 6 小时以上；
- 静音设计，在办公室等环境也可放心使用；
- 采用大小交错的扇叶，这样即使风扇小，也能有较强的风。

从空间的角度对这些需求和要素进行分析，方法就和上一节的一样。需求就是产品的使用空间，比产品本身大，处于下格的要素则相当于热销产品的局部空间。

问题 04　产品三宫格

上格和下格并不一定是按照大小顺序上下排列的，有时也可将需求和要素按相反顺序填写。例如，2019 年热卖的一款轻量型口袋保温杯，容量只有 120ml，很适合老年人在散步时补充水分，也适合给像孕妇那样行动不便的人及婴幼儿使用。此款产品的成功热卖，归功于厂家挖掘出了这些人的共同点，也就是他们身处可以在 1 个小时内再次加满水的环境中。

这就是典型的挖掘出被深埋的需求，使之以要素的方式呈现。下面请大家将热销产品的需求与要素填入纵向三宫格。大家可以在事先准备好的 A4 纸上用两条横线画出一个纵向三宫格（见图 2-2-20）。

①中间格：填入热销产品（如口袋保温杯）；
②下格：填入要素（即差别化要素）等（如口袋保温杯的特征）；

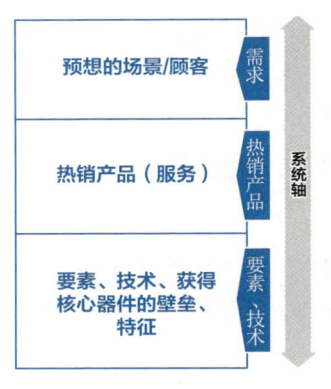

图 2-2-20

③上格：填写需求（即得以热卖的理由，例如对于口袋保温杯的需求）。

另外，所谓的热销产品也可以是无形的服务。在各种新型的服务形态中，Uber Eats[①]是一个完美结合了新旧需求和要素的经典案例。做完口袋保温杯的案例后，接下来继续对 Uber Eats 进行纵向三宫格的分析练习。当然，分析对象也可以是各自所能想到的其他热销产品。

问题 04　思考过程及参考答案

以口袋保温杯为分析对象的纵向三宫格填写例如图 2-2-21 所示：

①中间格：热销产品，即口袋保温杯；

②下格：要素，即容量为 120ml 的保温杯；

③上格：需求（客户），即手边随时有可一次喝完的水的人（老年人、孕妇、幼儿）。

接下来是关于 Uber Eats 的填写示例（见图 2-2-22）。

---

① 这是一款送餐软件。——编者注

116　九宫格思维

图 2-2-21

预想的场景/顾客
（在1小时内可以再次装满水的情况下）希望手边有可以一次喝完的水（适合老年人、孕妇、幼儿）〔需求〕

热销产品（服务）
口袋保温杯〔热销产品〕

要素技术、特征
容量为120ml的保温杯〔要素、技术〕

〔系统轴〕

图 2-2-22

预想的场景/顾客
- 比起外出就餐，在家就餐的需求更高
- 利用闲暇时间从事副业的需求〔需求〕

热销产品（服务）
Uber Eats〔热销产品〕

要素技术、特征
- 协调了消费者、商家及送餐员三方的算法
- 餐费结算可通过App进行，送餐员只需安心送餐〔要素、技术〕

〔系统轴〕

中间格：热销产品，即 Uber Eats；

上格：想利用空闲时间从事副业的需求，同时，无时间外出就餐的人增多，加大了外卖需求；

下格：通过智能手机 App 将消费者、商家及送餐者（外卖员）串联起来的算法，是 Uber Eats 公司找到的新要素；再结合信用卡结算，让外卖员可安心送餐。

综上，利用纵向三宫格对热销产品进行分析，该产品热销的原因便一目了然。同时，我们也更容易判断对于某件事物应该先从要素分析还是先从需求进行分析。

⑤ 企业（3C）三宫格

▶ 环境→企业→企业活动

前文中我们以日用品及热销产品为例进行了分析，中间格的分析对象（系统）规模逐渐变大，下面我们继续对更大的对象（企业）进行分析。

此时，我们将上格设定为"环境"，将下格设定为"要素"。也就是说，我们向别人介绍某样东西时，从"该产品所处的环境"以及该产品具有的要素开始会更加清楚明了。

首先，对整个企业的规模做一个记录，比如该公司的主打产品是什么、提供的价值是什么等。

接下来，记录企业所处的商业环境。此时的超系统就是股东、竞争对手、顾客等。

对一家股份制公司来说，股东不可或缺。很多员工都认为自己受雇于公司，但究其根本，他们都受雇于股东。公司里的管理层如果没法获得股东大会的同意是不可能坐在那个位子上的。一般情况下，对公司的管理层来说，一年一度的股东大会就是对他们的考试。尤其是有创始人或基金会负责人等大股东到场的情况下，"考试"会更加严格。

在企业有竞争对手的情形下，产品的定价就是竞争焦点。如果没有竞争对手，企业虽然可自由拓展事业，但必须靠自己的力量来培育市场。其实支撑一家企业的基础技术也一样，当有竞争对手时，该行业才更容易得到发展。所以，竞争对手的影响也不容小觑。

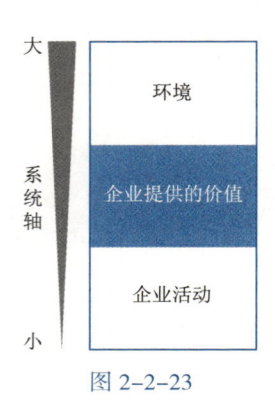

图 2-2-23

最后是顾客，顾客可分为一般消费者和企业，针对不同类型的顾客，产品的销售和广告宣传方式也存在极大不同。如果电视或杂志广告出现的都是具体产品，那就是以顾客为中心；如果广告只是不断地重复公司名而没有具体的产品，那就是在宣传企业。

因此，在纵向三宫格中，下格应填写支撑中间格子（企业提供的价值）的要素。具体说就是列出支撑该企业发展至今的各种技术要素及企业的各种活动等。

问题 05　企业（3C）三宫格

接下来请以丰田汽车为例，制作一个纵向三宫格（见图2-2-24）。

一般来说，公司给投资者提供的资料都会做得极其清晰明了，所以我们可以参考这些资料，在三宫格的上格里列入股东、竞争对手、顾客等信息。

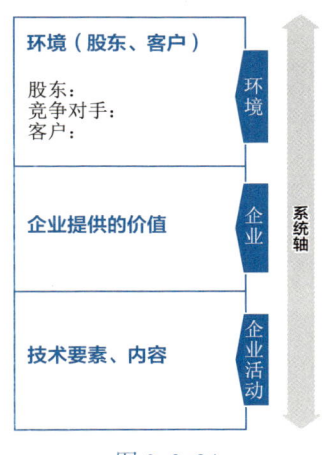

图 2-2-24

① 上格：

股东：股东结构（参考企业官网）；

竞争对手：丰田汽车在销售渠道和其他方面的竞争对手；

顾客：是 B2B（商对商）还是 B2C（商对客）？（即在广告中是宣传产品还是宣传公司）。

②中间格：企业提供的价值。

③下格：该企业的技术要素。

这些信息可以从企业的官网或相关资料获得。

问题 05　思考过程及参考答案

首先，众所周知，丰田是一家生产汽车的公司，也就是说，汽车就是丰田公司"提供的价值"，所以，三宫格的中间一格填入丰田公司的口号"为所有人提供移动的自由"（Mobility for all）最恰当不过了。

如前文所述，上格应填入股东、竞争对手和消费者等信息，股东信息可以从丰田官网获取。

截至 2020 年，丰田公司已经发行了 32.6 亿股普通股，丰田汽车的母公司丰田自动织机持有 2.4 亿股，约占 7.4%，是第二大股东。除了第六大股东，即几乎成为丰田子公司的株式会社电装以及丰田自动织机，前十大股东中的其他八个几乎都是金融机构。金融机构几乎持有丰田一半的股份，持股总数达 16 亿股。这些股东多为日本公司，因此可以预测，一般情况下股东们应该会重视分红而不会提出极端要求。另外，丰田公司的库存股约有 5 亿股（其中，创始人丰田家族持有约 1%）。

目前，丰田的主要竞争对手有日产、GM（通用汽车公司）等。丰田公司的广告主要是宣传具体的产品，而非不断重复公司名称，因此可以推断其主要客户是个人。

最后填写下格。丰田向世界提供的价值是汽车，而支撑起这个价值创造的要素，是其旗下遍及各领域的相关企业。此外，"安东"

"看板""五个为什么"等代表了丰田文化的著名生产管理方式,"销售的丰田"[①]等要素也很值得一提。

以上仅是我个人考虑到的内容,大家可以根据自己对丰田公司的理解,填写纵向三宫格(见图2-2-25)。

环境(股东、客户)
- 股东:金融机构持股50%
- 竞争对手:日产雷诺、通用汽车
- 客户:主要是个人消费者

环境

企业提供的价值
- 主打产品——汽车
- 为所有人提供移动的自由

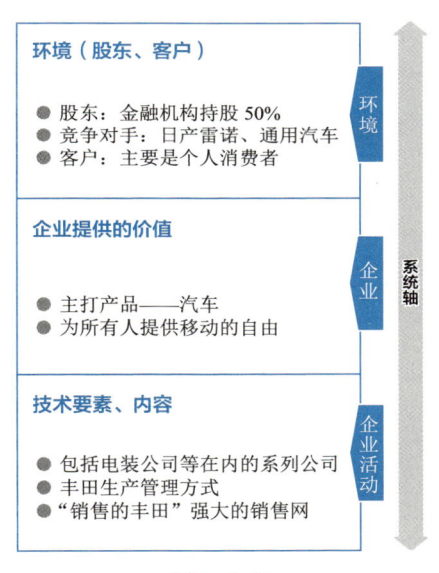

企业

系统轴

技术要素、内容
- 包括电装公司等在内的系列公司
- 丰田生产管理方式
- "销售的丰田"强大的销售网

企业活动

图 2-2-25

⑥ 商业模式三宫格

▶ who → what → how

前文我们已经以热销商品和新发明产品为例进行了纵向三宫格的分析练习,就如何分析"比用户的使用场景更大的空间(需求)"

[①] 过去,日本曾流行用"销售的丰田""技术的日产"来形容日本汽车行业的情况。——编者注

和"构成该产品的特征要素"进行了多次练习。

在分析商业模式时也一样，比如在考虑"该企业提供何种价值"（what）时，同时考虑"这个价值是向谁提供的"（who），这样能清晰地分析出其目标。接下来，再分析企业通过何种方式实现目标（how），这也相当于 what 的要素。

其实，平日里我们在探讨某种商业模式时，使用的也是"who/what/how"的思考模式（见图 2-2-26）。

川上昌直先生提倡的"九格框架"，也直接使用了"who/what/how"的框架。

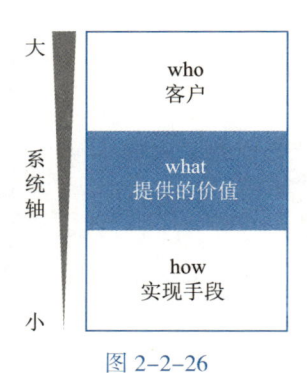

图 2-2-26

不断地对成功的商业模式进行分析，并养成用纵向三宫格思考的习惯后，整理和比较信息便更容易了。用"who/what/how"的框架考虑问题时，较恰当的例子就是图书。下面请大家试着用"who/what/how"框架对自己读过的书进行分析整理。

请按下列方式对图书进行分析：who = 客户 = 目标读者，what = 提供的价值，how = 实现手段 = 书的内容。以 2019 年热卖且获得 2020 年商务类书籍大奖的《事实》（*Factfulness*）为例，我们可以填写出这样一个纵向三宫格（见图 2-2-27）。

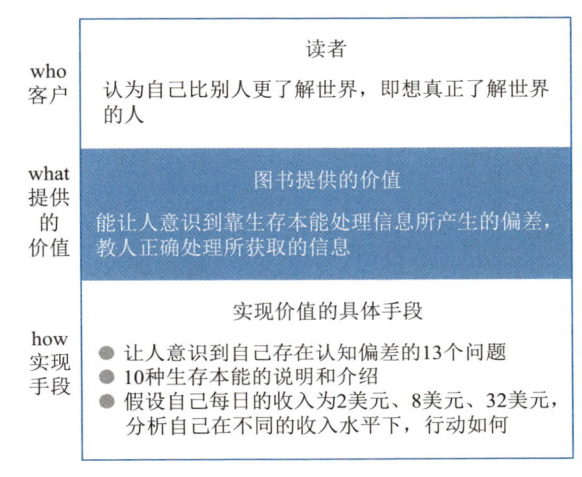

who 客户	**读者** 认为自己比别人更了解世界，即想真正了解世界的人
what 提供 的 价值	**图书提供的价值** 能让人意识到靠生存本能处理信息所产生的偏差，教人正确处理所获取的信息
how 实现 手段	**实现价值的具体手段** ● 让人意识到自己存在认知偏差的13个问题 ● 10种生存本能的说明和介绍 ● 假设自己每日的收入为2美元、8美元、32美元，分析自己在不同的收入水平下，行动如何

图 2-2-27

问题 06　商业模式三宫格

针对不同的对象（who）来考虑商业模式的典型案例就是 Uber Eats。它的事业模式中存在 3 种对象，即购买者、送餐员、加盟店。我们首先从购买者的角度来看（见图 2-2-28）。

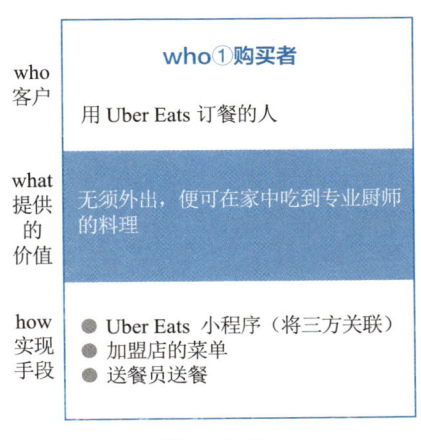

who 客户	**who①购买者** 用 Uber Eats 订餐的人
what 提供 的 价值	无须外出，便可在家中吃到专业厨师的料理
how 实现 手段	● Uber Eats 小程序（将三方关联） ● 加盟店的菜单 ● 送餐员送餐

图 2-2-28

第二部分　掌握九宫格思维　　123

根据图 2-2-28 的信息，我们又可以针对送餐员和加盟店分别制作一个纵向三宫格（如图 2-2-29 所示）。当然，大家也可以将自己感兴趣的热销产品作为分析对象。

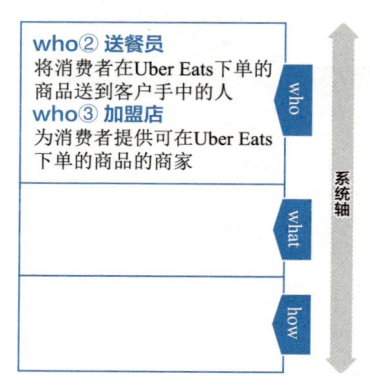

who② 送餐员
将消费者在 Uber Eats 下单的商品送到客户手中的人

who③ 加盟店
为消费者提供可在 Uber Eats 下单的商品的商家

图 2-2-29

问题 06　思考过程及参考答案

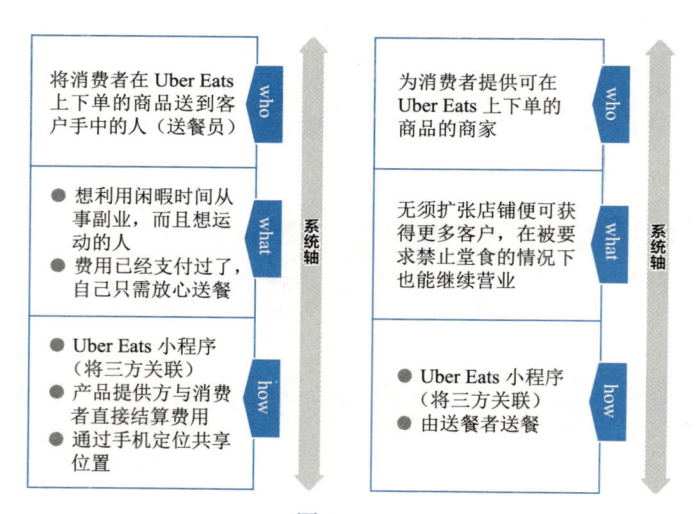

who　将消费者在 Uber Eats 上下单的商品送到客户手中的人（送餐员）

what
- 想利用闲暇时间从事副业，而且想运动的人
- 费用已经支付过了，自己只需放心送餐

how
- Uber Eats 小程序（将三方关联）
- 产品提供方与消费者直接结算费用
- 通过手机定位共享位置

who　为消费者提供可在 Uber Eats 上下单的商品的商家

what　无须扩张店铺便可获得更多客户，在被要求禁止堂食的情况下也能继续营业

how
- Uber Eats 小程序（将三方关联）
- 由送餐者送餐

图 2-2-30

⑦ 逻辑三宫格

▶ why → what → how

都说"电梯内的交谈只有 30 秒"。也正因为只有 30 秒，所以听者会尽量用心倾听。如果想在 30 秒内表达清楚自己的想法，说者必须注意"why/what/how"这三个要素。用纵向三宫格表示的话，上格是 why、中间格子是 what、下格就是 how（见图 2-2-31）。大家填写完这个纵向三宫格后，便可整理出一段 120 字左右的话。（☆）

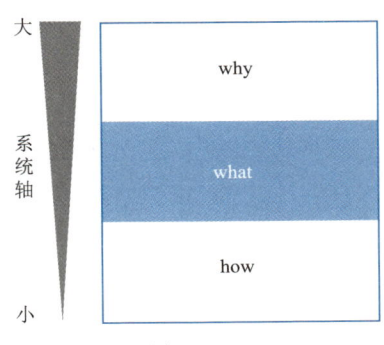

图 2-2-31

我在讲课时，经常让学员组队练习。为了能让活动顺利进行，我会让学员们事先想好一个自己最想介绍的事物，并记下想介绍的理由（why）和想怎么介绍（how）。接下来以两人为一组，两人就这个事物分别向对方进行 30 秒的介绍。这种"有重点的介绍"，受到了学员们的极大好评。（★）

例如，如果想向对方介绍自己喜欢的桌游《卡坦岛》，可按 what、how、why 的顺序写下相关内容，当然，不按此顺序写也没关系。只要在介绍时按"喜欢什么游戏"（what）、"为什么喜欢"（why）、"怎么玩儿"（how）、"为什么这么玩儿"（why）的顺序进行，对方会更容易理解。

why
- 全球范围售出了3000万套
- 现在仍常占桌游排行榜第一
- 男女老幼都能玩儿

what
《卡坦岛》

how
- 可2~4人同时玩
- 掷骰子得资源，所得资源可用于在岛上建设城市，先到达10个胜利点的玩家获胜

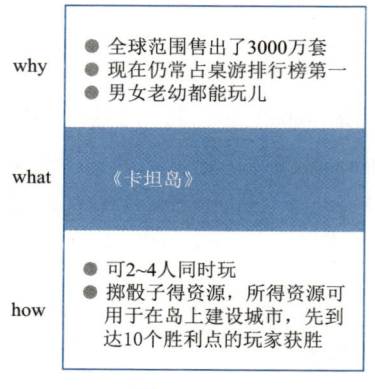

图 2-2-32

整理成文字便是：我最喜欢的桌游是《卡坦岛》。它目前在全球已经售出了3000万套，至今仍常占桌游排行榜第一。这是一款不分性别、年龄，男女老幼都喜欢的桌游，可2~4人同时玩。游戏玩法是玩家通过掷骰子赢得资源、建造城市，最先到达10个胜利点的人获胜。游戏的关键是与对手谈判，以求双赢。这就是《卡坦岛》桌游，有机会你也可以试一试。

问题07　逻辑三宫格

前文我分了两段（☆和★）对纵向三宫格进行说明。大家可以再思考一下"why/what/how"对应的各是什么（见图2-2-33）。

①中间格：想向对方传达的内容概要（what）；
②下格：具体要素是什么、如何做（how）；
③上格：为什么能实现这样的价值（why）。

其实，本书的很多内容也是按why、what的思路和顺序撰写的。
在逻辑思考中，人们常会问"为什么会这样"（why so），"这样

做的目的是什么"(so what),因此我们将这命名为"逻辑三宫格"。

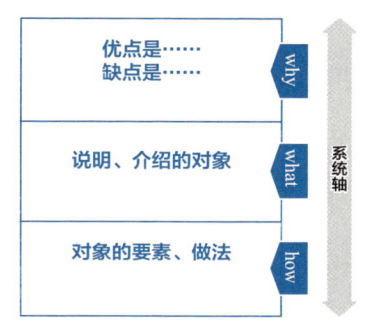

```
┌─────────────────────────────┐
│  优点是……                    │
│  缺点是……            [why]   │
├─────────────────────────────┤
│                              │  系
│  说明、介绍的对象    [what]   │  统
│                              │  轴
├─────────────────────────────┤
│                              │
│  对象的要素、做法    [how]    │
└─────────────────────────────┘
```

图 2-2-33

问题 07　思考过程及参考答案

"why/what/how"模式除了可用于介绍事物,在推销产品时也很有用。比如,向客户介绍产品为什么能提供这些价值(why)时,让客户从身边的"不足"意识到"不"的存在,这一点十分必要。

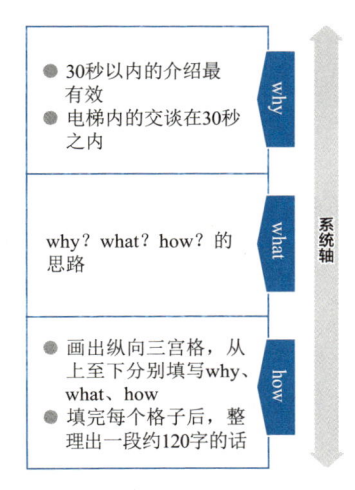

```
┌─────────────────────────┐     ┌─────────────────────────┐
│ ● 30秒以内的介绍最       │     │                          │
│   有效              [why]│     │ 为了课程能顺利进行  [why]│
│ ● 电梯内的交谈在30秒     │     │                          │
│   之内                   │     │                          │
├─────────────────────────┤     ├─────────────────────────┤
│                          │系   │                          │系
│ why？what？how？的 [what]│统   │ 有重点的介绍       [what]│统
│ 思路                     │轴   │                          │轴
├─────────────────────────┤     ├─────────────────────────┤
│ ● 画出纵向三宫格,从      │     │ ● 选择一个分析对象        │
│   上至下分别填写why、    │     │ ● 写出选择它的理由(why)  │
│   what、how         [how]│     │   以及打算怎么做(how)[how]│
│ ● 填完每个格子后,整      │     │ ● 两人一组分别进行30秒的  │
│   理出一段约120字的话    │     │   陈述                    │
└─────────────────────────┘     └─────────────────────────┘
```

图 2-2-34 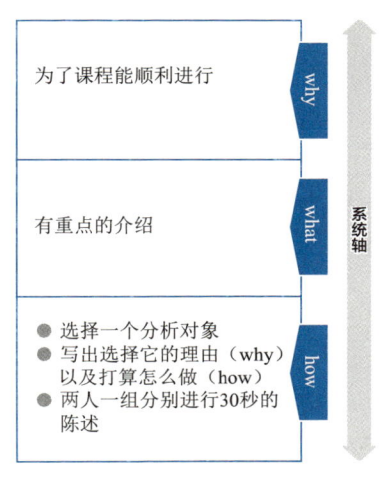　　　　　　　　　图 2-2-35

第二部分　掌握九宫格思维　　127

畅销书《别让成功卡在说话上》也强调,"why/what/how"模式是市场营销的基础。从最近的网络广告来看,很多广告都在强调低收入、口臭、肥胖、皱纹等"不"(负面)的信息,目的是先让受众意识到这些"不足",再给他们提供解决方案。

例 1:

why:这么说来,我的年收入也太低了吧!!

what:比现在的收入高得多的工作。

how:点击下方链接填写个人信息申请吧!

例 2:

why:不会利用与领导同乘电梯的宝贵 30 秒,对于你的人生是个巨大损失!

what:30 秒内清晰传达自己想法的说话技巧。

how:只要会用 120 字回答三个问题(why? what? how?)。

这些广告向消费者传达的主要信息是:

why:如果缺了我们提供的价值(what),你就会面临很多"不"(不满、不安、不方便……)。

what:我们能给你提供的价值。

how:获得我们所提供的价值的手段(特别强调很容易上手)。

尤其是在 2020 年新冠疫情暴发后,人们主要的沟通方式由面对面交流变成了线上聊天,在交流近况或分享感受时如果做不到言简意赅,就会产生冗长的聊天记录,为彼此增加负担。

下面我们来学习用纵向三宫格的思路与领导及同事高效分享近况及感想。其中,中间格和上格分别对应的 what 和 why 内容不变,只需将下格对应的 how 稍微改一下,将之变为"How……"(多少?)。

例如，如果你只简单平实地叙述"我喜欢喝苏打水"，这是无法给人留下深刻印象的。但如果在叙述中加上了为什么喜欢（why）和有多喜欢（how），效果就会大不一样。比如可改为：

我喜欢喝苏打水，因为它里面的小气泡让我觉得舒爽刺激，而且它热量很低，喝很多也没关系。我每天都喝，甚至自己买了小苏打和柠檬酸在家自制。

以上只用了短短几十个字，便能让"我喜欢喝苏打水"这一件事给人留下深刻印象，说不定还能让更多的人喜欢上喝苏打水。

我事先绘制的纵向三宫格内容如下：

why：舒爽刺激的感觉，热量很低，可以喝很多；

what：喝苏打水；

how：每天都喝，买回小苏打和柠檬酸在家自制。

前文也提到了，在逻辑思维的世界里，人们常用"为什么会这样"（why so）和"这样做的目的是什么"（so what）来厘清逻辑关系。但我个人认为，在此之前如果先意识到"为什么"（why）与"如何实现"（how），自然也会意识到提供的价值（what），这样更容易厘清逻辑关系。

纵向三宫格的用法

通过分析企业规划自己的职业生涯

到这里，我们已经通过 7 种纵向三宫格将不同的分析对象从超系统、系统、子系统的视角进行了练习。虽然我们给纵向三宫格贴了很多标签，但是上格都是"比分析对象更大的各种关联性"、下格都是"作为分析对象一部分的具体要素"，思路是相同的。

前文各节以不同主题进行了纵向三宫格的分析练习，在最后的实践练习环节，请大家用不同的纵向三宫格对谷歌进行分析。

与第1章一样，我们还是从想进入谷歌工作的A先生的视角，用纵向三宫格对谷歌这家企业进行分析研究。

同样是"研究谷歌"，把它作为一家企业还是一个产品（或服务），或是一项发明来看待，纵向三宫格所呈现出来的结果都会不一样。这也是一项站在谷歌或其他巨人肩膀上的练习。

● **将谷歌作为一家企业进行分析**

将谷歌作为一家企业进行分析研究，是我们求职时的第一项工作。

此时，图2-2-36的中间格子应该填入谷歌公司。如果你看过谷歌的财报，就会发现谷歌的广告收入占其营收的一大半，因此就

环境	股东： 竞争对手： 客户：
企业	谷歌（母公司是Alphabet） 世界上最大的广告公司
客户	

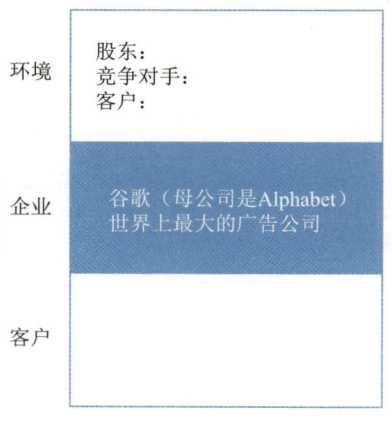

图 2-2-36

130　九宫格思维

能知道谷歌其实也是世界上最大的广告公司，将这个信息也填入中间格子。

上格填入谷歌的股东、竞争对手和客户等信息。

接下来请实际填写纵向三宫格。

谷歌的母公司是 Alphabet 公司，其竞争对手应该是 GAFA 中的另外三家；苹果公司的 iPhone、Safari、Siri 等是 Android（安卓）、Chrome 浏览器的竞品；此外，脸书的"好友的分享推荐"是谷歌在线广告最难对付的对手；人们想购物时就会上亚马逊网站搜索，而不会用谷歌搜索，因此，亚马逊也是谷歌的对手之一。

谷歌的用户遍及全球，其中使用安卓移动终端且使用 Chrome 浏览器的更是谷歌的优质用户。这些用户给谷歌提供的不仅是搜索的关键词，还有 GPS（全球定位系统）位置信息以及各种传感器的数据。

在这样的背景下，谷歌除了提供搜索服务，还有其他各种业务。例如，在数量庞大的服务器管理方面，为了减少冷却这些服务器所产生的电力消耗，他们在积极探索应该将服务器设在什么位置等。另外，为了更好地提供谷歌文档及谷歌地图服务等，谷歌一直在积极收集世界上的各种信息，这也是它除经营网页之外的企业活动。

整理好这些内容，便可得到如图 2-2-37 所示的纵向三宫格，它简洁明了地将谷歌所面临的经营环境、主要企业活动等呈现了出来。其中，上格是谷歌所无法控制的相关人或事，下格是谷歌可以自己选择和决定的行动。

如果你认为这样的呈现方式过于简单，可以翻阅第 3 章九宫格部分的内容，其所包含的信息量是三宫格的 3 倍。

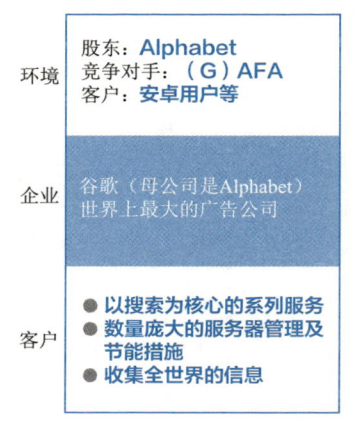

```
环境  | 股东：Alphabet
       | 竞争对手：（G）AFA
       | 客户：安卓用户等

企业  | 谷歌（母公司是Alphabet）
       | 世界上最大的广告公司

客户  | ● 以搜索为核心的系列服务
       | ● 数量庞大的服务器管理及
       |   节能措施
       | ● 收集全世界的信息
```

图 2-2-37

● 将谷歌作为产品进行分析

谷歌作为世界最大的广告公司，其主打产品就是谷歌搜索。对一家企业进行分析研究，绝对绕不开其主打产品。下面我们练习将谷歌作为一项产品分析，并将纵向三宫格填写完整（见图 2-2-38）。

首先，将我们的分析对象，即谷歌搜索填入中间格子，再填写谷歌产品的市场需求及技术要素等。

三宫格最上面的格子中是谷歌能满足的需求，"想知道答案或选项"就是其中之一，但这仅是需求的一个侧面。当谷歌成为搜索行业的标准时，另一侧面的需求便也随之出现了，那就是"希望在搜索结果中看到对自己有利的信息"。谷歌凭借对上述两种需求的满足，成长为广告行业营业额最高的公司。从谷歌的年度财报来看，其绝大部分营收来自广告。从这个角度来说，如果将谷歌搜索看成一个产品，那它就是一种"广告媒体"。

支撑谷歌搜索的技术要素有网页排名，它可使谷歌的搜索结果比其他搜索引擎的更加精确；以及可以根据广告费改变内容显示的算法。此外还有一种通过竞拍获得最高广告费的机制，即 AdSence，这是一种强制向第三方插入广告的技术（但广告内容要不至于让观众反感到立刻离开）。

将上述内容整理后填入纵向三宫格，即可得到图 2-2-39。

这一三宫格简单列出了引领谷歌发展的需求和支撑谷歌发展的要素。与前文的纵向三宫格一样，最上一格列出的是能够影响谷歌发展但不受谷歌左右的外部需求，最下一格列出的是谷歌可以自行决定的行动。

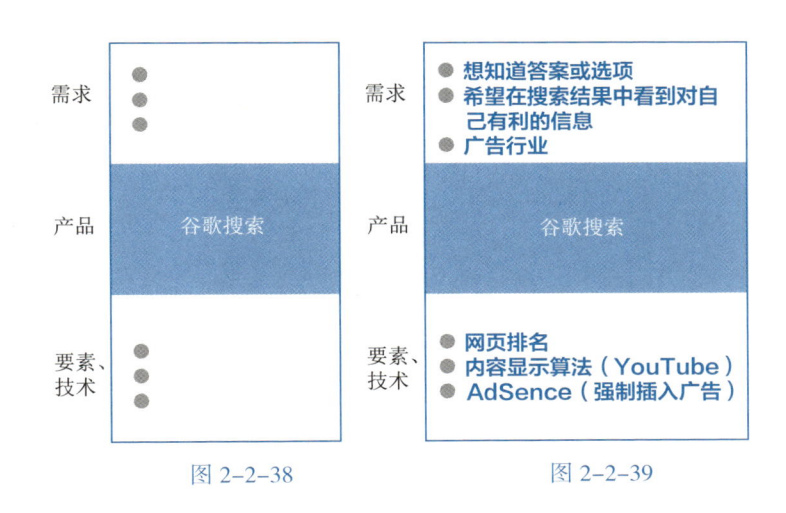

需求	
产品	谷歌搜索
要素、技术	

图 2-2-38

需求	● 想知道答案或选项 ● 希望在搜索结果中看到对自己有利的信息 ● 广告行业
产品	谷歌搜索
要素、技术	● 网页排名 ● 内容显示算法（YouTube） ● AdSence（强制插入广告）

图 2-2-39

● **将谷歌作为一项发明进行分析**

假设 A 先生已经深入了解了谷歌主打产品在市场上的地位，他如果能进一步了解该主打产品所拥有的技术要素，更容易给面试官留下好印象，因为谷歌毕竟是一家技术公司，而且掌握这些技能，对他入职后的工作十分有益。了解的要点如下：

● 用户设定；
● 相互矛盾的需求；

● 发明要素（在此例中是划分、局部性、非对称性）。

搜索是谷歌这个世界最大广告公司广告业务的基石。谷歌搜索之所以受到用户喜爱，是因为搜索结果的显示页面直接影响 UX（用户体验）。这些信息应填入图 2-2-40 的中间一格。

谷歌的用户群是什么样的呢？应该是因想了解某领域的相关知识，而在谷歌搜索栏中输入关键字，希望能获得答案或选项的人。因此，谷歌的用户应填入最上一格。

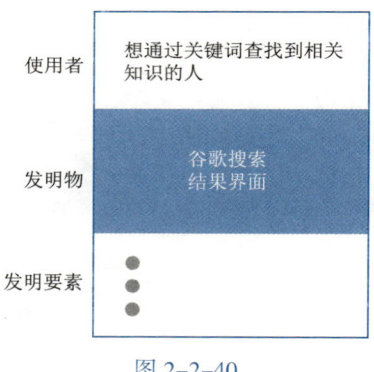

使用者	想通过关键词查找到相关知识的人
发明物	谷歌搜索结果界面
发明要素	● ● ●

图 2-2-40

在网络上搜索资料的人往往有个矛盾的要求，既希望搜到的选项多，又不想在各个选项上花费太多时间。要满足前一个要求，必须有大量的搜索结果，欲满足后一个要求，则必须精简搜索结果。要想同时满足这两个要求，就得靠创新。

首先，谷歌将搜索结果分为网页、图片、视频等类别，这样既能让搜索结果中潜在可显示的信息量变多，又能缩短用户实际查看信息的时间。

大家可以试着在谷歌的搜索界面中寻找其他类似的创意。给大家一个提示：非对称性和局部性。

想必大家已经发现了，在谷歌搜索的结果界面，文字的大小不同、颜色也不同，有时还会用粗体字或缩略图来强调局部。这样非对称的版面设计便于用户只查看必要的部分。你若试着将谷歌搜索的结果界面复制后以只粘贴文本的方式粘贴到文字编辑软件上，就能明白谷歌这项创新的意义。

接下来，将上述信息填入图 2-2-41 所示的纵向三宫格。

图 2-2-41 列出了支撑谷歌搜索发展的创新，即谷歌搜索结果界面、影响搜索结果界面的使用者，以及支撑谷歌搜索界面实现价值的要素等。

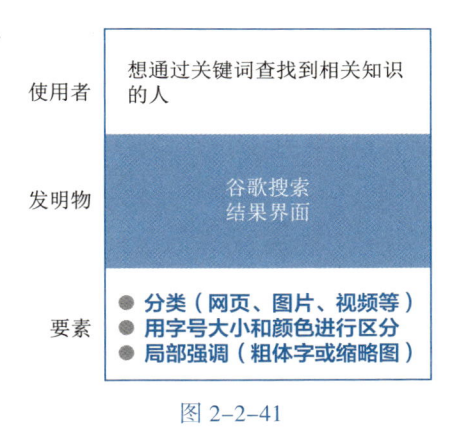

使用者	想通过关键词查找到相关知识的人
发明物	谷歌搜索结果界面
要素	● 分类（网页、图片、视频等） ● 用字号大小和颜色进行区分 ● 局部强调（粗体字或缩略图）

图 2-2-41

和前文一样，三宫格的上格列出的是能影响谷歌但不受谷歌左右的外部需求，下格列出的是谷歌可以自行决定的行动。

● 用空间三宫格分析发明要素（参考）

如果想通过空间三宫格找到发明的重点要素，需要多练并培养利用纵向三宫格思考的习惯，也就是思考在将某个发明作为分析对象填入三宫格的中间格后，其上、下格里各应填入什么信息。

以谷歌搜索结果界面为分析对象的话，三宫格思考脉络如下。

以中间格为起点思考，将视野投向上格时（一般只考虑使用者），会发现上格还包括因中间格的发明解决问题后的受益者。

在谷歌搜索的例子中，如果将结果界面填入中间一格，将空间扩大，首先应扩展到整个电子终端，接下来再扩展到电子终端的使用者。

同样地，再将中间一格的空间缩小，从中寻找"能够解决问题的要素"并填入最下面一格。我想这对大家来说也是一个很好的训练。

就谷歌搜索结果界面这个例子而言，其实在搜索结果的文章列表中，就包括了很多发明要素（此时，如果从最下面一格开始往回看，也许就会发现中间一格的"谷歌搜索结果界面"其实也是下格中"检索结果的显示方式"的"问题解决后的受益者"）。

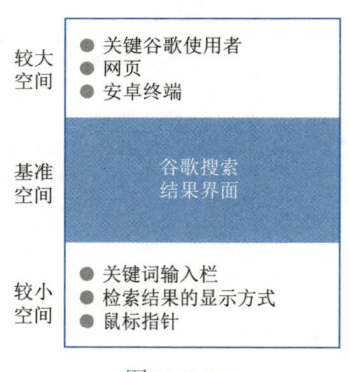

较大空间	● 关键谷歌使用者 ● 网页 ● 安卓终端
基准空间	谷歌搜索结果界面
较小空间	● 关键词输入栏 ● 检索结果的显示方式 ● 鼠标指针

图 2-2-42

如上所述，以中间一格为基准空间来思考更大的空间，有助于我们找到问题解决后的受益者（使用者），思考比中间格更小的空间，就是寻找"发明要素"。

理解了纵向三宫格后，就可发现空间三宫格是最容易练习的。

熟悉空间三宫格，有助于理解下面要学习的系统三宫格。

● 用系统三宫格分析谷歌（挑战）

前文中间一格的谷歌搜索结果界面其实只是我们直接可见的谷歌搜索服务的一部分。

在分析谷歌这样的高科技企业时，如能从技术角度展开将十分有用。从系统的角度列出支撑谷歌搜索服务发展的超系统和子系统，便能对谷歌所提供的服务进行多层次分析。

用系统三宫格来分析的话，可得到如图 2-2-43 所示的三宫格。

大家有没有感觉到，通过系统三宫格，再结合观察的不同范围，我们既能更容易地把握整体，又能注意到细节。熟悉系统三宫格是掌握九宫格思维的关键，所以大家一定要多练习区分各种系统的超系统和子系统。

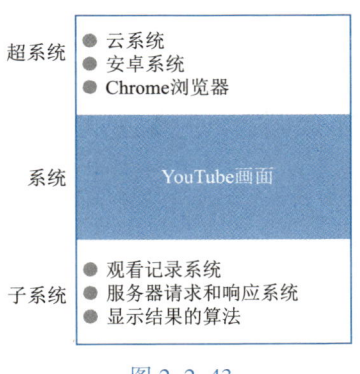

超系统
● 云系统
● 安卓系统
● Chrome浏览器

系统
YouTube画面

子系统
● 观看记录系统
● 服务器请求和响应系统
● 显示结果的算法

图 2-2-43

前文介绍的 4+1 种纵向三宫格是最适合用来对企业进行分析的 5 种方法，另外补充的 2 种方法可以帮助我们扩展视野、更进一步了解企业。接下来，我们再介绍 3 种纵向三宫格，还是以谷歌分析为例。

● 用"who/what/how"和"why/what/how"三宫格来分析谷歌

你如果还不熟悉系统三宫格，这节的内容可能较难理解。

前文的例子里，为了便于大家理解，我将"被称为系统的，在网络上进行数据传递的集合体"作为基础，对超系统和子系统进行了说明。

但在利用九宫格思考时，系统的范畴还需再扩大，比如使用者及使用场景等都是更高阶系统的组成要素。

因此，在想象超系统时，最简单的方法就是提出 who/what/how 和 why/what/how 等问题。

将以谷歌搜索为中心的服务放在中间一格，用 who/what/how 三宫格进行分析，即可得到如图 2-2-44 所示的内容。

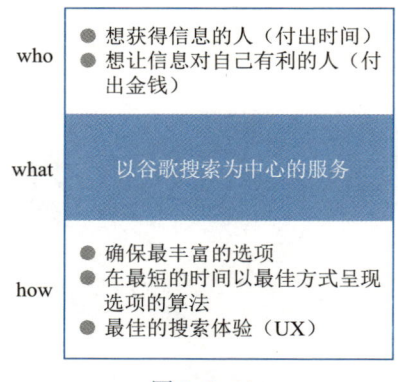

who	● 想获得信息的人（付出时间） ● 想让信息对自己有利的人（付出金钱）
what	以谷歌搜索为中心的服务
how	● 确保最丰富的选项 ● 在最短的时间以最佳方式呈现选项的算法 ● 最佳的搜索体验（UX）

图 2-2-44

要想说明一项产品在商业上的成功，最常用的方法就是列出人们最愿意（花时间或金钱）选择它的理由。

只要从使用者（who）开始思考，就会发现产品三宫格章节提到的"广告行业"的存在。

思考"谷歌为什么会存在？"这个问题时，对背景（why）和已有业务（how）进行分析，有助于我们扩大视野及加深对要素的理解，如图 2-2-45 所示。

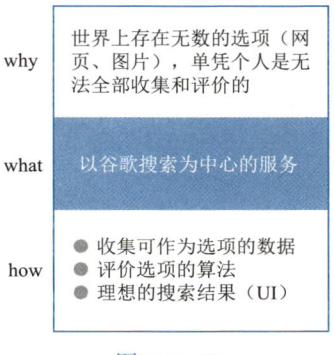

why	世界上存在无数的选项（网页、图片），单凭个人是无法全部收集和评价的
what	以谷歌搜索为中心的服务
how	● 收集可作为选项的数据 ● 评价选项的算法 ● 理想的搜索结果（UI）

图 2-2-45

如上，通过思考 why，便可发现谷歌搜索服务并非独立存在，它背后有着庞大的、无法靠个人力量收集和评价的"网络上的选项"（主要是网页和图片），这是谷歌搜索服务存在的基础。

总结

第 2 章的内容到此结束。本章中，我们以 7 种三宫格，练习了在分析问题时将视野分为上、中、下进行。

①空间三宫格

②系统三宫格

③发明三宫格

④产品三宫格

⑤企业（3C）三宫格

⑥商业模式三宫格

⑦逻辑三宫格

与第 1 章的横向三宫格相比，大家是否有点不习惯呢？

在学习纵向三宫格之前，相信很多人都会因为不了解观点涉及的范畴，而只会简单地罗列内容，或是只会将通过冥思苦想写出的便签按相似度进行简单分类。至少，我以前是这样的。

而且，在表达想法时，我也经常不自觉地一会儿从宏观角度叙述，一会儿又拘泥于细节。结果当然是无法好好地传达自己的想法。

在我学会九宫格思维后，从大、中、小的视角思考再向人叙述，竟能清晰、顺利地传达自己的想法了。因此，请大家至少先学会第 2 章介绍的纵向三宫格中的一个，接下来再慢慢学习，随着能运用的纵向三宫格越来越多，大家一定能感受到它的威力和效果。

其实，使用纵向三宫格将系统分为上、中、下的视角思考，只是学习掌握九宫格思维的第一步。在第 3 章中，我将带大家学习如何使用由两个纵向三宫格并列组成的六宫格，以及将三个纵向三宫格排列而形成的九宫格。

掌握了将视角分成上、中、下之后，就能做到将两列纵向三宫格进行比较，比如将苹果公司进行"Apple to Apple 的比较"（具体内容将在第 3 章中详述）。进行比较之后就会发现两者的差异，再将这个差异延伸到第 3 列，画出一个纵向三宫格，这样便能得到"内容有深度、有层次，同时又条理清晰易于传达"的知识产出。

为了能学好第 3 章的内容，请至少先熟练掌握第 2 章中的一种纵向三宫格，要做到不再翻书自己也能画出。

延伸内容

3C 分析和纵向三宫格

企业的纵向三宫格分析和 3C 分析［企业（company）、竞争对手（competitor）、顾客（customer）］相似。在这个概念里，企业+竞争对手=整个行业。如果将某个行业的所有客户和整个行业所提供的所有产品（或服务）组合起来，就相当于"顾客使用该行业产品（服务）的所有场景"。像这样将 3C 内容组合起来，便与利用九宫格来思考的纵向系统轴一致了。将之填入纵向三宫格就如图 2-2-46 所示。

该行业产品的所有使用场景	企业+竞争对手+顾客
该行业所有企业提供的所有产品	企业+竞争对手
该企业提供的所有产品	企业

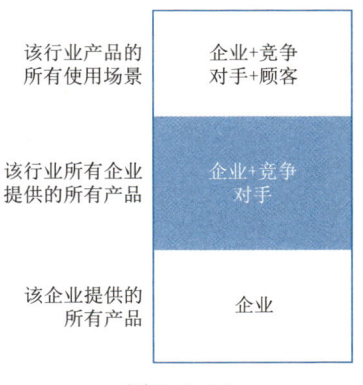

图 2-2-46

要想建设性、共创性地讨论出问题的解决方案，确定问题的范畴非常重要。使用 3C 分析，"分析的是我们公司内部的问题，是整个行业的问题，还是包括顾客在内的整个行业的所有问题？"，如此，范畴在不知不觉间就已经确定了。所以，3C分析确实是一个非常好的分析工具。

如果主导讨论的人足够敏锐，讨论过程中就应该运用"过去→现在→未来"三宫格引导成员们思考。希望大家在学会运用九宫格思考后，今后也能积极参加3C分析讨论会，活用所学的知识。

第 3 章

九宫格
以时间轴 × 空间（系统）轴扩展思考

使用六宫格、九宫格的目的和作用

时间轴 × 空间（系统）轴的意义

从第 3 章起开始学习九宫格，九宫格由时间轴和空间轴组合而成。

如前文所述，贴了时间、系统等标签的轴都是具有连续性的，但以某种尺度或时间将之分割成 3 部分，便可使问题变得清晰起来。

九宫格是一个综合性工具，不仅可以将问题分成三个部分进行分析，还可以给各部分设定标签。

仅通过 4 条线画出 9 个格子这样简单的方法，可应用于各种不同场合。

九宫格思维的意义和效果主要有以下 3 点。

第一，可用规模相同的框架进行信息整理。

只要使时间轴、系统轴各方向上的划分范畴一致，便可简单地进行信息整理，也有助于与他人进行交流沟通。此外，九宫格还增加了斜方向的视角，有助于我们发现信息是否有遗漏或方案是否有盲点等。

第二，将 3 个要素列出，我们可在把握情况的前提下提出创意或假设、提升信息的精度。参照其他格子的内容，我们便能更详细地解读信息和加深对内容的理解。这与划分横向三宫格、纵向三宫格的道理一样。

第三，轴的设定方法科学。

首先来看轴的单位，在九宫格中，代表三维空间的系统轴和代表时间的时间轴相互交叉，就如以前物理课上画的坐标轴一样，只需两个轴，便可将万事万物置于其中。

接下来是确定基准，确定基准（中间格）后分别在其上、下设定上格和下格，由此可使九宫格思维具有复现性。

轴的设定方法科学、复现性高，这正是九宫格思维的强大之处。

九宫格的画法

学习了三宫格之后，接下来该九宫格登场了。虽是九宫格，对某些读者来说，说不定画起来比三宫格还容易呢。

个人最常用的简单九宫格

将一张 A4 纸横放，纵、横各画出 2 条线，九宫格就画成了，如图 2-3-1 所示：

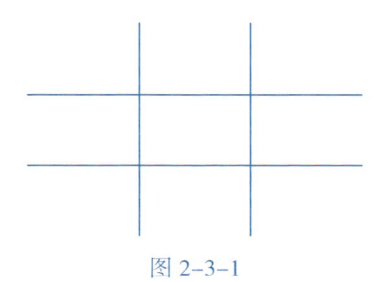

图 2-3-1

另一种方法是，将第 2 章中学过的纵向三宫格扩充为 2 列、3 列。大家可以将刚画好的九宫格放在手边再阅读以下的内容，这样有助于大家的理解。如能边画边读，效果更佳。

用电脑绘制九宫格

用电脑绘制时，可画一个如图 2-3-2 所示的 3×3 表格。此时，建议表格线用浅色，而文字选用黑色。

但是，在还不熟悉九宫格思维时，这样的图可能让你有些许压迫感，所以也可画出如图 2-3-3 所示的九宫格图。

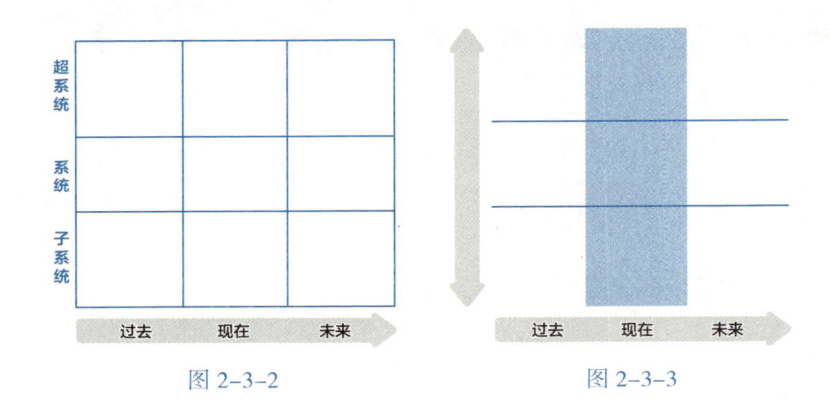

图 2-3-2

图 2-3-3

多人协作用九宫格

多人同时使用时，用便签制作九宫格最方便。此时，请尽量使用三种不同颜色的便签。

一般情况下，我对便签颜色的区分如下：

- 黄色 = 过去；
- 绿色 = 现在；
- 蓝色 = 未来。

首先准备 9 张 A4 纸，并在每张纸上写"过去""超系统"等标签；接着把每一张 A4 纸当作九宫格中的一格，并把 9 张纸排列在一起；最后在 A4 纸上贴上便签。

在排列 A4 纸时，可能有不少人会发现自己刚才所写的内容应该属于超系统或子系统等，此时只需重贴便签即可。应该很少有人搞错"过去""现在""未来"的顺序（万一搞错了，只需选一张颜色正确的便签重写）。

线上多人共同作业用九宫格

新冠疫情肆虐时，远程工作成了常态，使用 Office365 或谷歌文档的人也多了起来。比起我刚执笔写本书时，环境（超系统）已经发生了变化。

因此，在制作九宫格时，我推荐大家使用谷歌的 Spread Sheets（线上电子表格）或幻灯片等。如果是线上课，考虑到很多学生可能用手机听课，我建议采用电子表格。

我给东京大学和其他大学的学生上线上课时，用的是谷歌的 Spread Sheets。以往要把学生所做的练习转变成在线数据确实很不容易，现在通过 Spread Sheets 让学生们在线填写，就能非常简便地将写得好的部分作为案例展示。

目前笔者的做法

我用的是 Windows 系统，所以习惯了先用纸笔绘制，再以此制作幻灯片。

最近，我发现用 OneNote[①] 的 Tab 键和 Enter 键可以轻松地绘制表格，而且要检索写过的内容也很容易。所以，现在我先在 OneNote 上写上手写的内容，再挑选重要的内容输入幻灯片。

本书中有很多部分必须同时呈现九宫格和文字内容。所以在开始时，我将文字写在幻灯片的备注里，后来改在 Word 上撰写。在 Word 上绘制九宫格的方法是："插入" → "表格" → "3×3"。

其实，我一般会选择 4×4 的表格，将其中的一行和一列作为标签，虽然操作有点麻烦，但之后可以反复复制、粘贴，我的这些经验仅供大家参考。

此外需要绘制九宫格时，我都尽量在电脑上进行。因为电子版的九宫格不但可以很简单地进行复制和粘贴，更重要的是，可以让我随时随身携带 2000 多张过去绘制的九宫格图，非常方便。

观察·发明六宫格/九宫格

三→六→九　增加格子、提升发明创造力

第 2 章介绍了为了提升创造性的"以发明为研究对象的纵向三宫格"，将这个三宫格排成两列，再根据时间顺序分别贴上"之前/之后"的标签，这便是观察·发明六宫格（见图 2-3-4），六宫格将进一步提高你的创造力。

[①] OneNote 是微软公司开发的一套用于自由形式的信息获取及多用户协作的工具。——编者注

⑤（使用者觉得）不方便的地方	⑥（使用者觉得）方便的地方
④比较对象	①观察对象
③局部观察	②局部观察

过去（问题解决前） → 现在（问题解决后）

问题解决前的状态　　　　　　　问题解决后的状态

图 2-3-4

当下社会对创意的需求越来越高，但假如只是某种"新事物"，那可以说它有"独特性"，而不能说它具有"创造性"。

只有当这个方法被用在某个问题上并解决了这个问题之后，它才算得上有"创造性"。换言之就是，创造性必须包括解决问题的能力。

培养解决问题能力的好方法之一，就是向过去学习。因此，建议大家从身边"已解决的问题"中找到"解决问题的（发明）要素"，推荐使用观察·发明六宫格来进行。

接下来，我们以日本小学生在暑假进行的自由研究为例进行说明。作为最先进行观察的"发明要素"，"非对称性"很容易发现，推荐大家由此开始。

首先绘制一个六宫格，在白纸上画出两横一竖的直线将白纸分成 6 个格子。接下来如第 2 章所介绍的那样，分别在 6 个格子中填入下列内容：

上格：问题解决后的效果；

中间格：分析对象；

下格：有助于解决问题的要素。

接着再给两个纵向三宫格分别贴上"之前"和"之后"的标签，即设定时间轴，这样便绘制成了可进行比较的六宫格。

接下来在六宫格中分别填入以下内容：

①找日常生活中"有非对称性部分的发明（日用品）"，将其作为分析对象，并填入右侧纵向三宫格的中间格（此例中是"不对称剪刀"）。

②观察"不对称剪刀"的非对称部分，将之写入右侧纵向三宫格的下格。

③找到"非对称剪刀"中非对称部分之外的对称部分，将之填入左列纵向三宫格中的下格。

④将用于比较的研究对象填入左列纵向三宫格的中间格。

这个示例观察的是"把手部分是否对称"，所以将比较对象①和④填入中间格，并在其上方的格子中分别填入问题解决前后状况的⑤和⑥。

如此，观察·发明六宫格就算完成了（见图 2-3-5）。经此练习，希望大家下次见到不对称的事物后，能将之前总觉得它不对称的疑惑，转变为发现宝藏的兴奋感。

⑤（使用者觉得）不方便的地方	⑥（使用者觉得）方便的地方
④比较对象	①比较对象
③局部观察	②局部观察

过去（问题解决前）　　　现在（问题解决后）

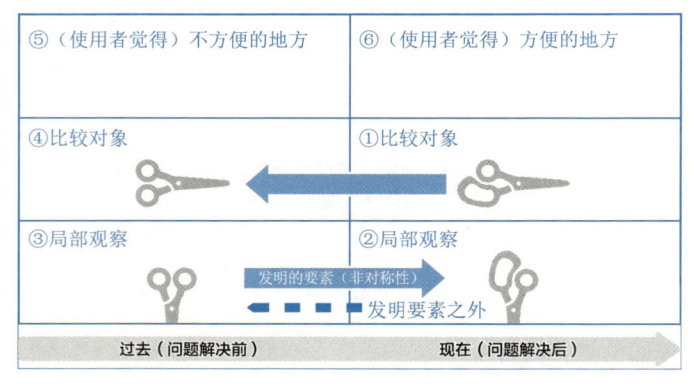

发明的要素（非对称性）
发明要素之外

图 2-3-5

大家在熟悉和掌握了利用六宫格思考后，接下来试着将六宫格中的信息凝练成一句话。句子的基本结构是"（观察对象及其一部分）为了实现（某种便利），而在（大小/形状/方向）方面呈现出某种非对称状态"。

你如果能持续进行这样的观察练习，创造能力一定能提升。

我在东京大学和日本科学馆举办的亲子活动中，也介绍了这种六宫格，也都获得了好评。而且，有的小学生也利用它来完成暑假的自由作业，并交出了完美的报告。

"发明"的科学观察六宫格

不方便的地方	变方便的地方
不好施力……	与五指匹配 容易使力（更易剪断）
比较对象 普通剪刀	**观察对象** 剪刀
局部观察 把手对称	**局部观察** 把手不对称
过去（问题解决前）	现在（问题解决后）

发明要素（两边不对称） ← 去掉发明要素

时间轴

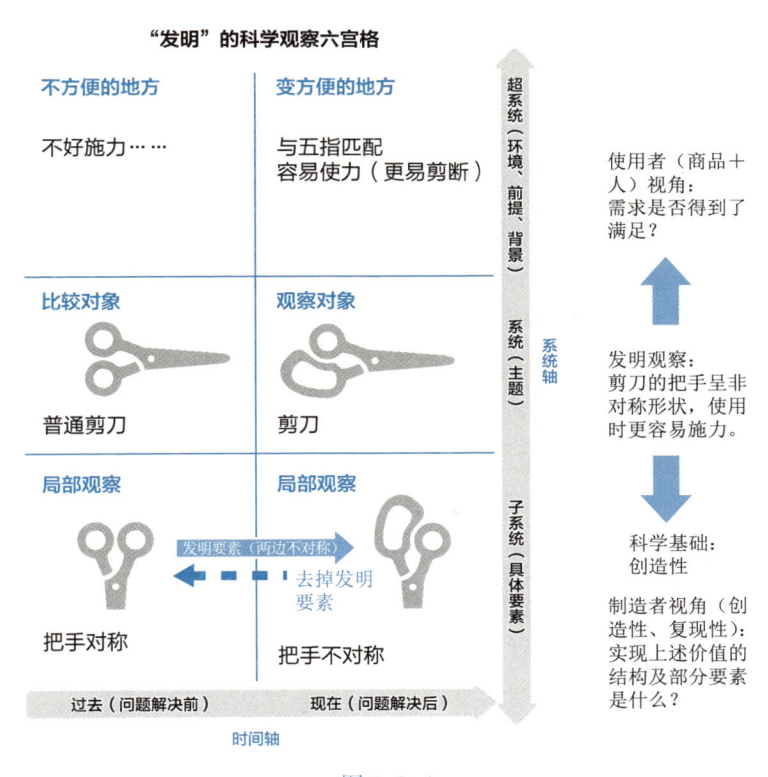

系统轴：超系统（环境、前提、背景）／系统（主题）／子系统（具体要素）

使用者（商品＋人）视角：需求是否得到了满足？

发明观察：剪刀的把手呈非对称形状，使用时更容易施力。

科学基础：创造性

制造者视角（创造性、复现性）：实现上述价值的结构及部分要素是什么？

图 2-3-6

其实，六宫格不仅适用于分析人类的发明，在熟练之后，大家也可试着用它来分析昆虫或植物的局部非对称性。所以，希望大家都能从身边多找类似的例子进行练习。

发明物的进化过程（趋势）

找到了发明要素，就明白了"工具的进化过程"。

还是以剪刀为例，现在将关注点放在剪刀的把手上。

无须特地调查剪刀是在什么年代被发明的，只要关注其非对称性，我们便可分辨出一把剪刀是很久之前的产品还是现在的产品。为了实现"更好地使力"，剪刀逐渐变成了现在的非对称状态。

其实，所有的发明都是"有法可依"的，此例的"法"就是"如果将某部分改成非对称的，它使用起来会更方便"。这样的视角，在 TRIZ 世界里被称为"发明的进化过程"。

例如图 2-3-7 的眼镜片（最右边的也是镜片，比如隐形眼镜等），镜片的非对称性由低到高演化的顺序与问世的顺序是一致的。类似的还有卡车的后视镜等，通过增加不对称性扩大对周边事物的观察范围。此外，新干线列车的车头貌似前后左右都对称，但其实非对称性也在增加（见图 2-3-8）。

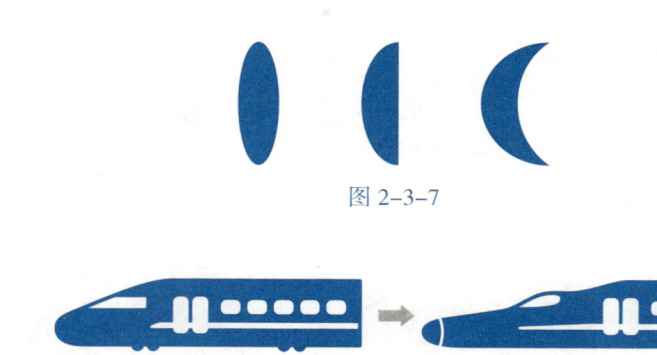

图 2-3-7

图 2-3-8

其实不只是工业品，在生物的进化过程中，也有不少非对称进化的例子（如寄居蟹、招潮蟹的身体左右不对称，独角仙、蜻蜓的前后翅不对称等）。

绘制九宫格

使用"之前→之后→推测"×"使用者→发明物→发明要素"，便可推测出新发明。

比如，第一个推测是"对于剪刀的把手形状，非对称的需求是否会越来越高？"。因此，我们要先找出剪刀中的对称部分，再考虑如何将之改为不对称。

从图 2-3-9 可看出，中段最右侧的格子中，剪刀的非对称部分增加了。如果能根据使用者的手形定制非对称剪刀，那么剪刀应该会朝着更贴合用户手形的方向改进。

	过去①	过去②	现在
使用者	难于施力	容易施力	更容易施力
发明物			
局部	对称的椭圆形 	非对称的椭圆形 	大小、形状皆非对称 

图 2-3-9

另一个推测是剪刀的其他部分也会变得非对称化。

剪刀也是一种杠杆，也有"施力点、支点、作用点"等。将施力点设计成非对称形状后，剪刀便开始进化。因此也可以推测，将支点和作用点设置成非对称形状应该也能让剪刀使用起来更方便。

日本 Raymay 藤井公司制造的名为"SwingCut"的剪刀，就是以非对称的支点知名，使用起来非常省力，这也证实了这个推测的正确性。

统一范畴后再进行比较

学完观察·发明六宫格和九宫格后，大家感觉怎么样？

本书已反复强调过，九宫格思维做的并不是创新的事，只是帮助我们将创意以简单易懂的方式向他人传达。

例如将人和猫做比较其实并不奇怪，将"人类的生活环境"和"猫的细胞"相比才奇怪。下列的比较例子就相对自然：

①人的生活环境和猫的生活环境；

②人与猫；

③人的细胞和猫的细胞。

上述比较的例子中，大家应该可以发现①和③的共同点较多。在进行比较的时候，只有先统一范畴，才容易找到共同点。能够帮助我们养成这样习惯的常规工具，就是六宫格（见图 2-3-10）。

人的生活环境	猫的生活环境
人	猫
人的细胞	猫的细胞

图 2-3-10

两者之间的共同点越多，不同点就越明显。人和猫在外表上存在很大差异，但在细胞方面却具有很多相似之处。正因为如此，细胞中的基因不同才显得格外突出。

商业环境中经常出现对话范畴不一样的情景。如果没有意识到公司的技术要素和顾客需求不匹配，就好比是将"人类的生活环境"与"猫的细胞"混在一起讨论。

我曾经向一个资深顾问请教一个困扰我很久的问题：MECE（不重叠、不遗漏）真的有效果吗？因为我认为要想将问题完美地划分成 MECE 的状态应该很难。

他回答："其实，'按照 MECE 的原则来分割'的说法，只是为了方便，要做到这一点，先让客户按照 MECE 的原则将问题提出来，再让他们意识到问题涉及的范畴，以便于统一。"

原来如此！我终于理解了。

头脑风暴法也一样，先将每个人的方案按相似性进行归类。这么做没有问题，但容易将需求和要素混在一起。如果引导者能力足够，他应该引导大家按范畴进行区分，如在粉色的便签上写问题，在蓝色便签写解决方案，中间方案或其他发现写在黄色便签等。

	之前	之后	预测
使用者	难于施力	容易施力，用很小的力就能将东西剪断	更容易施力
发明物			
局部	左右对称	作用点非对称	支点和作用点非对称

图 2-3-11

用六宫格、九宫格分析热销商品

掌握热销商品的模式

分析事物时,将它的过去和现在进行比较,十分有用。对热销产品用纵向三宫格进行分析时(参照上一章"产品三宫格"),将"过去"和"现在"(即"传统"和"创新")进行比较也是一个好方法。

首先将两个纵向三宫格并列,组成一个六宫格,这样便于分析该产品畅销的原因到底是"需求的变化"还是"企业要素的变化",同时也便于与团队成员分享。

对于前文介绍的口袋保温杯,用六宫格分析也十分简洁明了(见图 2-3-12)。

长时间外出时,手边有可以喝多次的大量的水	短时间外出或在家里,手边有1次可喝完的水	需求
传统的保温杯	口袋保温杯	商品
● 容量350ml以上的保温杯 ● 500ml以上的瓶装水	容量120ml的保温杯	要素
传统(过去)	创新(现在)	

图 2-3-12

不同的比较对象，填写六宫格的难易程度和向他人传达的难易程度也不同。

例如将手持小风扇和电风扇进行比较，就可得到如图 2-3-13 所示的六宫格。

家中的凉风	● 散步时的凉风 ● 闷热的办公室中的凉风 ● 外出回来时快速降温	（设想顾客的使用场景）需求
电风扇	手持小风扇	商品
● 家电供电 ● 定时功能 ● 大小相同的三片扇叶	● USB充电，长时间续航 ● 喷雾功能 ● 静音（大小交错的三片扇叶）	要素
传统(过去)	**创新(现在)**	

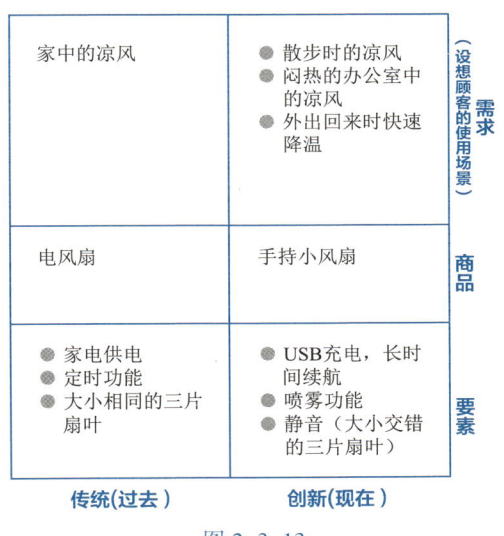

图 2-3-13

在这一示例中，多数人都会选择传统的电风扇作为比较对象，但对于比较的内容，很多人可能无从下手。

因此，如果将介于两者之间的桌上 USB 充电小风扇作为比较对象，就可以整理如图 2-3-14 所示的六宫格。

首先是缩小两者之间的差异，这样更容易明白。

此外，不断地设定比较对象，以找到热销产品的不同侧面。接下来，请用六宫格将 Uber Eats 和目前最流行的比萨外卖进行比较。

可以先用三宫格对两者进行分析，找到两者各自的特色（见图 2-3-15）。

第二部分　掌握九宫格思维　　157

传统(过去)	创新(现在)	
● 在电脑前工作时的凉风 ● 闷热办公室里的凉风	● 散步时的凉风 ● 外出回来时快速降温	需求（设想顾客的使用场景）
桌上USB充电小风扇	手持小风扇	商品
● USB充电 ● 静音	● USB充电，长时间续航 ● 喷雾功能 ● 静音（大小交错的三片扇叶）	要素

图 2-3-14

传统(过去)	创新(现在)	
● 家庭主妇→双职工 ● 招待来客时，比起自己做饭，更愿意选择外卖	● 独居者增加 ● 随意的小型聚会 ● 多样的选择	需求（设想顾客的使用场景）
比萨外卖、寿司外卖服务	Uber Eats	商品
● 满××日元以上免配送费 ● 连锁店经营，从最近的店送货 ● 外卖员由店里雇用	● 将购买者、店家、外卖员三方关联起来的算法 ● 点餐和外卖员皆为单一次性买卖	要素（技术要素、特征）

图 2-3-15

比起比萨外卖，Uber Eats 使用场景中最具特色的一点就是"几个人相聚办一个小型聚会"。

如果和寿司外卖进行比较，又是怎样的结果呢？请大家先试着进行比较练习。相信大家一定能看到 Uber Eats 的另一侧面。

接下来，从外卖员的角度填写六宫格。

具体说就是将"兼职做比萨外卖员"作为比较对象。我的填写如图 2-3-16 所示，仅供参考。

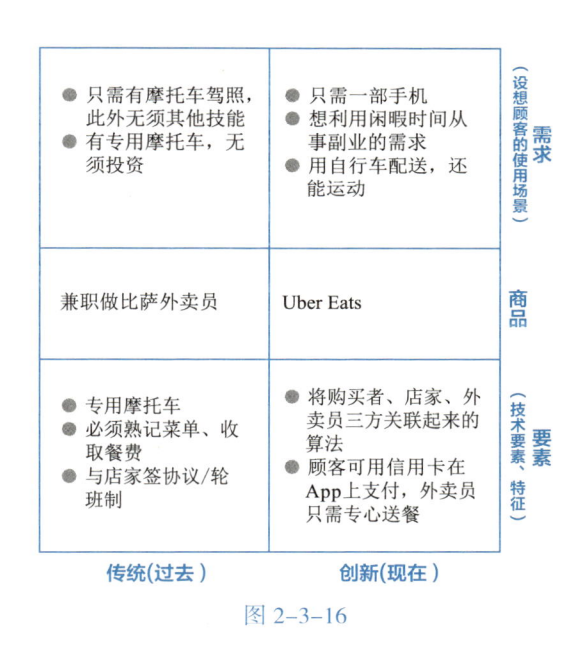

● 只需有摩托车驾照，此外无须其他技能 ● 有专用摩托车，无须投资	● 只需一部手机 ● 想利用闲暇时间从事副业的需求 ● 用自行车配送，还能运动	需求（设想顾客的使用场景）
兼职做比萨外卖员	Uber Eats	商品
● 专用摩托车 ● 必须熟记菜单、收取餐费 ● 与店家签协议/轮班制	● 将购买者、店家、外卖员三方关联起来的算法 ● 顾客可用信用卡在 App 上支付，外卖员只需专心送餐	要素（技术要素、特征）
传统（过去）	创新（现在）	

图 2-3-16

如前所述，将两个三宫格组成六宫格，再进行比较，便更容易发现热销产品的特色。

如果想通过六宫格来提升创造力，可以通过以下 3 个步骤。

第一，绘制空白的六宫格，找到想要分析的热销产品，将产品名称写在右列的中间格。

第二，将热销产品能满足的需求填入右列的上格，将能够满足这种需求的要素填入右列的下格。由此，一个纵向三宫格便完成了。

第三，同样地，将想与热销产品进行比较的产品的信息填入左列的纵向三宫格。

需求→产品→要素三宫格 ×3 列 = 热销产品九宫格

选择手持小风扇的比较对象时，比起传统电风扇，选择更小的桌上 USB 充电小风扇可能更好。这样的情况下，如果能同时画出三个纵向三宫格，那么热销产品九宫格就形成了，热销产品的发展历史也就一目了然了（见图 2-3-17）。在熟悉九宫格之前，你可能会觉得它包含的信息过多，但在熟悉九宫格后，你会发现这些信息其实恰到好处。

家中的凉风	● 在电脑前工作时的凉风 ● 闷热办公室里的凉风	● 散步时的凉风 ● 外出回来时快速降温	需求
电风扇	桌上USB充电小风扇	手持小风扇	商品
● 家电供电 ● 定时功能 ● 大小相同的三片扇叶	● USB充电 ● 静音	● USB充电，长时间续航 ● 喷雾功能 ● 静音（大小交错的三片扇叶）	要素
传统1（过去1）	传统2（过去2）	创新（现在）	

图 2-3-17

另外，欲与他人分享时，如果在上格填入"共通（具有普遍性）

的需求",更有助于你的清楚传达(如图 2-3-18 所示)。

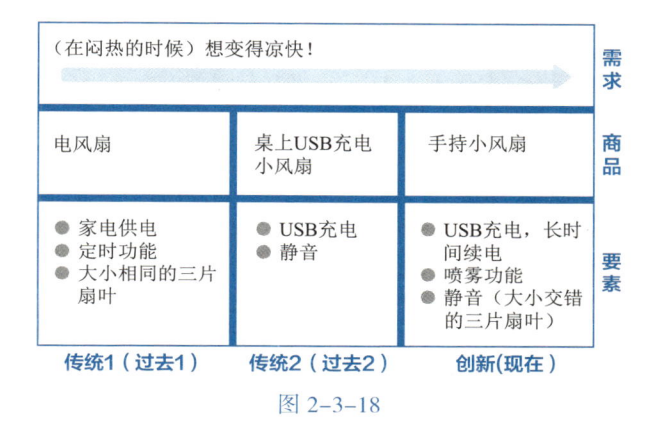

	传统1(过去1)	传统2(过去2)	创新(现在)	
	（在闷热的时候）想变得凉快！			需求
	电风扇	桌上USB充电小风扇	手持小风扇	商品
	● 家电供电 ● 定时功能 ● 大小相同的三片扇叶	● USB充电 ● 静音	● USB充电，长时间续电 ● 喷雾功能 ● 静音（大小交错的三片扇叶）	要素

图 2-3-18

延伸内容

九宫格充当"补给站"与创造的 8 个新世界

我总觉得，在提供帮助方面，相比其他人，我更适合"后勤"角色，这也是我的专长之一。

在上高中和大学期间，我并不算是特别优秀的学生，我的成绩也仅是中等偏上一点点。

大学时我曾使三个社团重新焕发了生机，当年一个大我三届且能力出众的学长很惊讶地对我说："你的精力真惊人，你哪儿来那么多精力?!"我赢得过桌游《卡坦岛》日本冠军；我们家是双职工，目前育有 3 子，在这样的情况下，我还撰写并出版了图书，对此，很多人都表示惊讶。

有人说"努力无法战胜才华"，也有人说"努力其实也是一种才华"。

在此，我想再加上一句话——如果你在努力时并没感觉到这是在努力，其实已经是你的才华了。

刚开始学习九宫格思维时，你可能是抱着尝试的心态画出了4条线，这是一种努力。经过不断地练习你会发现，思考之前先制作九宫格变得十分自然。当你再也不觉得绘制九宫格是一种"努力(学习)"时，就表明你已经具备了"利用九宫格进行思考"的能力。

另外，我为什么要向大家强烈推荐"后勤支援能力"呢？其实这是为了包括我的三个孩子在内的下一代。

近年来，社会上骇人听闻的事件越来越多。

发生在秋叶原车站的无差别杀人事件，发生在相模原养老院的杀人事件，在新干线列车上的杀人事件……不胜枚举。这些事件的共同点，就是凶手都是"对人生感到绝望的人"。

其实，我最担心的是日本每年有3万多的自杀者。据说，在日本20~39岁死者的死因中，长期占据第一位的就是自杀。我的高中同学已经有3位去世了，虽然没确认过这一数字的准确性，但听说其中的两位正是死于自杀。现在想起此事，我还是痛心不已。

这个话题有点沉重，其实我想表达的是痛苦有的时候是可以转变成力量的。我希望大家在有点余力后，可以考虑如何才能带给别人更多力量，这就是我一直强调后勤支援能力的原因。

陷在困境中时，我们的眼界会变得越来越窄。这时就应使用九宫格来扩展视野。只需画出4条线，就能看见另外的8个新世界。而且，这不是卖火柴的小女孩在寒夜里所看到的虚幻世界，而是我们能从"真实存在的世界"里获取的9扇窗户。

但愿更多人能掌握九宫格思维。除了帮助人们打破各种思考和创意的瓶颈，我更希望它能成为有助于所有人开创一个"新世界"的工具。

用鸟居[①]七宫格预测发展趋势

俗话说："愚者向经验学习，贤者向历史学习。"

为了创新某种商业模式，必须先了解该商业模式的发展历史。

此时，应该着眼于消费者被吸引（即满足消费者的普遍需求）并愿意掏钱购买该产品的理由（why），同时分析其实现的方法和手段（how），由此便可完成能提升创意能力的分析图。

这就是"1+2×3=7"共 7 个格子的鸟居形七宫格分析图（又称"分析鸟居"），见图 2-3-19。

如果这是一件产品，我愿意花钱买！普遍需求		
上两代商业模式	上一代商业模式	商业模式的主题
实现手段	实现手段	实现手段

图 2-3-19

---

① 鸟居指类似牌坊的日本神社附属建筑。——编者注

例如，以城市交通为例，最初为马车铁道，之后演变成公交车，最后发展为地铁。无论是伦敦还是东京，皆经历了相同的变迁过程。

在此基础上再加上"普遍需求"（why）和"实现方法"（how）这两项，整理思路如下。

首先，将我们的研究对象（地铁）填入最右列的中间格。当时人们的普遍需求是"想在城市里快速移动"，并愿意为这个需求付钱，可以将这一点填入最右列的上格。在地铁出现之前，这个普遍需求是公交车或路面电车，更早以前是马车，所以可以将这两项分别填入中间格（中间列填入公交车，最左列填入马车）。

下格中分别填入上述三者的动力来源，以及能使其实现交通工具功能的要素技术等，这样，分析鸟居图就完成了（见图2-3-20）。

②想在城市里快速移动！		
④马车	③公交车	①地铁
⑤马 木制车轮	⑥发动机 轨道、道路 铺装技术	⑦电动机 金属车轮 地铁挖掘技术

图2-3-20

填完上述信息后，再回顾一下城市交通的发展历史。对于"想在城市里快速移动"的需求，最初是由马车来满足。在很长一段时间里，马是人类所能操控的动力中，最适合用于满足快速移动的交通需求的。马车也基本是全木制的。在日本，除了马车，还有牛车和轿子等，也是当时满足移动需求的重要手段。

后来发动机问世,出现了用橡胶做轮胎的汽车。随着汽车的普及,道路设施也变得越来越适合汽车行驶,于是马车、牛车等退出了城市交通的历史舞台。公交车成了城市交通运输的理想工具。

　　但是在汽车大规模量产之后,随着私家车的增加,城市交通也开始变得拥堵。于是很早之前就有人提出让汽车在地下行驶这样的创意。但是要实现这一点,必须有足够的技术支持,例如挖掘隧道的技术。

　　此外还面临另一个问题,就是汽车如果都在地下行驶,排放的尾气会留在地下隧道内,这会导致其他严重问题。后来在电动机诞生后,电动机被应用在电车上,进而推动了地铁的出现。各个城市开始陆续出现了地铁交通。

　　如上所述,对于既有的研究对象的模式,我们如果能以时间顺序对普遍的共同需求和技术要素进行分析,便能提升创造力。

　　电子显微镜也是一样的,下面我们以同样的思路对电子显微镜做分析练习。电子显微镜的出现是为了满足人们"想看清楚更微小的物体的结构"这一普遍需求。在电子显微镜问世之前,能满足上述需求的是显微镜以及更早之前的放大镜(伽利略用于观察昆虫复眼的凸透镜)。支撑这些产品的技术要素参见图 2-3-21。

想看清更微小的物体的结构		
放大镜	显微镜	电子显微镜
● 玻璃透镜 ● 研磨技术低	● 透镜 ● 研磨技术高 ● 盖玻片	● 电子枪 ● 信号处理 ● 显示技术

图 2-3-21

最早的产品是用玻璃透镜研磨而成的放大镜，后来随着盖玻片的发明和研磨技术的提高，人们可以更加靠近被观察物进行观察，从而制造出了上一代显微镜，后来随着电子枪的问世以及信号处理技术的成熟，电子显微镜应运而生。

鸟居分析七宫格不仅可用于分析有形的物体，也可对具有提供价值和构成要素等的无形服务进行分析。

例如，最近日本唯一的独角兽企业——日本煤炉公司（目前估价超1万亿日元），就是将"想把自己不用的东西换成现金"和"想以便宜的价格购买有用的东西，即使是二手的也不要紧"两种普遍需求关联起来，并提供相关服务的企业。10多年前提供这种服务的是雅虎拍卖，在雅虎拍卖之前提供相似服务的是跳蚤市场。比起只是将这些信息进行简单的罗列，用鸟居分析七宫格更容易进行分析（见图2-3-22）。

	将自己不用的东西换成现金；想购买便宜的商品，二手的也不要紧		
提供的价值（what）	跳蚤市场	雅虎拍卖	日本煤炉公司
实现方法（how）	● 市民文化中心 ● 逛街购买	● 互联网 ● 网络检索	● 智能手机 ● 小程序检索

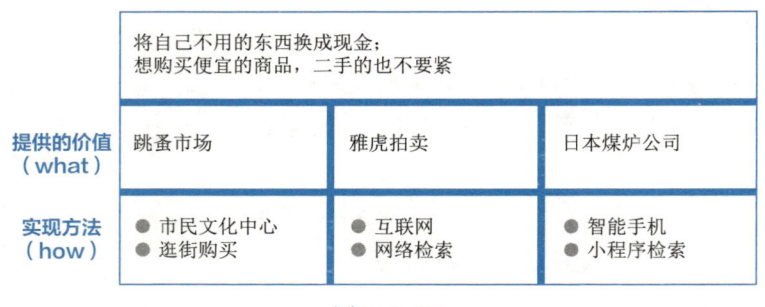

图2-3-22

在雅虎拍卖出现之前，日本曾经出现过"利用互联网举办跳蚤市场"的商业活动，但它们的影响并没有将网络和搜索引擎结合起来的那么大。由此可知，即使某项事业"提供的价值"（what）很好，但是如果没有很好的"实现方法"（how），那么这样的事业也不可能获得很大的成功。与此类似的例子还有，日本煤炉公司最初也只是想将雅虎拍卖的模式简单地从电脑改换到手机上（how），以期实现雅虎拍卖所能提供的同等价值，结果也没获得成功。

日本煤炉公司后来能获得成功，也全是依赖成功利用了智能手机这个手段（解决了 how 的问题）。

用 90 分钟进行创意：头脑风暴鸟居图

其实这个所谓的鸟居形七宫格，就是将九宫格简化，并命名为"头脑风暴鸟居图"。

这是一种不必对九宫格思维进行详细说明，也能让在场的一个人或多个人理解，并提高他们的创意能力的简单方法。

首先用 4 条粗线（类似汉字"开"字）将画面分为 7 个格子，得到如图 2-3-23 所示的"鸟居形图"，再将信息逐一填入。

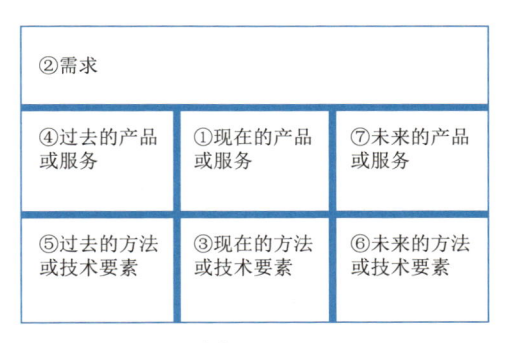

	②需求	
④过去的产品或服务	①现在的产品或服务	⑦未来的产品或服务
⑤过去的方法或技术要素	③现在的方法或技术要素	⑥未来的方法或技术要素

图 2-3-23

首先将现在的商务模式或产品填入中间的格子（①），接着在最上面的格子（②）中填入普遍性需求，比如"如果能满足这方面的需求（不管以前还是现在），我愿意花钱购买"。

下段的格子中填入能实现这些功能的重要支撑要素（上一节中

我将之称为"实现方法",其实将之看作"系统的构成要素"更能激发创意灵感)。

将在现在的产品或服务(①)出现之前,能满足当时需求的产品或服务填入最左列的中间格(④),对应的下格(⑤)中填入使该产品或服务得以实现的方法或技术要素。

将⑤和③进行比较,分析两者的构成要素将来会如何进化,再将之填入最右列的下格(⑥)。

针对社会的普遍需求(②),再结合未来的方法或技术要素(⑥),就能推测出未来的产品或服务,并将之填入最右列的中间格(⑦)。

下面,我们以前文提到的电子显微镜为例,再做一次分析练习(见图 2-3-24)。

想看清更微小的物体的结构		
显微镜	电子显微镜	立体显微镜
● 透镜 ● 研磨技术高 ● 盖玻片	● 电子枪 ● 信号处理 ● 显示技术	● 电子枪 ● AI处理 ● VR技术

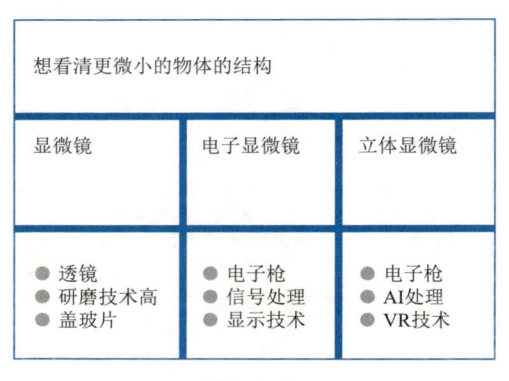

图 2-3-24

电子显微镜是为了满足人们"想看清更微小的物体的结构"这个普遍需求而产生的。

电子显微镜的构成要素是信号处理功能,但将来可能会被 AI 替代。目前的成像技术将来可能也会慢慢与 VR(虚拟现实)技术融合。另外再搭配传统的电子枪,便可提出一个"立体显微镜"的新创意。

此外，目前很流行的医美行业，就是聚焦于满足消费者"想变得更美"的普遍需求。过去能满足这个需求的主要是化妆品。

将两者的构成要素进行比较后会发现，化妆品以化学物质为主要要素，而医美还使用了超声波振动仪等。另外，化妆品的预设只是针对身体的局部，而医美是针对全身，要改变人整体的体态面貌。

下面我们再对构成要素的技术发展做进一步分析考虑。目前人类已经了解了人体的遗传基因密码，对于肠道菌群的分析也日趋进步，并可以应用在医学上。

将这些要素与医美的需求结合起来考虑，开发"肠道美容"项目成功的可能性就会很高（见图2-3-25）。

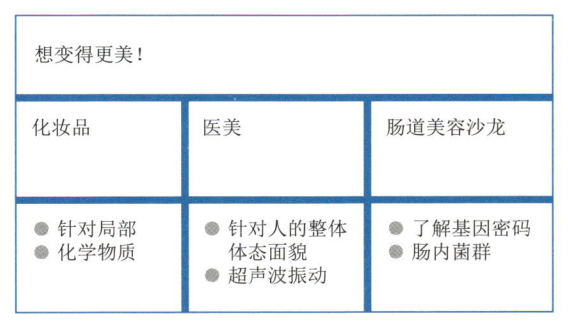

想变得更美！		
化妆品	医美	肠道美容沙龙
● 针对局部 ● 化学物质	● 针对人的整体体态面貌 ● 超声波振动	● 了解基因密码 ● 肠内菌群

图 2-3-25

如果是团队进行头脑风暴，不一定要从现有的服务开始思考，从目前的普遍需求开始考虑，我相信讨论会更加激烈。我曾在公司的小组讨论中实践过，结果，对于现代人的"普遍需求"，得票最多的是"想了解家人（尤其是伴侣）的心情"。

大家能否提出一个能够满足这个需求的创意？成功了，说不定就能成就一个大事业呢！请大家一定试着挑战一下。

练习　填写鸟居七宫格

■填写鸟居七宫格的目的

利用约 1 小时的时间，与团队全体成员想出一个"可提供的新价值及具体解决方案"。

■事先准备的物品

●至少 7 张 A4 纸（A3 纸的话至少 3 张）。

●便签：每人 10 张以上（尽量准备黄、绿、蓝三种颜色，如使用 A3 纸则必须准备三种颜色）。

■事前准备、决定的事项

●将 7 张 A4 纸如图 2-3-26 所示按①~⑦的顺序排成三行三列（如果是 3 张 A3 纸，将其排成 3 列）。

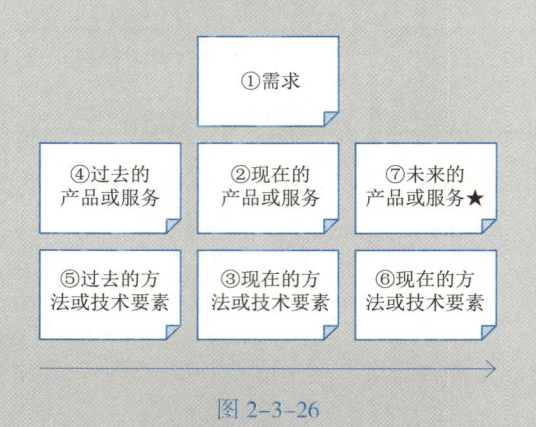

```
              ①需求

   ④过去的      ②现在的      ⑦未来的
   产品或服务    产品或服务    产品或服务★

   ⑤过去的方    ③现在的方    ⑥现在的方
   法或技术要素  法或技术要素  法或技术要素
                                    →
```

图 2-3-26

●首先确定讨论时的"未来"是未来的哪一年。比如今年是 2023 年，那么"5 年后"就是 2028 年。

●确定"过去"的具体时间点，但是追溯的时间点要是上述

"未来"的两倍，比如今年是 2023 年，那么"过去"就是 10 年前即 2013 年及以前。

●结合上述时间节点，分别给编号为①~⑦的纸上贴上标签（最好事先将这些标签打印在 A4 纸上，当然，也可以让成员将这些标签手写在每张纸上）。

■实施过程

▽步骤一：确定需求

●由所有参与者共同确定，即（不管过去还是现在）人们为什么愿意掏钱购买（需求），也可以由讨论引导者决定这次头脑风暴的内容。

●将大家所想到的需求用大字写在"需求"的对应纸上（①）（也可通过便签区分）。

▽步骤二：目前能提供的价值

●针对①的需求，在便签上写出大家能想到的目前行业能提供满足此需求的产品或服务（要求在 1 分钟内写出三项，再花 1 分钟补充详细内容）。接下来分别将便签贴到②纸上。此时，可以把内容相同的便签贴在同一张纸上，内容相近的贴在相邻的纸上。A4 纸如果不够用可以补充（后同）。

▽步骤三：目前能提供的价值

●思考为了实现步骤二的内容，需要什么样的方法或技术要素，并将之写到相应纸上。此时，也可以针对其他人在步骤二中提出的想法提出对策（时间限制也是 1 分钟内写三项）。之后将各自所写的便签贴到③号纸上。

●如果发现②号纸上的内容明显不属于"提供的价值"的范畴而属于"方法或技术要素",可将相关便签移动到③号纸上。

▽步骤四:过去提供的产品或价值

思考在过去这一时间点(此示例中是2013年)的需求是通过什么方式满足的。按照步骤二的做法,将满足当时需求的内容写到便签上,再贴到④号纸上。

▽步骤五:过去的方法和技术要素

●针对④号纸上的内容,按照步骤三的方式,将实现方法写在便签上,然后贴到⑤号纸上。

▽步骤六:未来的方法和技术要素

●纵观过去的方法和技术要素(⑤)以及现在的实现手段(③),思考⑤和③中所列举的内容在未来(比如此示例中为2028年)会如何进化,或者将被什么事物取代。

●一般情况下,⑤和③的共同内容,大多会在⑥中体现;而在⑤→③的演变过程中,还有更多变化的可能性(此时,下面一行中的"要素"将会随后述"追求更高理想"的原则发挥作用)。

▽步骤七:未来可提供的产品或价值

●说明此次头脑风暴的目的,大家可以根据①~⑥的内容,考虑未来可以提供哪些价值。

●不能只依据需求(①)或目前能提供的价值(②)进行思考,而应参考过去提供的产品或价值(④)→目前能提供的价值(②)的演变过程或未来的方法和技术要素(⑥),思考将来能提供何种能满足普遍需求的价值。

●步骤七和步骤八的做法也和前面一样,先让每个人将自己的想法写在便签上，之后再进行比较。

▽步骤八：提升创意能力
●步骤七并非最后步骤，大家还需考虑如何做才能将步骤七所获得的创意通过某种方法及技术要素体现。接下来再对步骤七（未来可提供的产品或价值）进行反馈。

请大家根据上述的创意，考虑其需求到底有多高，以及未来的方法和技术要素是否能满足这样的需求，要满足这些需求是否有技术壁垒，等等。关于如何从大家所提出的各种创意中筛选出合理可行的创意及可行的方案等，市面上已有不少相关图书，大家可以根据个人需求选择合适的图书。

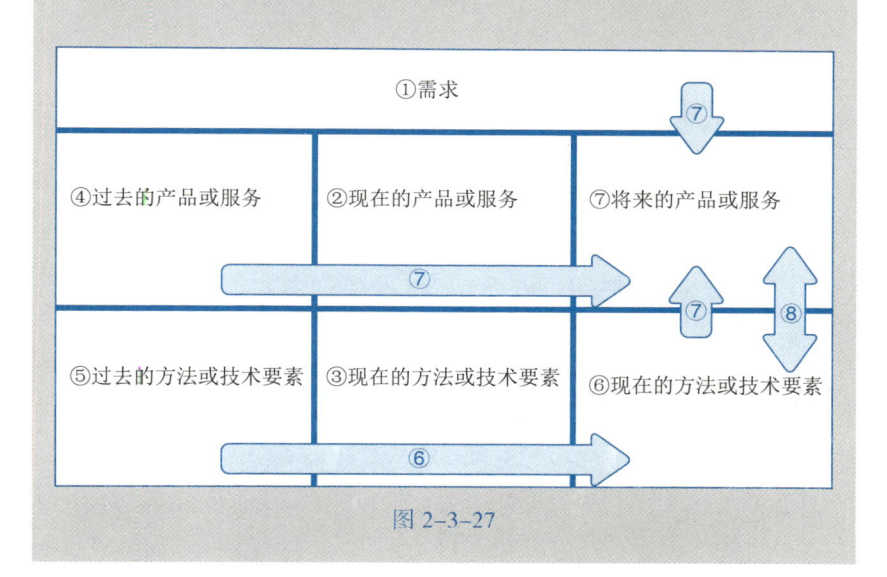

图 2-3-27

第二部分　掌握九宫格思维　　173

热销产品预测九宫格

预测未来的电视节目

在横向三宫格章节的问题 05 中，我们进行了预测未来电视节目的练习，而该问题的参考答案，其实是我由图 2-3-28 的内容整理而成的。

	需求：假设的状况	需求：假设的状况	需求：假设的状况	
	● 很多人愿意从事拍剧相关工作 ● 关注演员阵容 ● 重视写实	● 希望与外界保持联系 ● 无法面对面拍摄 ● 重视制作的难易度	● 自我实现需求 ● 希望参与节目 ● 重视 YouTube	需求
	热销产品 （服务）	热销产品 （服务）	热销产品 （服务）	
	电视剧（特拍）	互动型益智节目	多重结局的短集连续剧	产品
	要素：技术要素及特征	要素：技术要素及特征	要素：技术要素及特征	
	● （镜头）时间分割 ● 每季 12 集 ● 特效技术	● （画面）空间分割 ● 一次播出 1 集 ● 合成画面 + 遥控器 d 键 / 社交媒体参与讨论	● 对时间和空间进行分割 ● 一部剧 1~3 集 ● 部分角色的动作可通过模拟仿真合成	要素
	传统	创新	预测	

图 2-3-28

首先，从传统意义来说，在日本最受欢迎的电视节目当数电视剧，很多人都立志投身于相关工作。这个行业也属于劳动密集型的。另外，电视剧的演员阵容也是观众非常关心的。编剧也都非常重视剧情的写实性，希望引起观众对剧中人物是否真实存在的讨论。

拍摄电视剧时，制作组一般会依照时间顺序将内容分割成很多场景或镜头。日本电视剧一般分季播出，一季12集，每周播放一集。另外，为了增加真实感，制作手法通常采用色校正或特效等计算机图形学（CG）技术。

然而2020年新冠疫情在全世界肆虐后，需面对面接触的拍摄方式成了需要避免的。这对传统的拍摄方式造成了很大的冲击，包括NHK大河剧在内的多部剧的拍摄被迫延期。由于疫情发展难以预测，剧组也无法预料到底要停拍多久，因此，便于编辑制作的节目成了新需求。另外，观众也因疫情而被迫居家工作，"与外界保持联系"的需求也大大增加了。

因此，2020年日本出现了很多益智类节目，尤其是能与观众即时互动的节目。比如我的大儿子最喜欢一个名为《东大王》的猜谜类综艺节目，据说它自从改为现场直播互动形式，收视率大幅提升，还登上了推特"流行趋势"排行榜榜首。

与连续剧不同，这类益智类节目每一集的内容都是独立的，而且播放时大都将屏幕分割成4~6个小画面，因而采用了大量用于画面分割的图像处理技术。此外，允许观众通过电视遥控器参与提问或分享到社交媒体的节目也增多了。

大家可以结合上述信息，根据需求和技术要素的发展趋势，预测未来可能大受欢迎的电视节目。

首先我们可以预测，在人们因疫情而行动受限的背景下，多数人希望电视节目能够反映自己的心声，也就是"自我实现型"节目会增加。此外，比起以往总是被动地观看电视节目，观众更喜欢有互动性的节目。因此可以预测，电视节目将从传统的单向输出（播放）方式，转变为与观众即时互动。

另外，由于长时间待在家里，观众越来越习惯用YouTube观影。由此可知，比起被动地等待电视节目播出，观众更希望能主动地搜索自己想看的节目，也就是说，观众"想立刻了解大结局"的观影需求日益增加。

基于上述需求，我们可以预测出未来的趋势——有多重结局的短剧将会增加。

能够满足上述需求的基本技术要素就是"时间分割"和"空间分割"。所谓分割，并非仅指单纯地将电视画面分割成多个，还应考虑如何对"通过无线电视信号传送或是通过YouTube传送"进行分割。另外，针对"想立刻了解大结局"的需求，原本分成12集的电视剧可能会缩短成1~3集。而且，站在不同角色立场上推进剧情发展的多视角、多重结局的剧本也可能成为未来剧本创作的主流。

此外，将来或许还可能出现用虚拟人物来取代真实演员的情况。例如，《假面骑士》系列电视剧就有大量用计算机合成技术合成的画面——只需让替身演员穿上角色的服装，再通过动态捕捉技术对其进行拍摄，最后粘贴上角色的3D信息，就可完成一部剧的拍摄制作。

如上所述，通过用九宫格思维对之前热销的两种产品（服务）进行分析，我们便能预测出未来可能会热销的第三种产品（服务）。

策划九宫格

将横向三宫格的"事实→抽象化→具体化"和纵向三宫格的

"who → what → how"相结合，策划九宫格便绘制而成了。

我们可参考已有的热销产品或服务，并利用策划九宫格，轻松地提出新策划。

这次的练习主题是"百格计算"①。首先，在最左列的中间格填入热销产品信息（事实），接着在对应的上格填入其购买者（及其需求），在对应的下格填入构成要素（how）（见图 2–3–29）。

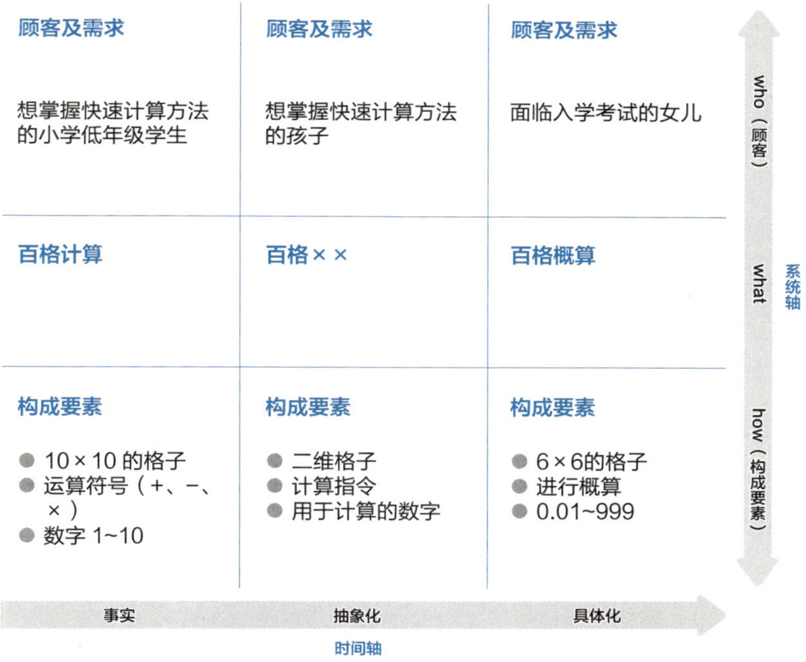
顾客及需求
想掌握快速计算方法的小学低年级学生
顾客及需求
想掌握快速计算方法的孩子
顾客及需求
面临入学考试的女儿
百格计算
百格××
百格概算
构成要素
10×10 的格子
运算符号（+、−、×）
数字 1~10
构成要素
二维格子
计算指令
用于计算的数字
构成要素
6×6的格子
进行概算
0.01~999
who（顾客）
what
how（构成要素）
系统轴
事实
抽象化
具体化
时间轴
图 2–3–29

我们先假设需求者（who）是小学低年级学生，他们的需求是"想加快计算速度"。因此，作为构成要素的 how 应具备如下特征：

① 百格计算是日本的一种针对小学生的学习方式。——编者注

- 10×10 的格子；
- 运算符号；
- 数字 1~10。

接下来先将上述特征抽象化，将其设想为"百格 ××"。

如果再将需求者进一步抽象，就变成"想掌握更快速计算方法的孩子"。对应的要素如下：

- 二维格子；
- 计算指令；
- 用于计算的数字。

此时，只需再加些具体的要素，就能激发出新创意。

例如，当年我女儿准备小升初时，我常让她做计算题练习，但她经常出错误。其实她只要能先概算一下便不至于出现那样的错误。

也就是说，她还没有养成概算的习惯，而这也正是作为父母的我们的责任。于是我针对"如何才能让女儿养成概算的习惯"这个具体问题，想出了上述先将问题抽象化的解决方案。

我先在最右列的上格中写上了"面临入学考试的女儿"（who），在对应的中间格填入了"百格概算"（what），在对应的下格填入了 6×6 格子、进行概算等要素（how）。对于计算的数字，则是将"0.9~1.1"×"0.01~1000"填入 6 个格子。

这只是我通过九宫格思维做出的简单设计，最后的具体成果是用 Excel 制成的（见表 2-3-1）。

表 2-3-1

概算	0.99	9.8	0.096	999	0.01	3.14
1.08	1	10	0.1	1000	0.01	3
103	100	1000	10	100000	1	300
0.109	0.1	1	0.01	100	0.001	0.3
11	10	100	1	10000	0.1	30
0.21	0.2	2	0.02	20	0.002	0.6
3.14	3	30	0.3	3000	0.03	9

发现自己的创意已被他人实现并非坏事

当你冥思苦想出一个创意，却发现别人提早一步实现了，你会对此感到沮丧，很多人都是如此。但如果你已经养成了用九宫格思考的习惯，那么你很快又能想出另一个新创意，这样你不但不会感到沮丧，反而会感谢对方替你实现了创意。

其实，在这个例子中，当时我确实有一个创意最后没有实践，那就是"百格的最小公倍数"。

我当时的目的是让女儿掌握快速算出最小公倍数的方法。

我的想法是只要把数学符号换成 GCM（最大公因数）和 LCM（最小公倍数），我的目的很快就能实现了。

但在网上一查，我发现早有人提出了相同的设想并上传到网站上，而且，发明者不只用"百格"，还用了"180 格"进行求 GCM 和 LCM 的练习。此外，发明者还提出了改为 12×9 的格子或是每三格重复一次数字等练习法。为了向发明者表达敬意，现将网址公布如下：

https://kaminodrill.sakura.ne.jp/page_311.php。

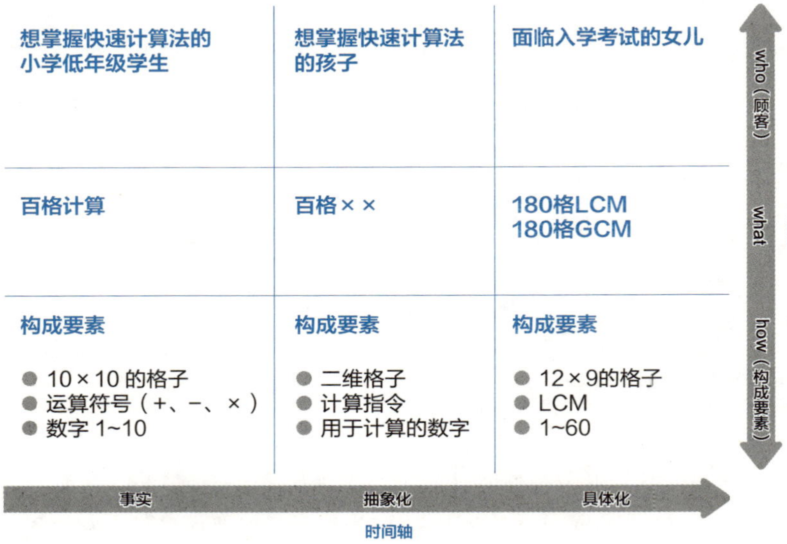

想掌握快速计算法的小学低年级学生	想掌握快速计算法的孩子	面临入学考试的女儿	
百格计算	百格××	180格LCM 180格GCM	who（顾客）　what　how（构成要素）
构成要素 ● 10×10 的格子 ● 运算符号（+、-、×） ● 数字 1~10	构成要素 ● 二维格子 ● 计算指令 ● 用于计算的数字	构成要素 ● 12×9的格子 ● LCM ● 1~60	系统轴
事实	抽象化	具体化	

时间轴

图 2-3-30

企业分析九宫格

在这节里，我将用我在东京大学教书时的企业笔记，对企业分析九宫格进行说明。

在大学毕业求职或想跳槽时，对企业进行研究是必不可少的。此外，企业在进行营销活动时，不仅要了解自己想卖什么，还要了解客户需要什么。不仅是营销人员，新业务部门或 R&D（科学研究与试验发展）人员在寻找合作伙伴时，研究企业也非常重要。尤其是在购买股票时，不仅要了解该企业的主打产品和股价，同时要了解该企业所处的营商环境和拥有的技术要素等。

进行企业分析时，除了从公司简介中获得信息，还可参考企业在年终时向股东公布的资料。这些资料里通常都会写明企业所能提供的价值和未来展望等。

虽然对企业来说"顾客是上帝",但股东和投资者也是它非常重要的利益相关者(见图 2-3-31)。

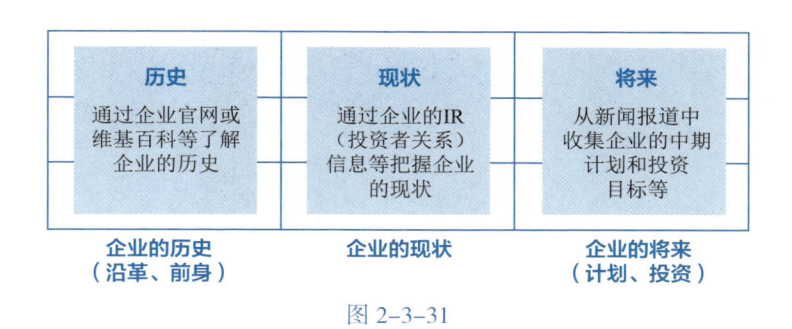

历史	现状	将来
通过企业官网或维基百科等了解企业的历史	通过企业的IR(投资者关系)信息等把握企业的现状	从新闻报道中收集企业的中期计划和投资目标等
企业的历史 (沿革、前身)	企业的现状	企业的将来 (计划、投资)

图 2-3-31

下面以 NTT DoCoMo 为例实际绘制企业分析九宫格。获取分析信息的最简单方法就是看 NTT DoCoMo 官网。企业官网中的 IR 信息一般都十分清晰明了(或许是因为比起浏览网站的一般人,投资者在时间方面更加敏感)。

以下的信息源于 NTT DoCoMo 官网(2019 年 6 月)上的"NTT DoCoMo 公司简介与 2020 年的持续成长目标"(下文简称"公司概要")。

首先,将对象企业(目前)提供的价值(主打产品或服务等)填入九宫格最中间的格子(中间列)。

公司概要的第三页中记载有 NTT DoCoMo 的业务内容、主要服务项目以及 2017 年的营业收入等信息。

首先,作为日本三大电信运营商之一(另外两家分别是 au 和 Softbank),NTT DoCoMo 的主要业务肯定与手机通信相关。

根据 2017 年的营收报告,NTT DoCoMo 约 80% 的营收来自通信事业,因此,在同一格子中填入"光纤通信等事业"。

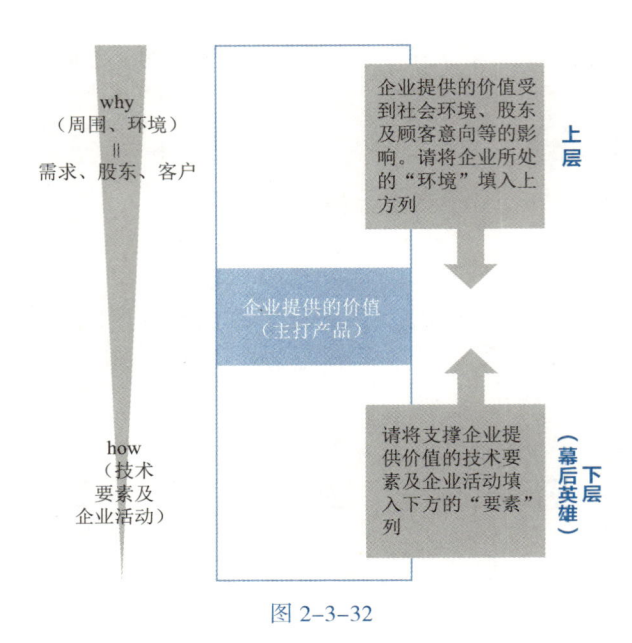

```
                    ┌─────────────────────┐
  why               │ 企业提供的价值受   │
 (周围、环境)       │ 到社会环境、股东   │ 上
    =               │ 及顾客意向等的影   │ 层
 需求、股东、客户   │ 响。请将企业所处   │
                    │ 的"环境"填入上    │
                    │ 方列               │
                    └─────────┬───────────┘
                              ↓
                    ┌─────────────────────┐
                    │  企业提供的价值    │
                    │   (主打产品)      │
                    └─────────┬───────────┘
                              ↑
                    ┌─────────────────────┐
                    │ 请将支撑企业提     │
  how               │ 供价值的技术要     │ (幕
 (技术              │ 素及企业活动填     │ 后
  要素及            │ 入下方的"要素"    │ 英 下
  企业活动)         │ 列                 │ 雄) 层
                    └─────────────────────┘
```

图 2-3-32

剩下的约 20% 营收中，由于影音流媒体等所获收益与通信业务的方向不同，因此可填写金融、支付服务。

接下来在最上面的格子填入企业所处的环境，即股东、竞争对手、顾客等相关信息。

2019 年，NTT DoCoMo 的最大股东是持股过半的 NTT（日本电报电话公司）。一般来说，企业的经营活动都会受到持股占比较大的股东（或创始人等）的较大影响和制约。

接下来分析竞争对手。

根据 NTT DoCoMo 的公司简介，此前，其主要竞争对手是 au、软银及移动虚拟网络运营商 MVNO[①] 等。而现在，这些竞争对手所

---

① MVNO 指自己不需申请频谱或建网，而是从移动网络运营商处批发网络容量，再用自己的品牌向最终用户提供移动业务的运营商。——译者注

成立的"第二品牌"也都成了NTT DoCoMo的竞争对手，所以将这些信息填入图2-3-33"企业所处环境"的对应处。

正因为有需求，企业才能通过事业活动获得营业额和利润。而企业所能提供的价值，也常被所处环境左右。

接下来，分析企业的客户。

根据公司简介，NTT DoCoMo的主要客户是一般个人消费者，而非法人用户。20世纪末，只要规模和影响力足够大，单一企业也有可能主导社会风潮；而现在，消费者可以随时通过网络进行选择、比较，然后做出是否购买的判断，因此传统的B2C模式已变得越来越难以盈利了。

作为消费者的一员我也深有同感。在我熟知的企业中，有些企业已经渐渐从B2C市场撤退，转向B2B市场后，营业额得到了提升，如NEC（日本电气股份有限公司）、富士通、日立等。所以不能仅凭简单印象就下定论，而应该通过企业向投资者公布的资料等信息，分析和把握企业的真实情况。

最后，在下段（下层）填入支撑企业提供这些价值的要素，也就是企业为了实现中间格所写的"提供的价值"所需的各种要素。另外，尽量列出可实现多种价值的要素。此时，我们可以从公司简介中抄录相关要素，如果对该企业有一定了解，你也可以按自己的理解列出。我列举的要素如下：

- 4G基站（涉及所有移动电话服务及通信事业）；
- 电话号码（实现移动电话服务及结算业务的核心服务）；
- DoCoMo实体店（负责经营和管理上述事业，且直接与顾客对接）。

至于最下层的构成要素，建议大家先将自己能想到的所有要素

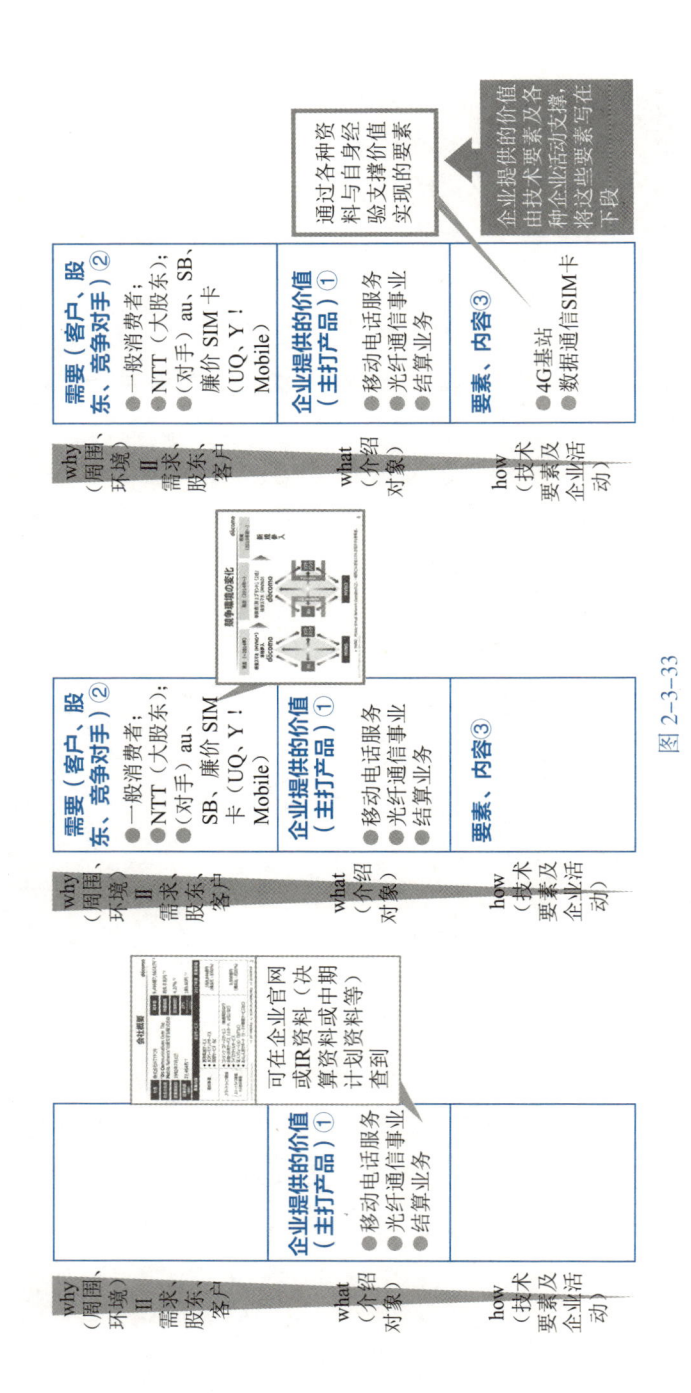

图 2-3-33

184　　九宫格思维

全部列出，最后再整理成最容易向人清楚传达的 3 个要素左右，这样，一份漂亮的笔记便完成了。

如上所示，我们便完成了可说明 NTT DoCoMo 现状的三宫格笔记。接下来，试着将做好的三宫格笔记与没有按照三宫格思考法区分的原始文章进行比较。

我在撰写下文（"NTT DoCoMo 的现状"）时，尽量使信息量与图 2-3-33 的最右列保持一致。而且，尽量将具有关联性的内容、项目写在一起，从而让文章简洁易懂。

NTT DoCoMo 的现状

NTT DoCoMo 是日本一家提供移动通信服务的公司，正如其名，其最大股东是 NTT。

该公司的主要业务是向一般消费者提供用于智能手机的进行数据通信的 SIM 卡，近年来，它被 UQ、Y！Mobile 等提供廉价通信套餐的电信从业者奋起追赶。

NTT DoCoMo 目前的通信基站皆为 4G。au 和软银也拥有同等规模的 4G 基站，它们是 NTT DoCoMo 的长期竞争对手。

此外，NTT DoCoMo 的主要业务还包括光纤通信和支付服务等。

这几段文字最适合用来"了解信息"（input）。熟悉九宫格的读者在读到此类文章时，可能在脑海中就能判断出信息所涉及的范畴大小。

对于上述信息，其实大多数人无法立刻判断出哪些是 NTT DoCoMo 无法控制的外部因素（图 2-3-33 中右列最上面的"周围、环境"部分），以及通信业务和支付业务的范围是多大（相当于

图 2-3-33 中右列的中段和下段的差别）等。

此时，只需如图 2-3-33 一样画出两根横线进行分割，信息的范围就能一目了然，接下来的思考自然也会更加容易、顺畅。当信息量更大时，例如对同样的纵向三宫格加上"过去"和"未来"后，就形成了九宫格，用线分割的效果更加明显。

下面继续讲解企业分析九宫格。

填写企业笔记的"过去"列（最左列）

接下来，我们考虑企业的"过去"。以时间顺序进行比较就能发现重点。

从企业的历史沿革来看，NTT DoCoMo 为 NTT 的前身，即日本电报电话公司（简称"电电公社"）的无线呼叫事业部，后来独立出来，成立了 NTT 移动通信企划株式会社。由此可知，NTT 自然是其最大股东。

从公司设立的背景来看，NTT DoCoMo 过去提供的价值（主打商品）为汽车电话及寻呼机等移动通信业务。

上述信息可填入九宫格最左列中间格（我习惯将企业最早经营的业务简称为"公司的本籍"）（见图 2-3-34）。公司名称中其实浓缩了很多相关信息，如 DoCoMo 这个名字取自"do-communication over the mobile network"（电信沟通无界限）的首字母。日语的 DoCoMo 也有"无所不在"的意思。

接下来，与中间列（现在）进行比较，并将信息填入最左列上格，与前文同样，填入股东、竞争对手和客户等相关信息。

首先来看股东。NTT DoCoMo 成立时的母公司是 NTT 的前身，即日本电话电报公司。换句话说，国家是其最大的股东。

当时 NTT DoCoMo 的主要竞争对手是提供寻呼服务的 DDI Pocket，

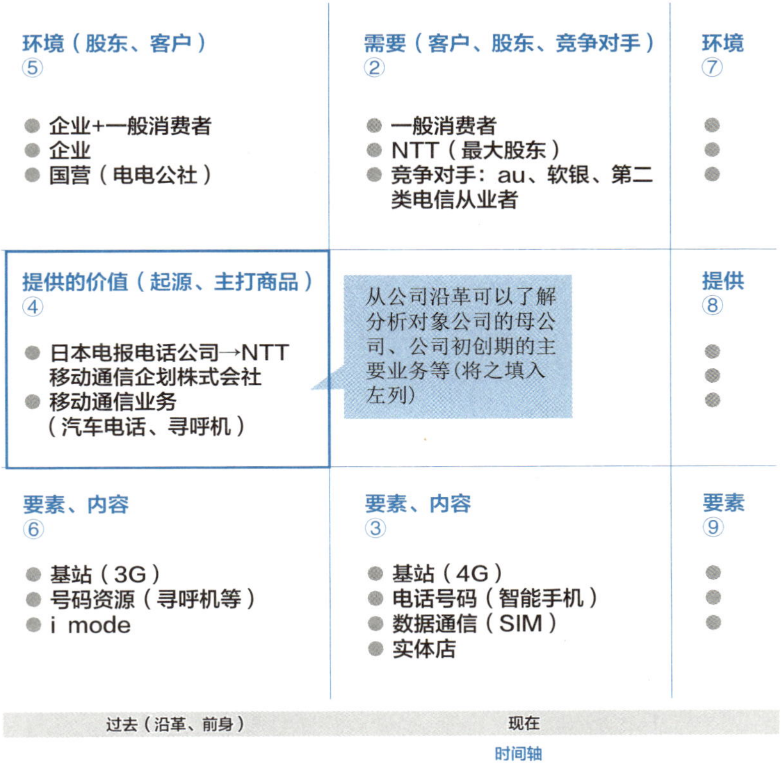

环境（股东、客户）⑤	需要（客户、股东、竞争对手）②	环境 ⑦
● 企业+一般消费者 ● 企业 ● 国营（电电公社）	● 一般消费者 ● NTT（最大股东） ● 竞争对手：au、软银、第二类电信从业者	● ● ●
提供的价值（起源、主打商品）④ ● 日本电报电话公司→NTT移动通信企划株式会社 ● 移动通信业务 （汽车电话、寻呼机）	从公司沿革可以了解分析对象公司的母公司、公司初创期的主要业务等(将之填入左列)	提供 ⑧ ● ● ●
要素、内容 ⑥ ● 基站（3G） ● 号码资源（寻呼机等） ● i mode	要素、内容 ③ ● 基站（4G） ● 电话号码（智能手机） ● 数据通信（SIM） ● 实体店	要素 ⑨ ● ● ●
过去（沿革、前身）	现在	

时间轴

图 2-3-34 企业分析九宫格（部分）

以及各种提供 PHS（小灵通）服务的电信商等，可以将这些信息填入相应位置。

最后是客户信息分析，当时安装汽车电话的大都不是私家车，而是公司车辆或消防车、救护车等公共机关车辆。

寻呼机原本是为了与外勤员工（主要是产品推销员）保持联系而让外出员工随身携带的一种通信工具。也就是说，当时 NTT 移动通信企划株式会社的客户是企业（B2B）模式。

环境（股东、客户） ⑤	需要（客户、股东、竞争对手） ②	环境 ⑦
● 企业+一般消费者 ● 企业 ● 国营（电电公社）	● 一般消费者 ● NTT（最大股东） ● 竞争对手：au、软银、第二类电信从业者	● ● ●
提供的价值（起源、主打商品） ④	与现状对比，并将当时影响企业的环境因素填入（可参考维基百科等）	提供的 ⑧
● 日本电报电话公司→NTT移动通信企划株式会社 ● 移动通信事业 （汽车电话、寻呼机）		● ● ●
要素、内容 ⑥	要素、内容 ③	要素、 ⑨
● 基站（3G） ● 号码资源（寻呼机等） ● i mode	● 基站（4G） ● 电话号码（智能手机） ● 数据通信（SIM） ● 实体店	● ●
过去（沿革、前身）	现在	

时间轴

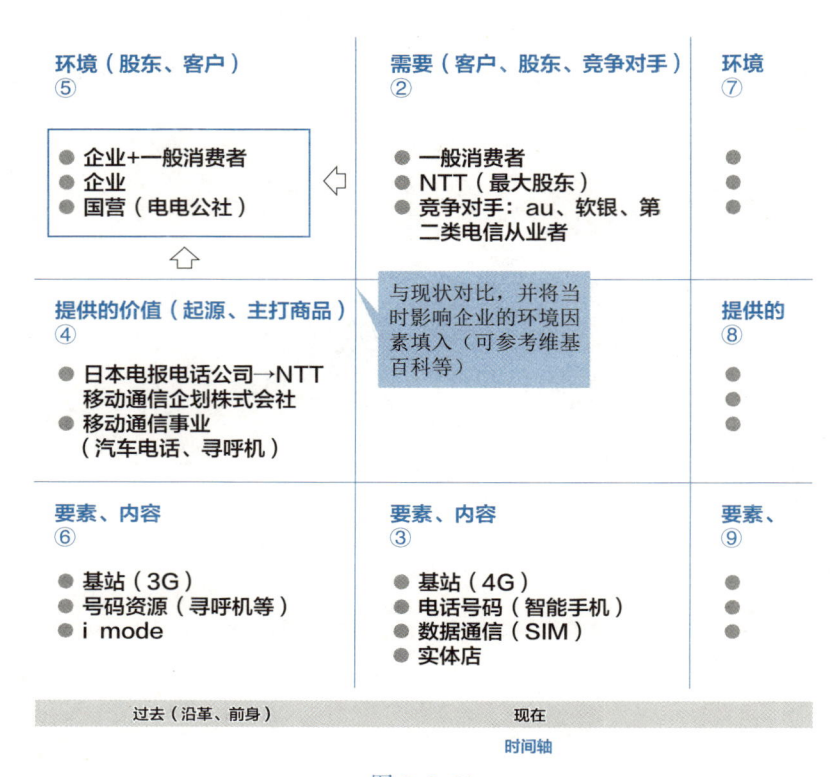

图 2-3-35

随着寻呼机的价格越来越亲民，一般消费者也买得起了。甚至有很多高中女生把寻呼机当作一种传送信息的工具，而不是联系的工具。

接下来填写最左列的下格（见图 2-3-36）。将支撑左列中间格价值实现的技术要素、企业活动等与中间列下格进行比较后，填入左列下格。

首先，当时 NTT DoCoMo 基站已经存在了，虽然只是第一代或第三代（3G）基站，带宽较小，但信号几乎覆盖日本全国，这正是其他竞争对手难以赶追的差异化重点。而且，虽然当时的号码被用于

环境（股东、客户）⑤	需要（客户、股东、竞争对手）②	环境⑦
● 企业 + 一般消费者 ● 企业 ● 国营（电电公社）	● 一般消费者 ● NTT（最大股东） ● 竞争对手：au、软银、第二类电信从业者	● ● ●
提供的价值（起源、主打商品）④	提供价值（主打商品）①	提供的⑧
● 日本电报电话公司→NTT 移动通信企划株式会社 ● 移动通信事业（汽车电话、寻呼机）	与现状对比，并将当时支撑企业实现价值的要素填入	● ● ●
要素、内容⑥	要素、内容③	要素、⑨
● 基站（3G） ● 号码资源（寻呼机等） ● i mode	● 基站（4G） ● 电话号码（智能手机） ● 数据通信（SIM） ● 实体店	可修改与过去对比的结果，或修改现在的内容
过去（沿革、前身）	现在	

时间轴

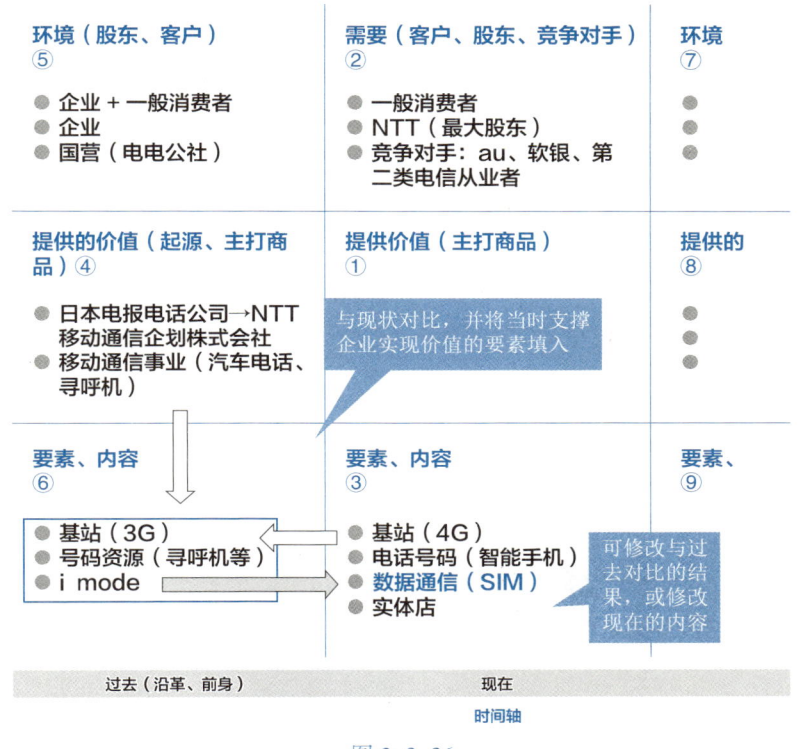

图 2-3-36

寻呼机，但号码资源也由 NTT DoCoMo 管理运营。最后，虽然当时其他竞争对手也有类似 DoCoMo 实体店的店面存在，但是 DoCoMo 移动电话的吸引力远胜于 DDI Pocket 及其他 PHS（小灵通）企业的主要原因在于，NTT DoCoMo 提供了日本最早可通过移动终端上网的"i mode"服务。因此，i mode 应填入最左列的下格。

将 i mode 填入下格后，想必大家就会发觉相邻右列（中间列）下格中的内容也可以再补充一下。过去的 i mode 其实就相当于现在的网络和浏览器，因此也可以在中间列的下格填入"网络"或"浏览器"。不过，支撑 NTT DoCoMo 实现价值提供的主要要素是数据通信，而实现数据通信服务功能的关键要素是 SIM 卡，这明显比网络或浏览器重要。

也就是说，NTT DoCoMo 的手机用户不是通过电话号码，而是通过 SIM 卡与 NTT DoCoMo 签约。因此，可将中列下格的"电话号码"这一要素改为"数据通信（SIM）"。

和传统的记笔记方式不同，将含有多种信息的 3×3 九宫格的内容进行对比，正是九宫格思维的精髓。

填完过去列的信息后，最后填写代表未来的最右列（见图 2-3-37）。最左列和中间列所填写的都是"事实记录"，而最右列表示未来，要写下未来尚未确定的事项。

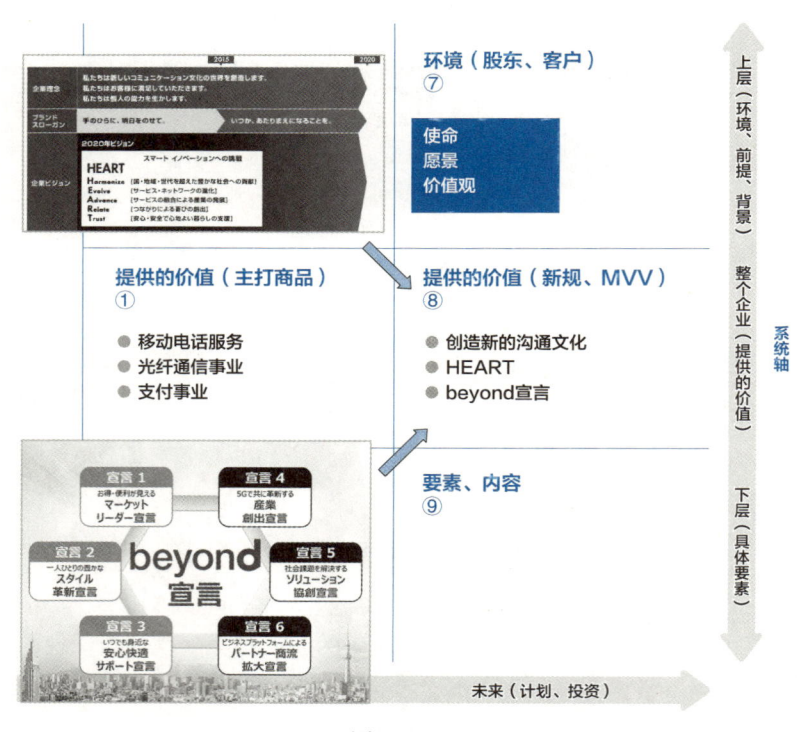

图 2-3-37

首先，在最右列的中间格填入未来可以提供的价值。企业将来到底能提供什么价值，我们可以从企业官网上的经营理念（MVV）中窥见一斑。

- mission（使命）
- vision（愿景）
- value（价值观）

如果企业官网上有上述几项具体内容，我们可以整理后填入相应位置。

我们可以从 NTT DoCoMo 官网上找到"企业理念、愿景"一栏。其企业理念可以用其中一句话体现——创造新的沟通文化！

关于愿景，NTT DoCoMo 用 harmonize（协调）、evolve（发展）、advance（提高）、relate（联系）、trust（信任）这五个英文单词的首字母组成的"HEART"来表示，也就是"追求智能创新"，因此需将此信息填入九宫格相应位置。

另外，企业在股东大会等场合发布的中期计划中的目标，也可作为"该企业将来可能提供的价值"的参考。NTT DoCoMo 官网上的中期计划中提到的"beyond（超越）宣言"就是最适合作为参考的。

在最右列上格填入"未来环境"

接下来填写代表未来的最右列（见图 2-3-38）。

前文提到过，最右列的内容皆为"预测"。例如，以股东为例，NTT 在资金方面应该不存在什么困难，目前也没有民营化的压力。由此可以预测"NTT 仍将是最大股东"，这个状态短期内不会发生变化。可以将此预测填入最右列上格。

需求（客户、股东、对手）
②
- 一般消费者
- NTT（最大股东）
- 竞争对手：au、软银、廉价 SIM

推测→

环境（股东、客户）
⑦
- NTT（最大股东）
- d point club 会员达 7800 万人
- 企业客户达到 5000 家

提供的价值（主打商品）

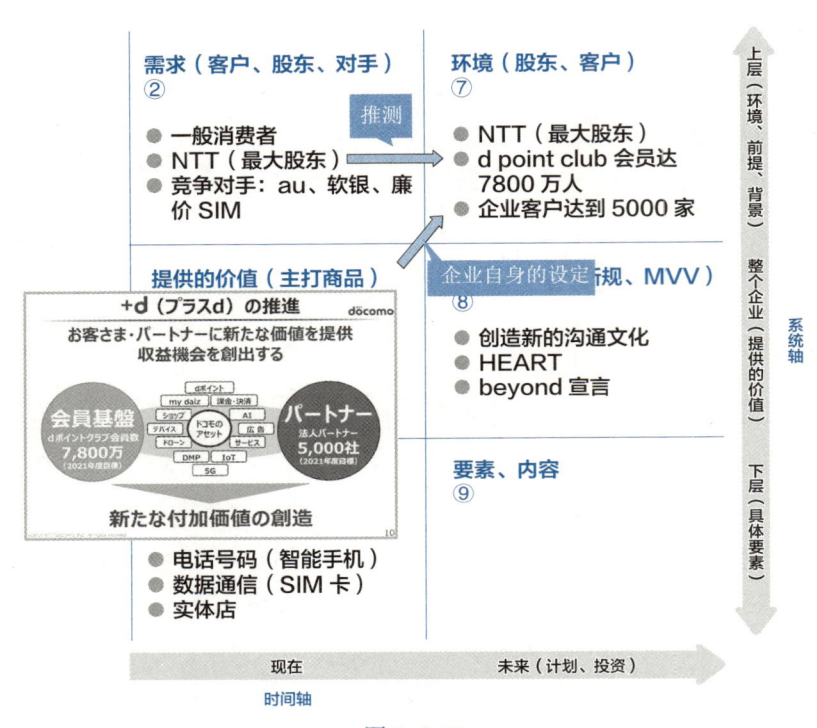

+d（プラスd）の推進
お客さま・パートナーに新たな価値を提供 収益機会を創出する
会員基盤 dポイントクラブ会員数 7,800万（2021年度目標）
パートナー 法人パートナー 5,000社（2021年度目標）
新たな付加価値の創造

企业自身的设定（法规、MVV）
⑧
- 创造新的沟通文化
- HEART
- beyond 宣言

要素、内容
⑨
- 电话号码（智能手机）
- 数据通信（SIM 卡）
- 实体店

现在 —— 未来（计划、投资）→
时间轴

上层（环境、前提、背景）整个企业（提供的价值）下层（具体要素） 系统轴

图 2-3-38

　　另外，在填写企业分析九宫格的最右列时，可以跟填写中间列的"现在"一样参考公司简介，从中找到该企业未来的预定计划。比如，NTT DoCoMo 的公司简介中提到其 2021 年的目标是"d Point Club[①] 会员数量达 7800 万人"（即日本总人口数的六成以上）。先不管这个目标是否能实现，既然是企业自己公布的客户目标数，我们便可将此填入最右列上格。NTT DoCoMo 的另一目标是"企业客户达到 5000 家"，由此我们可以推断出 NTT DoCoMo 未来的经营模式最有可能是 B2B 模式。

---

① NTT DoCoMo 推出的会员积分服务软件。——编者注

在最右列下格填入"未来的要素"

我们可以根据中间列"过去业务的成绩、投资项目和投资金额"等信息，对其实现的可能性进行预测。

一般来说，过去业务的各个要素皆已形成某种体系，由此形成的技术也会继续使用和进一步发展。

还是以 NTT DoCoMo 为例，在其分析九宫格的下段，从左至右看，该公司一直进行基站的建设和维护，因此可以预测，NTT DoCoMo 进行 5G 基站基础设施建设的可能性很高。我感觉这个可能性至少比实现 2021 年 d point club 会员数达到 7800 万的可能性高得多。

而且，既然投入了大笔资金，那应该不是仅购入设施那么简单，它还需要培养相关技术人员学习操作以及构建业务流程等，让其成为能为公司创造收益，即产生价值的企业活动。NTT DoCoMo 在官网的公司简介中也提到未来在 5G 基站建设方面将投资 1 万亿日元左右，因此可以推测这将成为 NTT DoCoMo 未来的主要业务。

虽然用户与 NTT DoCoMo 的契约关系实现了从电话号码到 SIM 卡的转变，但两者同属"个人专属的通信工具"。电话号码以前是以家庭为单位使用，或是企业某部门或某科室共有的通信基础。现在智能手机里的 SIM 卡则是以个人为单位。由此可看出，电话号码的服务对象在逐渐缩小。

结合当下飞速发展的科技水平，我们可以做出如下预测：将来会出现比 SIM 卡还小的可穿戴设备，而 IoT（internet of things，物联网）技术等将成为支撑企业活动的重要因素。

此外，最右列的中间格提到了 NTT DoCoMo 未来将越来越重视企业客户，企业笔记中还提到了支付服务是其目前的主要业务（提供的价值）之一。因此我们可以推测，NTT DoCoMo 将来或许会投入

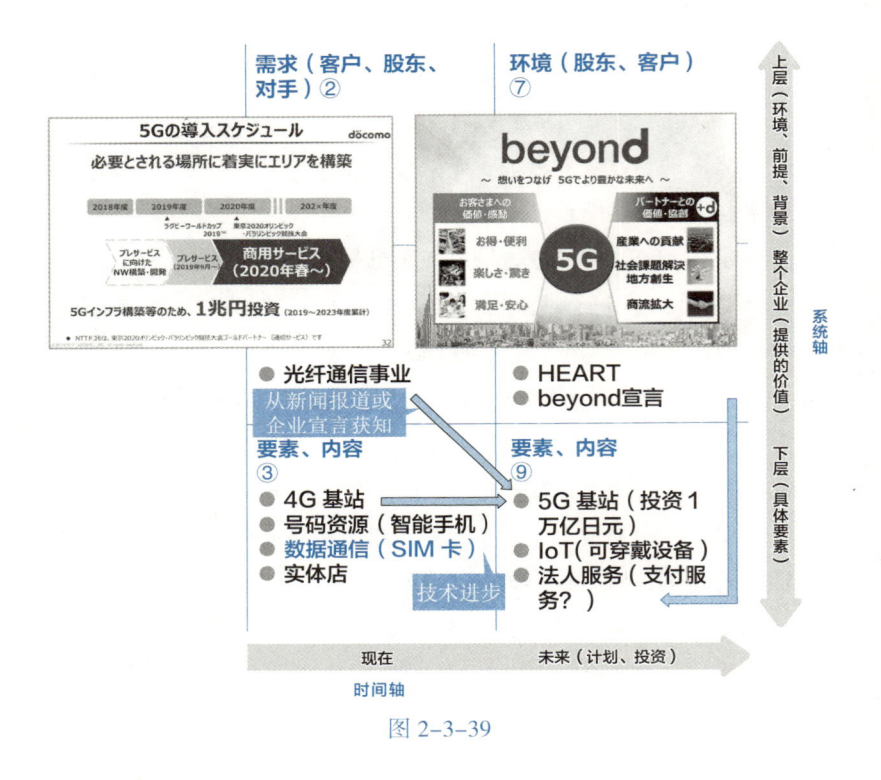

大量精力发展针对企业的（支付？）业务服务（见图 2-3-39）。

图 2-3-39

至此，企业分析九宫格已全部填满。填写的顺序是中间列→最左列→最右列，但在说明时是依照时间顺序，即从左至右进行。

接下来还是以 NTT DoCoMo 为例对企业分析做进一步说明和练习。

企业分析的整体框架

NTT DoCoMo 是原日本电报电话公司移动通信事业部的子公司，而日本电报电话公司就是 NTT 的前身。所以，NTT DoCoMo 的主要股东是电电公社，也就是日本政府。NTT DoCoMo 创立初期最畅销的商品是寻呼机（BB 机），当时的主要客户是企业，但随着寻呼机价格的亲民化，一般消费者也能用上寻呼机，当时日本许多女高中生喜欢将寻呼机上显示的数字当作短信互相传送。后来，NTT DoCoMo 凭借在手机上附加具有上网功能的 i mode，拉开了与其他竞争对手的距离（上述信息都是九宫格最左列的内容）。

接下来是中间列的内容。

众所周知，NTT DoCoMo 是 NTT 的子公司，截至 2019 年，NTT 持有 NTT DoCoMo 一半以上的股份。

NTT DoCoMo 的主要业务是移动电话服务、光纤通信事业，以及针对企业的支付服务等。基站已由 3G 发展为 4G。移动通信方面，通信服务的利用量超过了语音通话服务。NTT DoCoMo 主要通过实体店向客户销售 SIM 卡并收取月租费盈利。竞争对手主要是 au、软银，最近又多了经营低价 SIM 卡的电信企业。

最后填写最右列。

NTT DoCoMo 公布的未来可提供的价值如下：

- 创造新的沟通文化；
- HEART；
- beyond 宣言。

目前，NTT DoCoMo 除了在 5G 基站方面投资了 1 万亿日元，在 IoT 方面也进行了投资，这应该是因为 NTT 未来仍将是其最大的股东（事实上，2020 年 12 月，NTT DoCoMo 已经成了 NTT 的全资子公司）。

NTT DoCoMo 的目标是将企业客户增加至 5000 家、d point club 会员人数达到 7800 万。因此，NTT DoCoMo 应该是想利用自己在移动通信领域（与众多企业合作过）的优势，与竞争对手展开竞争。

环境（股东、客户）⑤	环境（客户、股东、对手）②	环境（股东、客户）⑦	上层（环境、前提、背景）
● 企业＋一般消费者 ● 企业 ● 国营（电电公社）	● 一般消费者 ● NTT（最大股东） ● 竞争对手：au、软银、廉价SIM卡提供者	● NTT（最大股东） ● d point club 会员达7800万人 ● 企业客户达到5000家	
提供的价值（起源、主打商品）④	提供的价值（主打商品）①	提供的价值（新规、MVV）⑧	整个企业（提供的价值）
● 日本电报电话公司→NTT移动通信企划株式会社 ● 移动通信事业（汽车电话、寻呼机）	● 移动电话服务 ● 光纤通信事业 ● 支付事业	● 创造新的沟通文化 ● HEART ● beyond宣言	系统轴
要素、内容⑥	要素、内容③	要素、内容⑨	下层（具体要素）
● 3G基站 ● 号码资源（寻呼机等） ● i mode	● 4G基站 ● 号码资源（智能手机） ● 数据通信（SIM卡） ● 实体店	● 5G基站（投资约1万亿日元） ● IoT(可穿戴设备) ● 法人服务（支付服务？）	
过去（沿革、前身）	现在	未来（计划、投资）	

时间轴

图 2-3-40　企业分析九宫格（以 NTT DoCoMo 为例）

从系统轴的角度看企业分析

接下来逐列确认。

利用九宫格思考时，其上段对应的是"比分析对象更大的空间和系统"。在商务领域，这就相当于股东、客户及企业的竞争对手等，即企业所处的环境。中段对应的是"分析对象本身"，应用在企业上，就是企业提供的价值，可从该企业的 MVV 中获取相关信息后再确定范围大小。下段应填入"比分析对象更小的空间"，这是使中间格的内容实现的主要要素。

由此,大家应该能感受到,在统一了范畴的情况下,对企业的过去、现在及未来进行整理更为简单了。

练习 制作自己专属的企业分析九宫格

练习问题

请选择一家自己感兴趣的企业,仿照前文分析 NTT DoCoMo 的方法,制作一份属于自己的企业分析九宫格(见图 2-3-41)。制作要点如下。

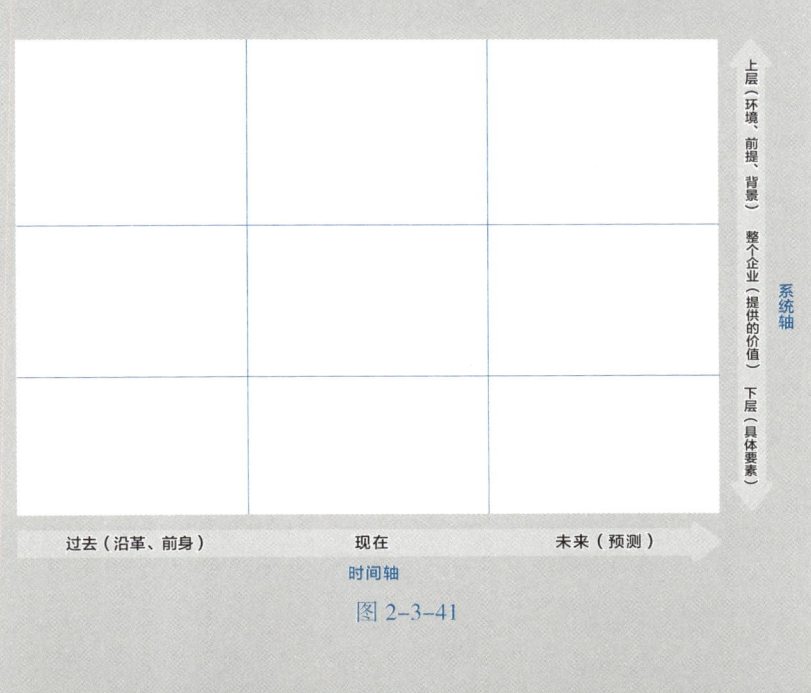

			上层(环境、前提、背景)
			整个企业(提供的价值)
			下层(具体要素)

系统轴

过去(沿革、前身)   现在   未来(预测)

时间轴

图 2-3-41

(1)首先按照标签填写中间列(企业的现状)。对于此项,通

第二部分 掌握九宫格思维   197

常企业官网所公开的 IR 资料中都有较详细的介绍。

（2）与中间列对照，将信息填入最左列（企业的过去）。企业初创期的信息等可从企业官网的"历史沿革"中获得，也可根据上面登载的商品名称等从其他网站搜索补充。

（3）最后填写最右列（企业的未来）。请综合最左列→中间列的信息进行预测后填写（尤其是最右列上格），和步骤（1）一样，可参考 IR 信息。中间格填写企业的理念或使命。如有高额投资计划，可以将投资信息填在下格。

后文中有东京大学学生实际制作的九宫格（见图 2-3-42），如果大家还没有完全掌握要领，可以参考一下。

为什么要在企业分析笔记中设置"环境"一栏呢？下面给大家介绍在制作企业分析九宫格时先思考"上层"的好处。

例如，×公司开会时，过去的主题多是如何抢占与公司客户群重叠的业界龙头 A 公司的市场占有率。现在发生了变化，会议主要讨论如何抢占客户群与自家公司不同的业界排名第二的 B 公司的市场占有率，公司领导的发言和过去相比也发生了微妙的变化，常出现前后矛盾的内容。假设你是该公司的营销人员，面对此种情景，你会怎么想呢？

"因为我们不是 A 公司的对手，所以将目标转向 B 公司？"

"公司是否打算转行？"

"领导的判断标准变了吗？"

这么一来，接下来应该将谁作为公司的竞争对手呢？继续紧盯 A 公司，还是将目光转向 B 公司？抑或还会出现新的对手 C 公司？

在对手不明确的情况下，即使想事先做点准备工作，也不知该从何下手，工作也就停滞不前。

这时，假如刚好有机会和领导喝一杯，你可以和领导轻松聊天，也许就能得知公司正计划和 A 公司合并。了解了这类"上层背景"

[分析对象：好菇道]

	过去（沿革、前身）	现在	未来（计划、投资）
环境、背景、前提	吃蘑菇的人	●重视健康的消费者	想减肥者
企业整体	蘑菇	药理效果研究	具有减肥效果的蘑菇
具体要素	提高养殖真菌的技术	●海外销路 ●新品种开发	提取蘑菇中有助于减肥成分的技术

[分析对象：任天堂]

	过去（沿革、前身）	现在	未来（计划、投资）
环境、背景、前提	一般消费者	●一般消费者 ●银行	确认是否有国外股东
企业整体	游戏、DS、任天堂、Wii	●游戏机 ●游戏软件	希望能发展游戏以外的产品
具体要素	剧情开发	●游戏软件 ●在线小程序（漫画、杂志）	确实需要程序设计及电路设计技术

[分析对象：史克威尔·艾尼克斯]

	过去（沿革、前身）	现在	未来（计划、投资）
环境、背景、前提	家用游戏	家用游戏	●家用游戏公司 ●游戏硬件的游戏
企业整体	游戏软件	游戏出版	无需硬件的游戏
具体要素	剧情开发	●游戏软件 ●在线小程序（漫画、杂志）	在线处理服务器

[分析对象：旭化成]

	过去（沿革、前身）	现在	未来（计划、投资）
环境、背景、前提	●一般家庭 ●企业	●一般家庭 ●企业	●企业 ●国家
企业整体	●日本氮素肥料→旭绢织株式会社 ●Saran Wrap、Ziploc 保鲜膜（袋）	●材料（烧碱等） ●住宅（Hebel House） ●保健（骨质疏松症药物）	●发挥多样性，发展新事业 ●海外知识产权战略 ●防止舞弊的措施
具体要素	野口遵在日本宫崎市延冈区日本首次以卡萨里工艺合成氨	●遵守法规 ●尊重成员个性 ●与社会共生 ●推进责任照护	●约901亿日元的研究开发费 ●产学官联合

图 2-3-42

> 后，你就知道领导的态度一直没变，而自己在短期内应该将竞争目标锁定为 B 公司。
>
> 这个例子说明，只有了解了"上层"的意思，视野才能变得开阔，思路才能变得清晰。大家是否有过这样的经历呢？
>
> 如果想通过分析企业预测企业的未来，那么必须了解企业所处的整个环境。

空间九宫格、系统九宫格

保险的结构和天气预报

至此，我们已经通过不同模式见识了"横向三宫格"×"纵向三宫格"所产生的效果。

上述方法的共同特征是，通过了解自己所处的环境（超系统）对未来进行预测，最后考虑具体的解决方案。正如第 2 章所述，纵向三宫格中的上格表示比中间格更大的空间，下格表示比中间格更小的空间。

世上的保险有很多种，如人身保险、损害保险、火灾保险等，其实所有保险的基本原理都是一样的：每个人的人生中都可能遇到无法预测的事件，如交通事故或重大疾病等，但是只要有足够多的人参保，保险公司就可据此进行预测。如此，保险公司就能在预测的基础上设定合理的保费，实现稳定运营。

其实，"让更多人参保"与"设定一个更大空间"也有个共同点，就是"尽量包含更多的要素"。而空间越大，对于个人力量无法改变的大环境的预测就更容易。

例如，如果将整个地球看作"最大的空间"，那么"地球每24小时自转一圈"就是一个不变的事实。以某个地点为研究对象，这个地点会有从东南西北各个方向吹来的风，但如果以日本为研究对象，在地球上空俯瞰日本所处的位置，会发现这个纬度吹得永远都是从西往东的"西风"。

由此可知，设定的空间越大，预测就越准确。其中最典型的例子就是天气预报。

对某天的天气进行预测时，"一两年前的今天是晴天还是雨天"顶多只是个参考，据此进行的预测只能说比胡乱猜测准一点点。

现在的天气预报都是气象站观测某地区上空的状况，如高气压、低气压（台风）的位置，并进行分析，再进行预报。

某地是否会下雨，还与该地所处位置，如位于山区还是平原等有关，但低气压及其锋线会对天气带来何种影响等，则是可以进行预测的。

我们第二天的行动范围（中间格）取决于当天的天气情况（尤其是降雨概率），而第二天的天气情况，我们可以从天气预报中获知。

接下来，我们根据天气预报决定第二天出门是否带伞（影响自身1米左右的"小空间"），见图2-3-43。

高气压	锋线接近	低气压经过	大空间
晴 ☀	阴 ☁	雨 ☂	对象空间 系统轴
降水概率0%	降水概率20%	降水概率80%	小空间
不用带伞	不用带伞	需带伞	
过去（早上）	现在（中午）	未来（夜晚）	

时间轴

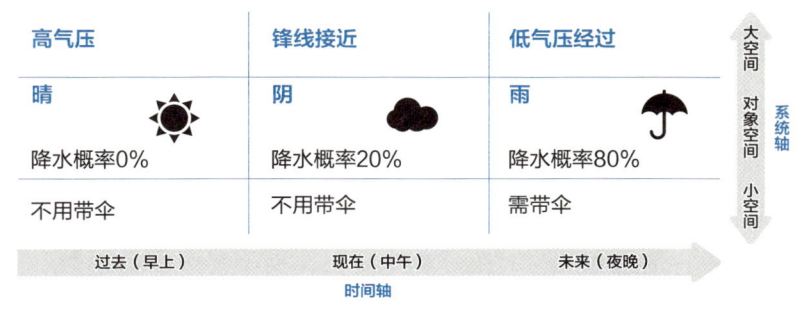

图2-3-43　天气预报九宫格

预测未来九宫格

九宫格思维的真正价值

在介绍完第 3 章后,现在可以让大家体会九宫格思维的真正价值了。

在预测未来时,九宫格思维最能显示其价值。现在在搜索引擎上输入"九宫格思维",搜索结果几乎都与"用九宫格思维预测未来"相关。我相信,用九宫格思维预测未来,以后会越来越受重视。

通过辅助线对非线性变化进行预测

世上万物的变化,多数情况下只与前一年相差 5% 左右,这意味着基本可以通过直线图来进行预测(线性变化)。

如图 2-3-44 所示,我们只需了解其中的两个点,就能大致预测出下一个变化(此处大致为②)。

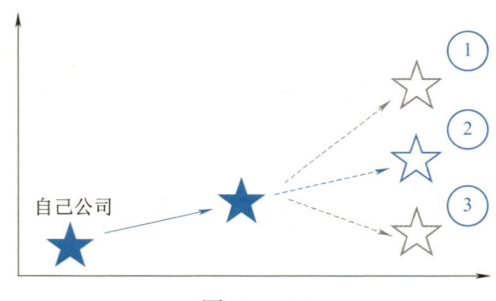

图 2-3-44

但是，世上还存在很多无法用直线图进行预测的现象（指数变化），如计算机领域的摩尔定律（即集成电路上可以容纳的晶体管数在每 18~24 个月便会增加一倍），以及新冠疫情初期"每周新增感染人数成倍增加"等。近年来梅雨季节的暴雨成灾，也是其中一例。

面对这种情况，传统的直线图预测法已经不适用。因此，我们必须给它加上辅助线。

加上辅助线后，虽然我们无法掌握分析对象（系统）的范围变化，但是超系统和子系统的变化预测起来比较容易。

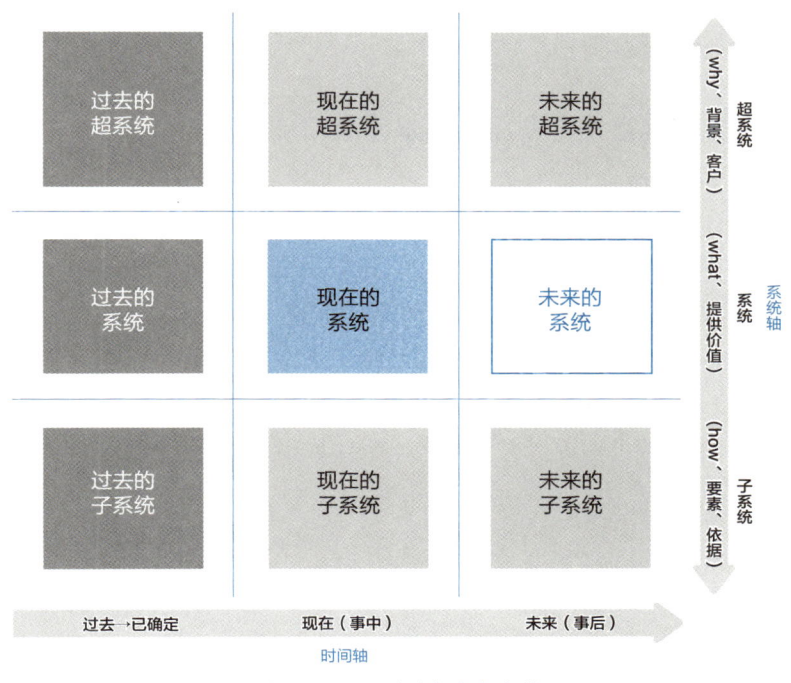

	过去的超系统	现在的超系统	未来的超系统	（why、背景、客户） 超系统
	过去的系统	现在的系统	未来的系统	（what、提供价值） 系统	系统轴
	过去的子系统	现在的子系统	未来的子系统	（how、要素、依据） 子系统

过去→已确定　　现在（事中）　　未来（事后）
时间轴

图 2-3-45　预测未来九宫格

由于超系统的影响范围太大无法被掌控，因此大致可以通过从过去到现在的延长线进行预测。例如，对日本人口变化进行预测时，基本可以确定日本的人口总数呈逐年下降趋势，而且老龄人口越来越多。

子系统由于影响范围小，所以会一直保持"追求更高理想"的状态。所谓"追求更高理想"，就是如果目标越小越好就以0为目标，追求更小；如果大一些会更好就不断变大。

以手机为例，零部件当然是越小越好，而屏幕（可视范围）则是越大越好。同理，电视屏幕越来越大，并朝着与VR技术结合的方向发展。

上述发展趋势原则上不会发生改变，所以可以预测，将来零部件会越来越小，而屏幕会越来越大，并且影像会更加真实。

预测未来九宫格中最重要的是调查和预测

那么我们应该如何用九宫格预测未来呢？

方法主要有两种，调查和预测，但我建议大家两种方法同时使用。

与超系统相关的因素太多，所以对其进行预测时，得到准确结果会很难。

幸好，很多政府机构和民间研究机构都进行过同样的预测并公开了预测资料。所以，第一步就从搜集这些资料开始。

一般情况下，在分析超系统时，首先要掌握的信息就是"人口动态"。近年来，想必大家也看到了不少关于年金制度的破产危机，以及现今的医疗保险制度能否持续下去等不少与社会保障制度相关的新闻报道。

20世纪中叶，日本的人口结构仍呈完美的金字塔形，随着战后团块世代[①]年龄的增长，加上人口死亡率降低、少子化日益严重

---

① 团块世代指二战后日本出现的第一次婴儿潮人口。——译者注

等情况出现，完美金字塔形人口结构变成了"中宽形"。

这种情况若发展下去，2025 年以后，团块世代的人即将进入"后期高龄者"[①] 行列，日本的人口结构图也就慢慢变成壶形。

从古至今人口一直处于从少到多增加的状态，而现在日本的人口将以"每年减少 1 个鸟取县总人口数"[②] 的规模逐年递减。这样的"超系统"是日本即将面临的前所未有的严峻现实，虽然与事实会存在细节上的细微差异，但这个大趋势应该不会有变化。

特定行业的专业分析报告大部分是收费的，但如果是真正有助于自己公司的，公司的策划部门应该会花钱购买。一般的报告，大多数情况下是免费公开的。

对未来进行预测时，使用的方法和我们前文做过的练习一样，就是最右列（未来预测）是最左列（过去）和中间列（现状）的延长（也可说是外插列）。这时，采用 PEST 分析法（宏观环境分析法）是最合适的。

子系统中的技术要素信息，可以从各自所属行业的报告获得，或者通过产品九宫格或发明九宫格分析获得。

另外，九宫格的系列工具中，有一种叫"TRIZ-prediction"（预测九宫格），其中的"发明的进化过程"就是将上述"追求更高理想"进行更具体化的表述，这在对未来进行预测时非常值得参考。

填写预测未来九宫格

原则上，预测未来九宫格的填写方法也和上文一样，按照最左列→中间列→最右列的顺序填写。本节我还将介绍利用九宫格进行

[①] 后期高龄者指 75 岁以上的人。——编者注
[②] 截至 2022 年 10 月，鸟取县的总人口数约 54.3 万人。——译者注

"兼具独创性和易于传达的自我介绍"的重要性。

● 最左列是过去的信息

20世纪，价值的体现方式主要是实体产品。由于当时网络还未普及，消费者不能像现在这样很容易看到商品，只能根据过去对商品品牌的信任（品牌形象）和商品价格来决定是否购买。

在供需曲线及"made in Japan"（日本制造）品牌形象的基础上，市场上曾流行过一种共识，就是"最受欢迎的产品，质量自然最好，但价格也最高"。当时，发展中国家还做不到稳定生产大量的高质量产品，所以日本制造一时风头无两。

● 中间列是现在的信息，思考从过去到现在发生了什么改变

进入21世纪后，IT产业成了主角，价值的体现方式从实体产品转向数字产品（程序等）。

随着"谷歌搜索引擎 + 广告"商业模式的出现，很多程序因为加入了广告，基本可以允许用户免费使用。

根据IT产业的性质，一般来说，当时所投放的产品并不一定最完美，而是在使用过程中不断优化或更新。另外，由于IT从业者大量增加，因此在使用过程中，反馈的错误越多，越能使产品更好。

因此就出现了"最受欢迎的产品，销量最好，也最便宜（甚至免费）"的状况。

这方面做得最好的就是谷歌、苹果、脸书、亚马逊四家公司。尤其是谷歌和脸书，不仅免费让用户使用，还拥有丰富的内容，而且还在不断地尝试提供各种新型服务和不断改善UI（界面设计）。

其实在网络普及之前，扮演上述角色的是电视节目。电视节目在单位时间内所能提供的信息量比纸质书和收音机多得多，所以电视台可以通过电视广告收入制作出比图书和电台的内容丰富得多的内容。

● **最右列是对未来的预测**

即使是现在,谷歌搜索结果的第 2 页及之后与第 1 页相比,可以说几乎等同于不存在。

这样的情况并非暂时的,未来也会继续。再加上新冠疫情的影响,使用在线程序的用户越来越多,程序提供者也更容易收到反馈。

照此发展,未来很有可能变成这样的:只要成为业界第一,那么周遭一切都会加入我们的阵营,成为自己人(相反地,第二名会被忽略)。就如在 ICT 和 AI 领域一样,成功的关键,就是让自己的独创性和独特创意成为大家认可的第一名。

当然,在体育界或学术界等成为第一名,大家自然心服口服,因为它们的价值很容易理解。那毕竟是千军万马过独木桥,胜负成败一目了然。

因此当务之急是在一个还没被太多人发现价值的领域(其实非常有价值)找到其价值并争创第一。

其实很多有远见的大学教授从很久以前就一直在努力落实这个想法——创立新的学会。这就导致新的学会不断出现,至今全日本已有超过 1 万个学会。

● **预测后采取行动**

如上,完成对未来的预测后,接下来该如何执行呢?

即使不像前述那样创立学会,每个人也都可以凭个人能力去争创第一。对我来说,运用 TRIZ 就是一种实践。其实在我之前,已经有很多用 TRIZ 解决问题的前辈,但我用身边熟悉的事例,简单明了地向大家讲述生活中的发明原理,从而成了这个行业的佼佼者。

另外,在撰写这本书时,我也抱着成为九宫格思维领域第一名的心态。因为我意识到,比起发明原理,九宫格思维的很多价值还未被太多人发现。

⑤ 过去的环境信息	① 现在的环境信息	⑨ 预测未来的环境	超系统
④ 分析对象的过去状态	② 分析对象的现状	⑧ 分析对象的未来 ⑨反复分析	系统轴 / 系统
⑥ 分析对象过去的具体要素	③ 分析对象现在的具体要素	⑦ 分析对象未来的具体要素	子系统

过去（事前） 现在（事中） 未来（事后）
时间轴

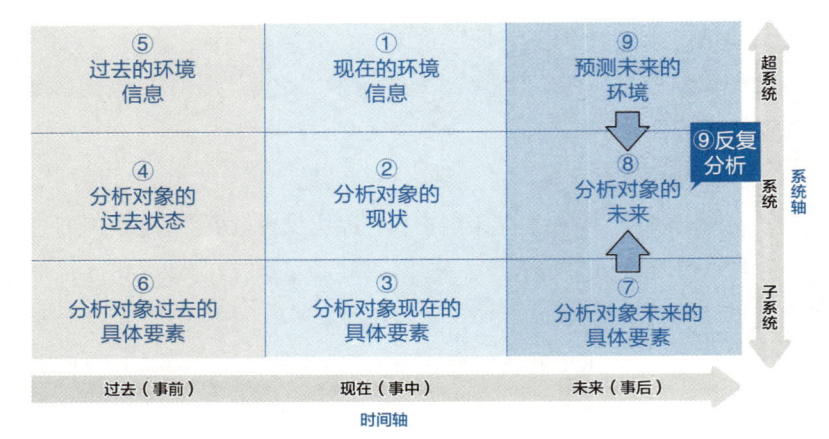

图 2-3-46　预测未来九宫格

20世纪的环境 ● 实体产品=复制、流通成本高 ● 产品=完美的产品，掌握生产技术需要很长时间 ● 扩大知名度需要大量资金→品牌是消费者的判断标准	**21世纪的环境** ● 数字化=复制、流通成本低 ● 产品=不完美产品、可更新，使用→积累经验→更好 ● 最受欢迎产品上附加广告	**未来环境的变化** ● 通过AI提供无限的资源 ● 疫情下产品的使用回馈增多 ● 越受欢迎的产品合作伙伴越多	超系统
传统 最受欢迎的产品质量最好，价格也最高	**现状** 最受欢迎的产品质量最好，价格最便宜（甚至免费）	**提案** ● 只要成为第一名，身边全是合作伙伴 ● 人们对第二名不屑一顾	系统轴 / 系统
构成要素 ● 需求-供给曲线 ● 制造实体产品 ● 例："日本制造"品牌	**构成要素** ● 发端于电视节目 ● 信息量：图书＜电台＜电视→时间单位的信息量 ● 例：谷歌、苹果、脸书、亚马逊	**构成要素** ● 独创性、独特创意 ● 运用ICT、AI+争创第一名的战略 ● 例：××学会、TRIZ	子系统

过去（事前） 现在（事中） 未来（事后）
时间轴

图 2-3-47　预测未来九宫格

希望大家能在"30 秒自我介绍九宫格"的基础上加上 why 和 how 进行练习，尽快熟悉和掌握九宫格思维的精髓，创造出一个富有价值的新领域并成为该领域的第一名。

自我介绍九宫格

30 秒内给人留下深刻印象

下面学习如何通过自我介绍九宫格完成一次令人印象深刻的自我介绍。

第 1 章中，我们通过"成就→赠予→目标"横向三宫格学习了如何做一次 30 秒的自我介绍。

现在，我们可以轻易地在网上认识很多人，所以如果你的自我介绍无法让对方"想进一步搜索信息、更加了解你"，你们今后可能就不会再有交集。为此，我们必须做一个既能显示独特个性，又能简洁明了地向对方传达重要信息的自我介绍。

如何做到与他人有所区别，且让对方容易记住你？这就要求你的自我介绍必须有特色，换言之就是要有独创性。同时，为了让更多人立刻理解和接受你的自我介绍内容，你在表达时也要言简意赅。

要想做到既有独创性，又表达得言简意赅，需要一些技巧。

这就是九宫格发挥作用的时候了。

如果能将第 1 章的"成就→赠予→目标"和第 2 章的"why/what/how"结合，就有可能做出兼具独创性和易于传达两方面特性的自我介绍。

另外，自我介绍九宫格的每一列几乎都可以单独拿出来用，因此，对于已经熟悉逻辑三宫格的人来说，这非常适合用来练习和巩固 3×3 九宫格。

希望大家能通过本小节的学习，知道如何做一次 30 秒左右、令人印象深刻的自我介绍，让自己和对方都有一段愉悦的时光。

设定一个能高效传达的"目标"

30 秒自我介绍的成就、赠予、目标中，最重要的就是目标。

所谓自我介绍，就是与对方分享信息。自我介绍时，能否向对方明确传达"我想要得到什么样的信息"，决定了后续时间是否有价值。

所以，向对方进行自我介绍时，最重要的是向对方明确表达自己的目标。因此，在填写自我介绍九宫格时，请按与自我介绍相反的顺序，从最右列的目标开始填写：目标→赠予→成就（见图 2-3-48）。

why成就	why赠予	why 目标 （想看见谁的笑容） 所有技术人员及 日本的下一代	why
what成就	what赠予	what 目标 以彼此喜欢的方式分享 解决问题的方法	what
how成就	how赠予	how 目标（为实现 目标而收集的要素） ● 一起行动的伙伴 ● 更多活动机会 ● 定期学习制度	how
成就	赠予	目标	

图 2-3-48

首先，请将"今后的目标"填入最右列的中间格。最好写上最想从对方身上获取的信息或建议。所谓旁观者清，自己最想得到什么，有时别人比自己更清楚。以我为例，自我介绍时我的目标是"以彼此都喜欢的方式分享解决问题的方法"。

接下来，在该列上格的"目标"中，填入设立此目标的理由（why）。如果实在无法立刻想出理由，可以先想想"达成目标时最高兴的人是谁"，并将这些信息填入。我填写的就是"所有技术人员及日本的下一代"。

最后，在该列下格"目标"中填入为了实现目标而付出的努力（how），以及努力收集的要素。这样目标会变得更加具体。

图 2-3-48 是我所填的三个要素。

填入上述信息后，请再次回顾上、中、下三格所填内容，并尽量用 40 个字描述未来的目标。因为 40 个字是人类一眼能看完的文字数的极限，看完需 10 秒左右。我将内容整理如下：

> 打造常态性学习空间，轻松分享解决问题的方法，并以下一代乐于接受的方式传承下去。

加入"下一代"和"学习方式"等要素，在凸现独创性的同时，也达到了易于传达的目的。

关于这一点，大家只要看了以下几个例子便会明白了。另外，介绍时只要有意识地加上"why"（设定目标的理由）和"how"（实现目标的具体方法），就更容易向对方传达。以下是听了我"30秒自我介绍"讲座的学员们所写的自我介绍例子：

- 为了让更多人更加幸福，我想就"设置日常生活中声音环境"的价值进行更深入的研究。

- <u>我想继续学英文，还想学另一门外语</u>。这样既可以不会对外语感到厌烦，将来还可以教给孩子们。如果各位有推荐的有趣的外语，请一定告诉我。
- 为了制作出让玩家觉得有趣的游戏，我想<u>成为监制游戏画面的艺术总监</u>。

重视"赠予"

关于"赠予"，也可以用 why 和 how 进行说明（见图 2-3-49）。这样更容易使人理解。

why成就	why赠予 很多人虽想提高创造性，但认为自己能力不够，或没机会也没时间学习	why 目标 （想看见谁的笑容） 所有技术人员及日本的下一代	why
what成就	what赠予 教别人如何提升创造力	what目标 以彼此喜欢的方式分享解决问题的方法	what
how成就	how赠予 ● 发现折中方案 ● 从专利中找到发明的共同要素 ● 观察身边的发明	how 目标（为实现目标而收集的要素） ● 一起行动的伙伴 ● 更多活动机会 ● 定期学习制度	how
成就	赠予	目标	

图 2-3-49

填写方法同上，先在中间格填入自己能赠予的内容（我写的是"教别人如何提升创造力"）。

接下来在上格填入"（这些赠予的内容）为什么有价值？"（我

写的是"很多人虽想提高创造性,但认为自己能力不够,或没机会也没时间学习")。

最后,在下格填入具体如何做(how)才能达到赠予的目的。将这些内容整理为约 40 字的一段话就是:任何年龄、任何学历背景的人,都可以通过观察身边的发明提升自己的创造力。

另外,如果能整理出"why"(对方愿意接受赠予的前提和理由)以及"how"(赠予的具体方法),则更容易向对方传达赠予的内容。

- <u>我会画插图、修照片</u>。我也喜欢倾听,如果有人想要表达什么,<u>我可以通过图片等协助他表达</u>。
- 我不会英文,所以如果能和英文不太好的人一起学习,彼此都不会感到不安。
- 我很乐意活用自己在各领域的知识,<u>也可以跟游戏制作团队成员一起整理各自的创意,并将其以图画方式呈现</u>。

用 why 和 how 改进"成就"

最后,可以用同样的方式改进"成就"。

同上,先将"已经达成的事项"填入中间格。可以整理过去自己所做的事情,将能让对方由衷感叹"真棒!""做得好!"的成果或行动填入中间格。

如果能填入刚才已经写出的或在自我介绍时提到的好处,或与提供的价值相关的内容当然最好,但是,比起这些关联性,更应该重视是否能给听者留下更深印象。

接下来请填写下格,即在下格列举出支撑该成果或行动的要素。可以列出达成目标所必需的具体物品,也可以列出能够展现成果的数字(如下载次数:××次)、金额(××万日元)或排名等

(如在××中获得第一名)。

最后在上格填入实现这个目标的意义、当时的合作伙伴，以及营商环境等。

至此，相信大家已经发现了，成就越大，自己以外的因素就越多，也正是这些因素帮助我们达成了目标。对于这些因素，我的列举如图 2-3-50 所示。

	成就	赠予	目标	
why	**why成就** ● 暑期的亲子活动 ● 索尼、东京大学、日本科学馆	**why赠予** 很多人虽想提高创造性，但认为自己能力不够，或没机会也没时间学习	**why目标** （想看见谁的笑容） 所有技术人员及日本的下一代	why
what	**what成就** 在东京大学和日本科学馆，我利用磁石和铁球，教1000组以上的参与者观察身边的发明	**what赠予** 教别人如何提升创造力	**what目标** 以彼此喜欢的方式分享解决问题的方法	what
how	**how成就** ● 磁石、铁球、吸管 ● 10天共7场活动 ● 非对称性原理	**how赠予** ● 发现折中方案 ● 从专利中找到发明的共同要素 ● 观察身边的发明	**how目标**（为实现目标而收集的要素） ● 一起行动的伙伴 ● 更多活动机会 ● 定期学习制度	how

图 2-3-50

正如第 1 章中提到的，思考支撑价值实现的要素时，"第一名、资格、1000" 等要素更有助于我们思考。另外，通过考虑 why，我们能想起当时帮助过我们的人，也可以将这个信息补充进 "在哪里进行"。

接下来请参照上格和下格的内容，整理出一段 40 字左右的话并填在中间格。如果能在下格挑出一个让听者感受到你是第一名的具体数字，对方会更容易理解。

我的整理如下：

在东京大学和日本科学馆，我利用磁石和铁球教1000组以上的参与者观察身边的发明。

用自我介绍九宫格详细介绍自己

最后，我将前面所写的3段约40字的自我介绍，分别填入了自我介绍九宫格中段的三格。如果你事先准备有一份这样的自我介绍九宫格，当对方对你的介绍产生兴趣并找你攀谈时，你便可以更容易地将话题引向更有深度的内容。

why成就	why赠予	why 目标（想看见谁的笑容）
● 暑期的亲子活动 ● 索尼、东京大学、日本科学馆	很多人虽想提高创造性，但认为自己能力不够，或没机会也没时间学习	所有技术人员及日本的下一代
what成就	**what赠予**	**what目标**
在东京大学和日本科学馆，我利用磁石和铁球，教1000组以上的参与者观察身边的发明	教别人如何提升创造力	以彼此喜欢的方式分享解决问题的方法
how成就	**how赠予**	**how 目标**（为实现目标而收集的要素）
● 磁石、铁球、吸管 ● 10天共7场活动 ● 非对称性原理	● 发现折中方案 ● 从专利中找到发明的共同要素 ● 观察身边的发明	● 一起行动的伙伴 ● 更多活动机会 ● 定期学习制度

成就　　赠予　　目标
时间轴

（why、背景、顾客）超系统
（what、提供价值）系统
（how、要素、依据）子系统
系统轴

图 2-3-51　自我介绍九宫格

第二部分　掌握九宫格思维　　215

成功串联"成就→赠予→目标"的范例

第 1 章曾提到过传达的秘诀之一，就是尽量用"优胜、资格、100"的字眼来表述"成就"，这样的表述包含了 why（为什么那么厉害）和 how（具体做法是什么）等因素，因此可以给人留下深刻印象。

而且，如果以能给人强烈冲击感的成就作为开场白，便能增强"成就→赠予→目标"这个串联的说服力。请参考以下几个例子。

例 1：

（成就）我曾在"电话客服接听应对大赛"拿到过冠军。也因为这个缘故，我曾在 5 位学妹的婚礼上担任司仪，还担任了 3 年管乐队演奏会的司仪。

（赠予）担任管乐队演奏会司仪时，我能以幽默诙谐的方式介绍演奏曲目，活跃现场气氛。

（目标）我会持续进行发声训练，希望将来能成为优秀的主持人，给在场所有人带去开心和欢笑。

例 2：

（成就）我拥有二级建筑师资格，擅长绘画，从事游戏制作相关工作 3 年，现在是 3D 动画师。我具备两个领域的专业知识。

（赠予）我很乐意发挥自己在各领域的专长，跟游戏制作团队的伙伴一起整理各自的创意，并将这些创意以图画方式呈现出来。

（目标）我的目标是成为艺术总监，监制游戏画面的制作过程，制作出能让游戏玩家获得满足感的游戏。

例 3：

（成就）我喜欢跟许多人面对面玩桌游，这 10 年来至少玩了

100 款。

（赠予）无论对方有没有玩过桌游，我都可以配合他的喜好，向他推荐适合的游戏。

（目标）将来我打算举办一场许多人参加的桌游比赛，给玩家提供一个相互认识的机会，说不定会因此催生什么好玩的新创意呢。

例 4：

（成就）作为结婚戒指的回礼，妻子帮我付了健身房的费用，因此我每周运动两次且戒了碳水化合物，现在已成功减肥 18 千克。

（赠予）我可以免费教大家健身减肥的方法，以及某健身房的健康饮食菜单。

"成就→赠予→目标"正是"why → how → what"

其实，以上的"成就→赠予→目标"，本质就是 why → how → what。

这就是西蒙·斯涅克（Simon Sinek）所提倡的"感召领导力"的逻辑。

- 成就 = 这个人为什么值得信赖？（why）
- 赠予 = 如何发挥这个人的价值？（how）
- 目标 = 这个人想要成就什么价值？（what）

以上就是第 3 章所介绍的 7 种九宫格。学完后大家感觉如何呢？最后，让我们以以下的实践训练来结束第二部分的学习。

九宫格实践训练

通过企业分析思考未来职业生涯

我们还是以谷歌为例,用不同的九宫格对其进行分析研究。

情境设定与第 1 章相同,还是以打算入职(或跳槽)到谷歌公司的 A 先生为例。将前文学过的横向三宫格与纵向三宫格结合,并扩充为九宫格,我们就能从更宏观的视角对企业进行准确而具体的分析。

"历史→现状→将来"×"环境→企业→企业活动"企业九宫格

请事先准备一个企业分析九宫格。

首先,将第 1 章实践练习的内容填入九宫格中段,再把第 2 章练习的内容填入中间列。由此,九宫格中的 5 格便填满了。

我在搜索信息时发现,谷歌所申请的专利中,有很多是关于汽车导航的。因此我们可以判断,以自动驾驶为主轴的移动服务很可能成为谷歌的业务之一,于是可将此内容填入最右列的下格。

另外也可在此格中填入谷歌未来可能推出的服务。为此,我还特意为谷歌的投资计划里最有名的那个法则留出了空间。

大家可以根据自己的想法或参考搜索到的资料,完成九宫格的填写(见图 2-3-52)。

下面一起来思考如何填写。

⑥当时的环境	④当下的环境	⑨将来的环境
股东（创业者）： 竞争对手： 顾客：____用户	股东：Alphabet 竞争对手：(G)AFA 顾客：安卓用户等	股东：_____ 竞争对手：(G)AFA 顾客：+____用户
①企业的历史（沿革）	②企业的现状	③企业的将来（MVV）
建一个"能帮助用户找到最想看的网页"的搜索引擎网站	谷歌（母公司是Alphabet） 世界最大的广告企业	整合全球信息，供所有人使用
⑦当时的企业活动	⑤现在的企业活动	⑧将来的企业活动
● ● ●	● 以搜索为核心的系列服务 ● 数量庞大的服务器管理及节能措施 ● 收集全世界的信息	● 以自动驾驶为核心的移动服务 ● ____服务 ● ____法则

环境 / 企业 / 企业活动 —— 系统轴

历史　　现状　　将来　　时间轴

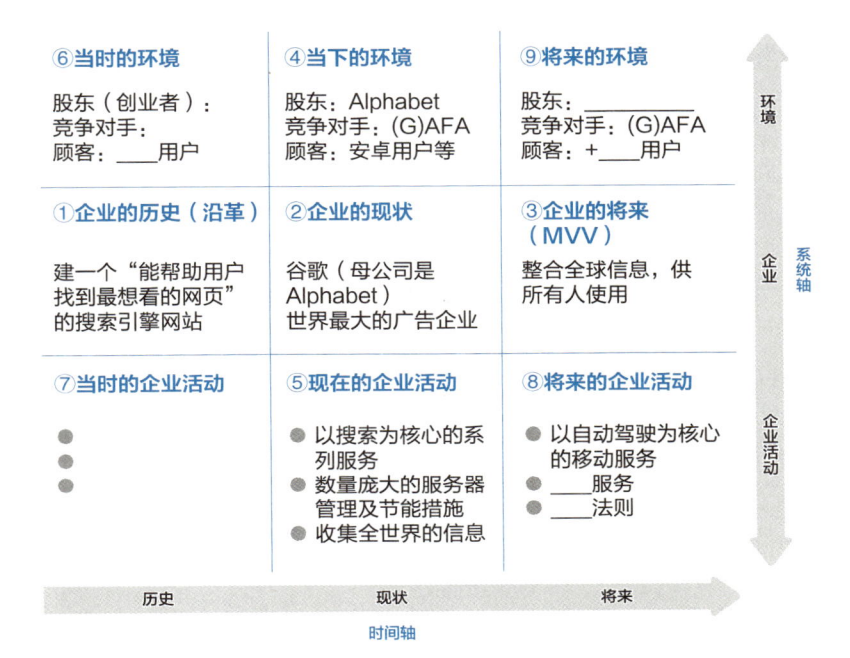

图 2-3-52　谷歌的分析九宫格

首先请大家注意，对于③中的"信息"，很多人会认为这只是网络上的"信息"，但并非如此。

请参照图 2-3-53，按顺序填满九宫格。

填完①~⑤后，比较容易填写的是⑥（当时的环境），内容可参考①和②，再填入与④相对的内容。由于当时的股东就是创始人，因此⑥中可填入两位创始人的名字：拉里·佩奇和谢尔盖·布林。当时的竞争对手主要有雅虎、Goo、Altavista 等搜索引擎公司，用户也和现在不一样，当时主要是个人计算机用户。

接着填写左下方⑦（当时的企业活动）。确定内容的方法同上，即参考①和②填入与⑤相对的内容，比如：搜索服务、网页排名效能的提升、数据采集技术（crawling）等。

⑥当时的环境	④当下的环境	⑨将来的环境
股东（创业者）：拉里·佩奇、谢尔盖·布林 竞争对手：雅虎、Goo、Altavista 顾客：个人计算机用户	股东：Alphabet 竞争对手：(G)AFA 顾客：安卓用户等	股东：Alphabet? 竞争对手：(G)AFA、BAT、汽车制造商 顾客：+汽车用户
①企业的历史（沿革）	②企业的现状	③企业的将来(MVV)
建一个"能帮助用户找到最想看的网页"的搜索引擎网站	谷歌（母公司是Alphabet） 世界上最大的广告企业	整合全球信息，供所有人使用
⑦当时的企业活动	⑤企业活动	⑧将来的企业活动
● 检索服务 ● 改进搜索引擎 ● 数据采集技术	● 以搜索为核心的系列服务 ● 数量庞大的服务器管理及节能措施 ● 收集全世界的信息	● 以自动驾驶为核心的移动服务 ● 节能服务 ● 20%法则

历史　　　现状　　　将来
时间轴

图 2-3-53　谷歌的企业九宫格

如果分析对象是一家像谷歌一样提供网络服务的公司，列举其中三点时，建议大家着眼于"输入、处理、输出"这三个方面，这样便能均衡地挑出各种要素。如果你是网站设计人员，那么可以采用 MVC 模式 [模型（model）、视图（view）、控制器（controller）] 选取要素。

对比刚填写完的⑦和⑤，同时参考①和③，在右下角填入⑧（将来的企业活动）。此时，我脑中浮现的是（从专利信息获知的）以自动驾驶为核心的移动服务（MaaS，出行即服务）。考虑到 2030 年后电动汽车将成为汽车市场的主流，将来谷歌可将现在用于服务器的节能技术推广到电动汽车及其他设备上，以提高能源使用效率。因此我在此格中填入了"节能服务"。

正如大家所知，谷歌公司著名的20%原则沿用至今，因此可以预测将来还会继续采用，故而这也是⑧（将来的企业活动）的内容之一。

同上，参考⑥→④，可得知谷歌的最大股东应该还是Alphabet。竞争对手除了传统的（G）AFA，中国的百度、阿里巴巴、腾讯近年也发展迅速，将来很有可能成为强劲的竞争对手。另外，根据前文⑧的预测，汽车制造商将来可能成为谷歌的合作伙伴，也有可能成为竞争对手。顾客有可能转变为汽车用户，并成为谷歌最大的顾客群。

按上述方法填完九宫格后，大家有什么感想呢？是否感觉到比起简单的横向三宫格，每一段信息所涉及的范畴都得到了统一，而且，将信息按时间顺序分别进行整理，谷歌的历史、现状和将来，以及其所处环境和企业活动就能一目了然，更容易把握呢？

另外，对于③中的信息，刚看时总觉得是随便从网上找来的冷冰冰的信息，但在加入了"汽车"这一元素后，感觉又回到了"真实世界"（⑩）。

从③（企业的将来）的角度来分析谷歌，和以⑩为前提来思考谷歌，所接收到的信息也是不一样的，在求职中哪种方式更有帮助自不必言。

以上仅为我的填写示例之一，大家的答案不一定和我写的一样，只要能清楚明了地传达给他人，就是正确答案。

例如，关于⑧（未来的企业活动），也可以以谷歌文档和谷歌图书等业务为例，预测出谷歌未来的主要获益来源可能是"数据化服务"。

大家可以以自己的方式自由发挥创意，制作出独特的谷歌企业九宫格或其他企业的九宫格。

"之前→之后→推测"×"使用者→发明→发明要素"
观察·发明九宫格

还是请大家假设自己是打算跳槽到谷歌公司的 A 先生，然后从更小的范围来分析谷歌。

谷歌是一家以技术为立身之本的公司，求职者如果能从技术的角度对其进行分析，想必在面试时能获得更高的印象分。不仅是谷歌，对大多数企业来说，目前最需要但却最欠缺的，就是富有创造力的员工。

这时，借助观察·发明九宫格是最有效的。

下面，让我们将第 2 章的"使用者→发明→发明要素"纵向三宫格设为九宫格中间列，并由此开始进行分析（见图 2-3-54）。顺

⑦之前的使用者	①之后的使用者 想通过关键词查找到相关知识的人	⑧推测的使用者	使用者
④之前的发明 谷歌原型 （无格式纯文本）	②之后的发明 谷歌搜索结果界面 （运用非对称和分割技术）	⑤推测的发明 谷歌新搜索结果界面 （进一步运用非对称和分割技术）	发明　系统轴
⑥之前的发明要素 ● ● ●	③之后的发明要素 ● 分类（网页、图片、视频） ● 用字号大小和颜色进行区分 ● 局部强调（粗体字或缩略图）	⑨推测的发明要素 ● ● ●	发明要素

之前　　　　之后　　　　推测　→
时间轴

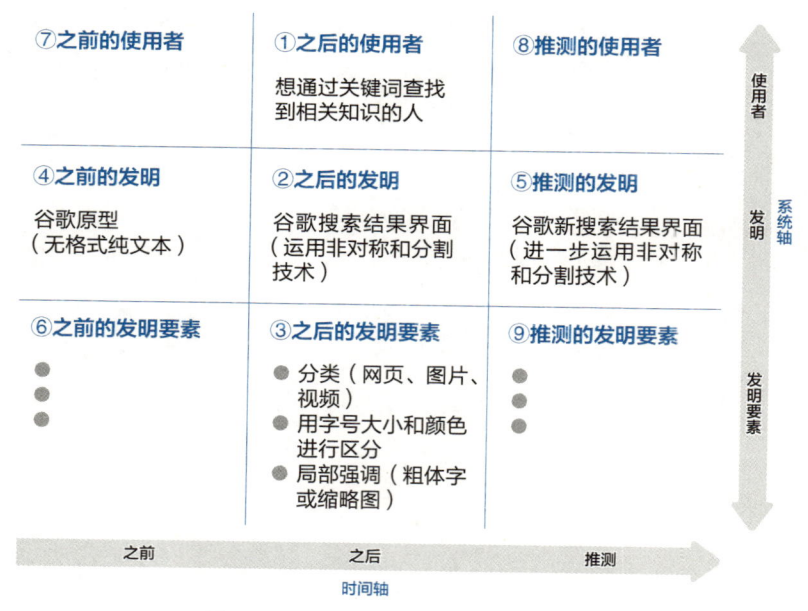

图 2-3-54　谷歌的观察·发明九宫格

序是从最左列的"之前"开始填写，再结合中间列的内容，推测出未来的相关信息后填入最右列。

也可以说"之前的发明"（④）就是"之后的发明"（②）减去某个发明要素。上述例子中，就是将谷歌搜索结果界面中的"将文字大小调整为非对称"和"将内容进行分割"等要素减去，这便是无格式纯文本的谷歌原型，因此我们将它称为"之前的发明"。

如前所述，只要找到某个东西在两个时间点的差异，我们就可以大致预测未来。正如前文发明九宫格部分提到的，发明要素（发明原理）会重复出现，因此，我们就可以在⑤（预测的发明）中填入"进一步运用非对称和分割技术"。但这还不够具体，如果想预测更具体的内容，可先填⑨（预测的发明要素），最后填入预测内容。

先从左下方的⑥（之前的发明要素）开始填写，假设⑥的正上方格子（④）填入的是"谷歌原型"，若要在⑥中填入与其右侧格子（③）相反的内容，应该立刻能想到"仅搜索网页""无强调""纯文字"等关键词。

接下来考虑上段的"使用者"。可以设想，在谷歌原型的纯文本界面形态出现时，有条件利用谷歌搜索服务的应该是对 UNIX 系统的文字信息非常熟悉的网络用户。

填写完最左列的上格后，再结合中间列上格的内容，预测最右列上格的内容。

假设利用谷歌搜索的人越来越多，我们可以设想出未来的大部分使用者可能是"想通过输入关键字轻松获取答案的人"，因此可将此预测内容填入最右列上格（⑧）。

比较上述 8 个格子的内容，再结合最左列和中间列中间格，就可预测出⑨中应填入"以子画面呈现""以多种类别（画面）呈现"，以及"按时间轴方向进行分割或强调"等内容。

其实，图 2-3-55 最右列下格⑨（预测的发明要素）的前两项，确实是我的预测。可能有人会怀疑我"是在看到搜索结果页面会显示一部分图像搜索结果才这么预测的"。我并非事后诸葛亮，其实这正从另一个侧面证明了我预测的准确性。

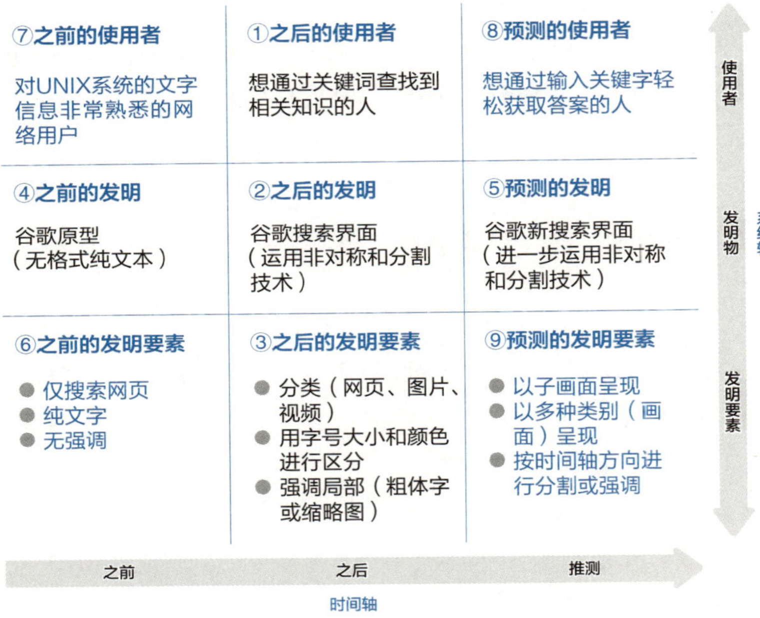

⑦之前的使用者	①之后的使用者	⑧预测的使用者	
对UNIX系统的文字信息非常熟悉的网络用户	想通过关键词查找到相关知识的人	想通过输入关键字轻松获取答案的人	使用者
④之前的发明	②之后的发明	⑤预测的发明	
谷歌原型（无格式纯文本）	谷歌搜索界面（运用非对称和分割技术）	谷歌新搜索界面（进一步运用非对称和分割技术）	发明物　系统轴
⑥之前的发明要素	③之后的发明要素	⑨预测的发明要素	
● 仅搜索网页 ● 纯文字 ● 无强调	● 分类（网页、图片、视频） ● 用字号大小和颜色进行区分 ● 强调局部（粗体字或缩略图）	● 以子画面呈现 ● 以多种类别（画面）呈现 ● 按时间轴方向进行分割或强调	发明要素
之前	之后	推测	

时间轴

图 2-3-55　谷歌的观察·发明九宫格

另外，关于⑤中"谷歌新搜索界面"的预测，是我在撰写上一本书《日常生活中的发明原理》时（2014 年）就预测过的。当时谷歌的搜索结果界面还不是现在这样的。当时讲课时，我把这个预测制作成九宫格并当作案例在课堂上讲过。不久之后谷歌真的推出了和我预测一样的界面设计，完美证实了我预测的准确性 [现在想来有点后悔，当时我应该去申请专利的（笑）]。

言归正传，我之所以能做出如此准确的预测，关键在于我找到了如前文所述的"两者之间的差异"，以及时常意识到"发明要素（发明原理）会重复出现"。

综上，只要能找出两者之间的差异，并适当引导要素"重复出现"，你就能感受到观察·发明九宫格的威力。

"传统→创新→预测"×"需求→热销商品→要素"的商品策划九宫格

同上，还是请大家假设自己是"打算跳槽到谷歌公司的A先生"，然后针对谷歌的主打商品进行更深入的分析。

由于是对商品进行分析，所以可以将使用者与谷歌接触的起点——"谷歌显示界面"作为分析对象放在九宫格的中段（见图2-3-56），接下来将第2章关于产品三宫格的内容填入最左列。

①传统需求	⑥创新需求	⑧预测需求
● 想知道答案或选项的人 ● 想将选项引导至对自己有利的方向 ● 广告行业	● ● ●	● ● ●
②传统商品	④创新商品	⑤预测商品
谷歌搜索界面	YouTube界面	超级汽车导航
③传统要素	⑦创新要素	⑨预测要素
● 网页排名 ● 显示算法（YouTube） ● 强制插入广告	● ● ●	● ● ●

传统　　　创新　　　预测
时间轴

图 2-3-56　谷歌的产品策划九宫格

我在中间列的中间格填写的是谷歌的新品"YouTube 界面"。我预测其未来的资源可能是"深度学习技术"(TensorFlow);另外,根据专利搜索结果,我预测谷歌将来想用的资源,应该是自动驾驶技术。将这些信息整理一下,再参照前文填写企业九宫格及发明九宫格的方法,填入图 2-3-57 的九宫格。

	①传统需求	⑥创新需求	⑧预测需求
需求	● 想知道答案或选项的人 ● 想将选项引导至对自己有利的方向 ● 广告行业	● 消遣娱乐 ● 懒得自己动手选下一个视频 ● 广告行业	● 想去某地 ● 不想自己开车 ● 广告行业、汽车行业
	②传统商品	④创新商品	⑤预测商品
商品	谷歌搜索界面	YouTube界面	超级汽车导航(无画面)
	③传统要素	⑦创新要素	⑨预测要素(⑩)
要素	● 网页排名 ● 显示算法(YouTube) ● 广告强制插入	● 根据使用者的观影记录进行推测 ● 画面结构 ● 强制插入广告和跳过广告	● 深度学习 ● 自动驾驶技术 ● 提醒驾驶员的时机和技术
时间轴	传统	创新	预测

图 2-3-57 谷歌的产品策划九宫格

就像填写企业九宫格的创业者一格时一样,结合②中的"谷歌搜索界面"和④中的"YouTube 界面"分析,填写⑤(预测商品)的内容。接下来再分析⑤中"超级汽车导航"的实现要素,如"自动驾驶技术",并将之填入最右列下格(⑨预测要素)。像这样先统一各层级的范畴再分析的方法,就是九宫格思维的价值力来源。

接下来参照①（传统需求）和②（传统商品），再结合④（创新商品）的内容，填写⑥（创新需求）。

比起"想知道答案或选项"的谷歌搜索的传统需求，YouTube使用者的需求应该是"消遣娱乐"，因此也可想象出他们"懒得自己动手选下一个视频"的需求。从另一方面看，视频中频繁出现的广告说明了广告行业的曝光需求量仍然非常大。

如上，填完①～⑥后，再填写⑦（创新要素）。

比起网页排名技术，谷歌从用户"懒得自己动手选下一个视频"的需求中发展出了"根据使用者的观影记录进行推测"的新技术，可将之填入⑦（创新要素）。

此外，谷歌也在 YouTube 上不断发展新呈现方式的算法。

比起传统的强制插入广告模式，现在的"强制插入广告和跳过广告"让人感受到了谷歌在广告算法上的进化。比如从之前的每段广告必须观看 5 秒才能关闭，转变为现在的必须观看 15 秒或是连续观看两段。

至此，九宫格的最左列和中间列都填写完了，接下来填写最右列。

我们可以通过搜索谷歌申请的专利技术找到对它而言较为重要的资源。目前的查询结果是谷歌在深度学习和自动驾驶技术方面投入很大，因此可将这些要素填入最右列的下格（⑨预测要素）。

接下来填写最右列上格（⑧预测需求）。参考⑦（创新要素）的内容，并将思考范围与①（传统需求）和⑥（创新需求）统一，自然可预测出"想前往某地""不想自己开车""广告行业和汽车行业"等内容。

如此一来，就可预测出谷歌未来的主打产品之一，可能就是汽车导航画面（包括自动驾驶导航）。同时，为了满足使用者"减少麻烦"的需求，还有可能不设画面，以减少使用者"盯着画面看"的麻烦。因此，也可将预测改为"没有画面的超级汽车导航 UI"。

第二部分　掌握九宫格思维　227

另外，根据⑦（创新要素）的"强制插入广告和跳过广告"进行预测，⑧（预测需求）和⑨（预测要素）还可以分别填入"提醒驾驶员的时机和技术"以及"新要素技术"（⑩）等。详见图2-3-57。

至此，九宫格就填完了，但填完九宫格并非终点，反而应该说是完善各个要素的起点。

接下来，请试着将上述九宫格的上段和下段盖住，只留中段，即只可看到：

谷歌搜索界面→YouTube界面→超级汽车导航（无画面）

其实，"有画面→有画面→无画面"是一种非连续性的推测。也就是说，如果只看中间格子，会有一种太跳跃的感觉，但如果结合上下格内容考虑，再加上"嫌麻烦""驾驶"等关键词，相信看者会立刻明白其中真意。

从这里也可以看出，能兼顾并满足"假设的非连续性"和"容易传达"这两方面的要求，是利用九宫格进行思考（尤其是产品策划九宫格）的价值所在。它不仅对于求职中的A先生有帮助，还可应用于平时的新产品策划及营销活动。

"超系统／系统／子系统"×"过去→现在→未来"的系统九宫格

上文，我们通过企业九宫格和产品九宫格，预测出谷歌未来的主打产品，并呈现出演变过程：谷歌搜索引擎界面→YouTube画面→超级汽车导航（无画面）。

此前，我们已经制作了许多可帮我们掌握企业经营全貌的九宫格。

接下来请接受一个小小的挑战，就是用第2章学过的系统视角进行思考、分析，看看能找出什么重点。

其实，与工程师们交谈时，用这些平常不太使用的词语，有时反而更容易。对于想进入谷歌工作的 A 先生来说，也许这还能成为最有效的自我宣传呢。

首先，在中间列填入第 2 章讲过的纵向三宫格（系统三宫格）的内容。

再在各列的中间格从左到右填入前文的预测结果"谷歌搜索界面→YouTube 界面→超级汽车导航（无画面）"，这就相当于系统的时间轴"过去→现在→未来"。由此便完成了①～⑤的填写。

接着再根据上述内容，依次填写⑥～⑨，从系统的视角即"超系统＞系统＞子系统"进行思考分析，便可做出如图 2-3-58 所示的九宫格图。

⑦过去的超系统	②现在的超系统	⑧未来的超系统	
● ● ●	● 云端系统 ● 安卓系统 ● Chrome浏览器	● ● ●	超系统
④过去的系统	①现在的系统	⑤未来的系统	
谷歌搜索界面 （系统）	YouTube界面 （系统）	超级汽车导航系统	系统
⑥过去的子系统	③现在的子系统	⑨未来的子系统	
● ● ●	● 观影记录系统 ● 服务器的访问和响应系统 ● 结果显示算法	● ● ●	子系统

过去 → 已确定　　　现在（事中）　　　未来（事后）
时间轴

图 2-3-58　谷歌的系统九宫格

接下来还是按前述方法将信息填入九宫格。

首先填写⑥～⑨。

对照④（过去的系统）和①（现在的系统），在⑥（过去的子系统）中填入与③（现在的子系统）相对的内容，与③中的"观影记录系统"对应的，是根据搜索记录自动预测关键字的"搜索引擎自动补全系统"，对服务器的访问和响应依旧是 App 不可或缺的功能，因此无须变动；另外，显示结果的算法也暂且视为必须要素。由于系统的各层级范围没有太大的改变，因此子系统涵盖的范围也变化不大。

同样地，对照④和①，在⑦（过去的超系统）中填入与②（现在的超系统）相对的内容。现在我们常说的云端，相当于我们过去说的"服务器"（当然，说云端也没问题）。和安卓系统对应的就是 Windows 系统（也可以是 Mac iOS 系统或是 UNIX）。另外，浏览器的名称不用详细写出，直接用"网络浏览器"表述即可。

接下来一起预测⑧（未来的超系统）。请参照①和⑤（未来的系统），并将之与相邻的②对比，并填入与②相对的内容。

提到比（具备自动驾驶功能的）超级汽车导航更大的系统，人们会立刻想到（谷歌的）云端系统，以及安卓操作系统（及下一代系统），还有 GPS 以及智能运输系统（intelligent transport systems，ITS）等。所以可以将这些信息填入⑧。

最后填写⑨（未来的子系统）。参考①~⑧的内容，再结合③中的"观影记录系统"，可以推测出未来的子系统很可能与"驾驶记录系统"相关。此外，服务器的访问和响应系统应该会保留下来。但是关于显示结果的算法，可能会更偏向自动驾驶。

如上绘制出系统九宫格后，大家是否感觉到通过系统九宫格就可以轻松地将谷歌提供的服务分为不同层级，并将其清楚明了地呈现出来了呢？文中我刻意用了大家比较容易理解的"系统"一词。事实上，只要是（为了达到某个目标而）互相关联的要素集合体，都可称为系统。

在网络无所不在的当今社会，任何价值产出都必须通过某个"可互相交换数据的系统"才有可能实现。其实不仅是上述案例中求职的 A 先生，生活中的每个人都无法避开各种各样的"系统"。

构思策划案时，如能事先设定思考的范围，对策划将大有助益，比如考虑：创造这个价值集合体（即系统）的单位是多大？它的下一层由什么要素构成？它的上一层又是一个多大的超系统九宫格思维又被称为"系统法"，可见它与系统理论是密不可分的。

学完第 2 章有关"系统"的内容后，大家如果能理解"系统就是一种创造某种价值的集合体"，就说明已经理解了系统的内容。对系统的理解越深，应用九宫格思维时就会越得心应手。

⑦过去的超系统	②现在的超系统	⑧未来的超系统	
● 云端系统 ● Windows系统 ● 网络浏览器	● 云端系统 ● 安卓系统 ● Chrome浏览器	● 云端系统 ● 安卓系统（及其下一代） ● GPS及ITS	超系统
④过去的系统	①现在的系统	⑤未来的系统	系统
谷歌搜索界面（系统）	YouTube界面（系统）	超级汽车导航系统	
⑥过去的子系统	③现在的子系统	⑨未来的子系统	子系统
● 关键词补全系统 ● 服务器的访问和响应系统 ● 结果显示算法	● 观影记录系统 ● 服务器的访问和响应系统 ● 结果显示算法	● 驾驶记录系统 ● 服务器的访问和响应系统 ● 自动驾驶系统	
过去 → 已确定	现在（事中）	未来（事后）	

时间轴

图 2-3-59　谷歌的系统九宫格

"事实→抽象化→具体化"ד who → what → how" 业务九宫格

以上我们通过各种九宫格对谷歌进行了分析，其实也就等于为创意做好充分准备了。

下面，我们试着利用由"事实→抽象化→具体化"和"who → what → how"组成的事业九宫格，来构思新业务。

例如，"学习资源搜索网站"在未来依旧有旺盛的需求，因此它会提供各种相关服务。其中一个主题是"针对厌学儿童的教育资源"，相关服务也在不断地进行试错。

下面，让我们将已经整理好的和谷歌相关的九宫格进行抽象后进一步具体化，并套用在"厌学儿童教育资源融合网站"上。

在制作业务九宫格之前，大家可以对"厌学儿童教育资源融合网站"进行思考分析，比如网站可能包括哪些内容等。这样做能帮助大家加深对利用九宫格思考效果的理解。之所以建议大家先这么做，是因为我在完成这个九宫格后，提出了更好的创意。

将通过"who/what/how"三宫格整理好的谷歌相关内容（参考第2章）填入图 2-3-60 的最左列，以此作为起点。

首先填写中间列，这次要具体化的是"针对厌学儿童的教育资源匹配服务"，将之填入④。再以此为目标，将谷歌搜索加以抽象化，便能在⑤中填入"信息提供者和信息需求者的匹配服务"。

大家可以先思考剩下没填的格子里应该填写什么内容，然后我们一起来填写。

以中间列为轴心，首先将九宫格上段按"抽象化→具体化"的顺序从左到右排列。我参考与⑥相邻的②和⑤（还有①），将内容加以抽象化，因此在⑥中填入：

②who/事实	⑥who/抽象化	⑦who/具体化
● 想从网络上搜索到想看的网页的人 ● 想宣传自家产品者	● ●	● ●
①what/事实	⑤what/抽象化	④what/具体化
以谷歌搜索为中心的服务	信息提供者和信息需求者的匹配服务	针对厌学儿童的教育资源匹配服务
③how/事实	⑧how/抽象化	⑨how/具体化
● 搜索界面 UI ● 网页排名 （链接和被链接的关联排名） ● 网页爬虫抓取技术	● ● ●	● ●

事实　　　抽象化　　　具体化
时间轴

系统轴：who / what / how

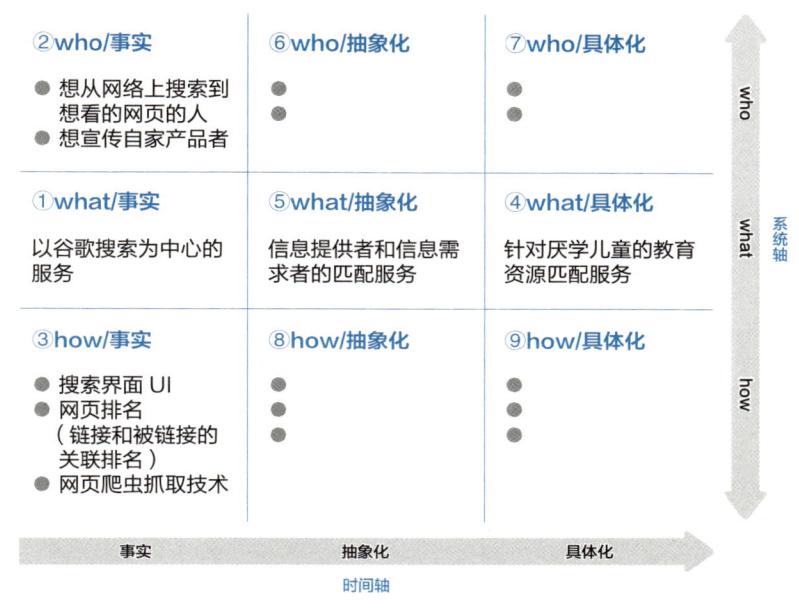

图 2-3-60　谷歌的业务九宫格

- 想获得信息的人（付出时间）；
- 愿意支付费用，让更多人了解自己产品的人。

接下来，参考与⑦相邻的④⑤⑥，将⑦具体化，我的记录如下：

- 厌学儿童的父母；
- 愿意付费接受教育的人。

其中，第二条是我在制作九宫格之前没有想到的，也就是说，这是我制作九宫格后的新发现。

利用九宫格上面两行的内容，在最下一行填入"抽象化→具体

第二部分　掌握九宫格思维　　233

化"的内容。比如将③的内容加以抽象化后，我的填写例如下：

- （合理的）搜索界面 UI，给使用者愉快的搜索体验（UX）；
- 网页排名（指以各网页之间的评价关系为基础的算法）；
- 网络爬虫抓取技术（可以机械式地抓取数据，以确保最广泛的搜索选项）。

接下来根据⑧，再结合①~⑦的内容，对⑨进行具体化。我的填写如下：

- 令用户满意的检索结果，同时呈现之前、之后的内容等。

如果只是单纯地呈现匹配结果，对用户来说应该还算不上是理想的使用体验。此时，应该考虑如何更好地运用谷歌在"附加信息的显示设计"方面的优势技术。比如展示出教过的孩子的笑脸，或孩子实际参加学习后发生的变化等。

- 以使用者的评价关系（师生）为基础的算法。

即使提供了附加信息，如果搜索结果存在欠缺，这一项也无法进行。因此，在将所提供的信息和需求信息进行匹配时，除了使用者提供的信息，还应将使用者对服务的评价，以及师生间的互评信息也应用到算法中。

- 自动扩充师/生名单的算法，包括评价机制。

最后，从"机械式地抓取数据，以确保最全面的搜索选项"这一点可以得知，"如何收集数据"也是必须精心设计的。如自动提醒会员进行评价的机制，以及通过个人社交账号进行登录，从而掌握其师生关系和朋友关系等。

如上所述，一旦将谷歌的信息抽象化，它便可应用在其他的需求上。这不仅对于欲跳槽到谷歌公司的 A 先生有用，在一般的策划会议上也能派上用场。

另外，如果能将自己公司的产品价值进行抽象，便能针对顾客的需求提出更具体、合理的创意。所以，希望大家能尽快学会将业务策划九宫格融会贯通，变为己用。

以上就是以谷歌为例的各种九宫格练习。

②who/事实	⑥who/抽象化	⑦who/具体化
● 想从网络上搜索到想看的网页的人 ● 想宣传自家产品者	● 想获得信息的人（付出时间） ● 愿意支付费用、让更多人了解自己产品者	● 厌学儿童的父母 ● 愿意付费接受教育的人
①what/事实	⑤what/抽象化	④what/具体化
以谷歌搜索为中心的服务	信息提供者和信息需求者的匹配服务	针对厌学儿童的教育资源的匹配服务
③how/事实	⑧how/抽象化	⑨how/具体化
● 检索界面UI ● 网页排名（链接和被链接的关联排名） ● 网页爬虫抓取技术	● 最舒适的搜索体验（UX） ● 基于同类信息提供者的评价的算法 ● 机械式地抓取数据，以确保最全面的搜索选项	● 令用户满意的结果，同时呈现之前、之后的内容等 ● 以使用者的评价关系（师生）为基础的算法 ● 自动扩充师/生名单的算法，包括评价机制

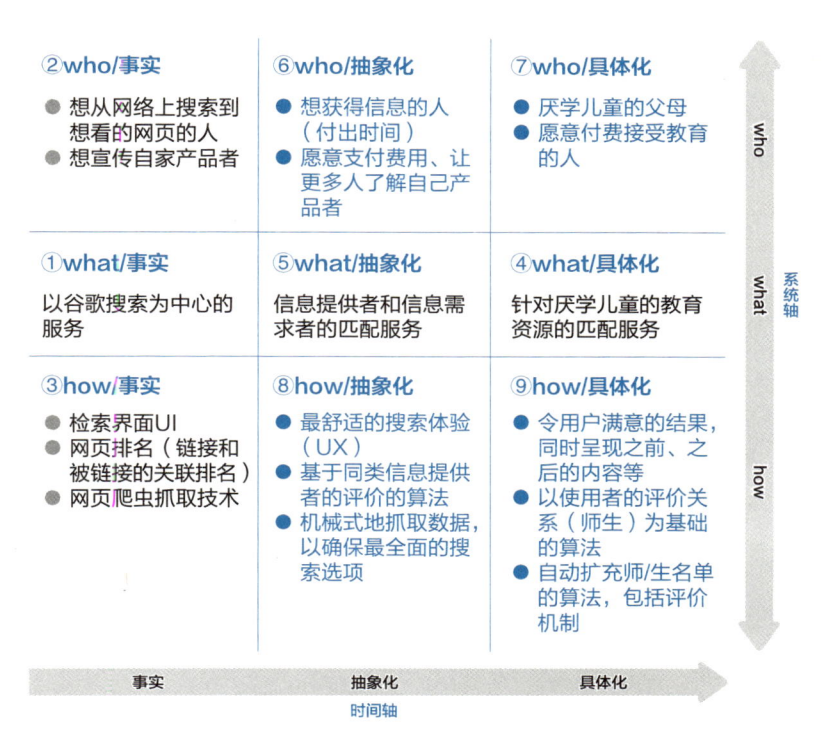

事实　　抽象化　　具体化
时间轴

图 2-3-61　谷歌的业务九宫格

九宫格的填写顺序

为了能在有限的篇幅中将九宫格思维说清楚，上述九宫格示例皆以第 2 章中完成的纵向三宫格为基础制作。一般情况下，我个人是按以下顺序填写的。

先填写正中间的格子，接着填写其左侧的格子；其次，以上述已经填写的中间行两格为起点，将与其相对的内容填入对应的上格和下格；最后，参照已经填写的最左列和中间列的 6 格内容，填写最右列的三宫格。

这是我的个人习惯，仅供大家参考。其实利用九宫格思考时并没有固定的填写九宫格的顺序，大家只需按照自己喜欢的顺序填写即可。

在没时间也没准备的情况下提供咨询服务

学完以上内容后大家感觉如何呢？与学习第二部分之前相比，大家是否已经感觉到自己站在了谷歌这个巨人的肩膀上了？

在熟悉和掌握利用这些九宫格思考后，你就可以制作出一个通用模板，将生活中的所有成功案例的价值"赠予他人"，这也非常适合用于咨询服务。

当听到某人说起最近很关注 ×× 公司（作为成功典范）时，你可以这样回答："太好了！让我们一起分析这个公司的一些情况吧！"然后用前文学过的知识开始绘制九宫格，这样，你就能在没时间也没准备的情况下参与讨论。

如此一来，我们不仅能在讨论过程中获知对方的意见并共同分析，又能帮助对方将知识可视化。同时，我们也了解对方已经掌握的知识范围，更顺利地向对方传达创意。

此外，通过九宫格将成果分成 9 个格子后，其中哪部分是委托人独家掌握的信息，哪些部分又是根据公开信息整理而得的信息等，便可一目了然。根据需要，只需删除前者，再更新后者，就能制成一份对其他人也有帮助的资料。

多站在巨人的肩膀上思考

所谓的"巨人"并非只有谷歌。GAFA 是目前公认的四巨头，而微软、网飞等，也是与之并驾齐驱的竞争对手。此外还有中国企业百度、阿里巴巴、腾讯等，它们很可能就是下一批巨人。

但是，不管是体量多么大的巨人，只要我们用九宫格对其进行分析，那么随时都能借助它们的肩膀。

学完第二部分后，只要熟练掌握其中任意一种九宫格，就相当于达到了跆拳道中的黑带水平，也就是说，学会一种九宫格也算足够了。大家可以使用自己擅长的九宫格，针对一流企业或热销商品，进行各种规模较大的创意练习。

在不断的练习过程中，相信大家一定能做到用九宫格提出"较大的创意"。而且，在习惯用九宫格思维提出创意后，你还会发现，其实在不知不觉间，你已经能够利用九宫格进行创意构思了。

（1）具备从系统轴（超系统、系统、子系统）的视角分析问题的能力；

（2）创造只属于自己的独创九宫格（独创的标签）；

（3）具备教会别人使用九宫格进行思考的能力。

请大家反复阅读、学习第二部分，直至实现上述 3 个目标。

在接下来的第三部分中，我将向大家介绍如何从更宏观的视角来分析九宫格的两轴，还是以大家熟悉的业务等为示例进行说明。

第三部分

利用九宫格思维进行沟通

第三部分的预期收获

在第二部分，我们一起学习了九宫格思维的基本步骤。大家可以参考第二部分的示例，熟练掌握使用九宫格，并在实际中运用。

九宫格思维不仅适用于个人独立思考，还适用于与他人进行创造性沟通。所谓"他人"，也包括"过去的自己"以及"未来的自己"。大家在觉得自己完全掌握九宫格思维之后，可以试着将自己的创意传达给他人，或用其持续提升自己的创意。

接下来的第三部分是九宫格思维的应用篇，希望大家在感受九宫格思维的无限潜力的同时，能自如地运用这个工具。

第三部分主要由以下三章构成。

第 4 章：传达

在这一章里，我会教大家如何将九宫格作为日常交流、传达的有效工具，以及在沟通前如何将九宫格作为笔记来使用。

在学习"外部因素和内部因素"之后，我们还将学习如何利用九宫格进行汇报、联络、商量并做笔记，以及用于构思策划笔记。

第 5 章：创意的构思和改良

这一章我们将学习如何运用九宫格思维来解决问题。

首先向大家介绍我们非常熟悉的 3C 分析法、SWOT 分析法等常用的战略分析工具，其实它们都体现了九宫格思维。

无论是在索尼集团内部还是外部，都有很多人向我求教"如何将要素和需求进行匹配"，因此，我也会在这一部分向大家介绍如何利用九宫格思维提升创意。

第 6 章：精选九宫格示例

在第 6 章，我从自己至今完成的 3000 多张九宫格中挑了一些作为示例，希望以此让大家体会九宫格思维的价值，从而能够自如运用。

在第二部分了解了九宫格的各个标签后，希望大家能慢慢学会如何设定适合的标签，并能教给别人。如果能做到这一步，就表明大家在九宫格思维领域"顺利出师"了。

第4章的收获	第5章的收获	第6章的收获	
将九宫格用在日常生活的表达中	将九宫格用于解决问题或构思创意	从九宫格思维的实例中获得应用的灵感	使用场景
第4章的主题	第5章的主题	第6章的主题	
用于沟通的九宫格	问题解决与九宫格思维	自由九宫格	主题
第4章的内容	第5章的内容	第6章的内容	
● 外部因素和内部因素 ● 汇报、联络、商量 ● 策划九宫格 ● 提案九宫格	● 3C分析、SWOT分析 ● 安索夫矩阵，需求/要素的匹配、发明要素	各种九宫格	内容
第4章	第5章	第6章	

图 3-4-1　第三部分预期目标

第 4 章

用于沟通的九宫格

沟通形态的变化

新冠肺炎疫情肆虐所带来的最大变化，就是人与人沟通形式的变化。

在 2019 年新冠肺炎疫情暴发之前，人们在交谈时，两人之间的空间距离由是否能轻松舒适地进行对话决定。人们的移动也随着交通工具的进步变得更自由，通勤范围逐渐扩大，员工每天到办公室上班是常态。

职场里，大家可以面对面交谈，人们不仅可以通过声音，还可以通过丰富的面部表情或手势等肢体语言进行沟通。换句话说就是，人们在沟通时所获得的信息，远比实际上看到的、听到的多得多。

为了沟通更顺畅，人们有时还会拿出纸笔画图、做笔记，或者相约出去喝一杯等。在当时那种沟通无碍的状态下，想传达的内容即使当时没能传达清楚或对方无法立刻完全理解，也可以通过其他方式来辅助传达。

但是，新冠疫情肆虐后，人们的生活环境发生了翻天覆地的变化，面对面时也被要求保持社交距离，而所谓的"社交距离"，并非两人交谈时的最佳距离。而且，移动自由度被大大压缩，到办公室办公成了奢望，远程办公成了常态。

在这样的背景下，"线上沟通"成了主流。

与面对面的实时沟通不同，线上沟通时我们很难看到对方细微的面部表情变化，很多时候都是只闻其声或只见其字不见其人。

而且，公司的会议大都由一个人主讲，其他人都是在听。除非与会者借助电脑,否则鲜有用某种工具帮助大家理解的。

由于环境的变化,我们的沟通形态也不得不随之改变。与面对面沟通相比,线上沟通传达的信息量比较少,而且事后很难再有机会补充。所以如果不像准备PPT那样去好好准备会话内容,就可能无法顺利向对方传达信息,从而会议效率低下。

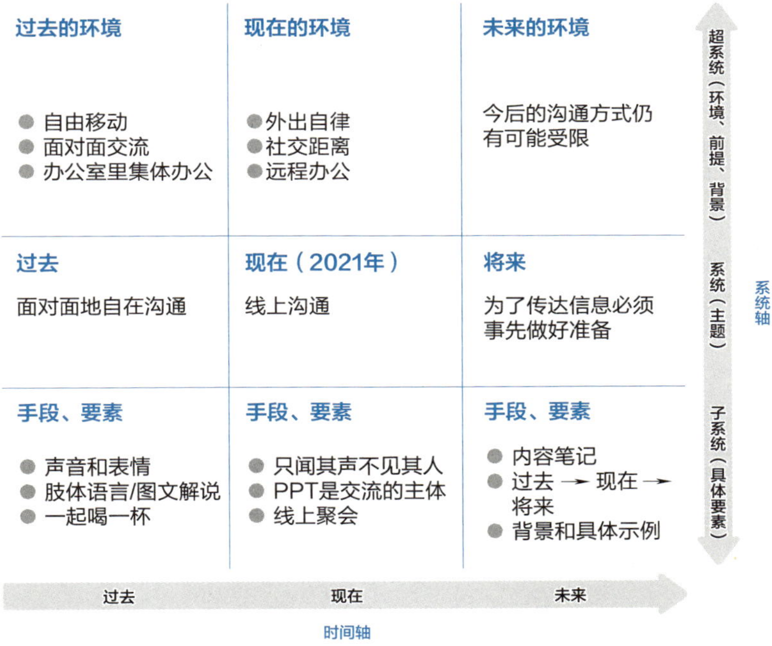

过去的环境	现在的环境	未来的环境	超系统(环境、前提、背景)
● 自由移动 ● 面对面交流 ● 办公室里集体办公	● 外出自律 ● 社交距离 ● 远程办公	今后的沟通方式仍有可能受限	
过去 面对面地自在沟通	**现在(2021年)** 线上沟通	**将来** 为了传达信息必须事先做好准备	系统(主题)
手段、要素 ● 声音和表情 ● 肢体语言/图文解说 ● 一起喝一杯	**手段、要素** ● 只闻其声不见其人 ● PPT是交流的主体 ● 线上聚会	**手段、要素** ● 内容笔记 ● 过去→现在→将来 ● 背景和具体示例	子系统(具体要素)

过去　　　　　现在　　　　　未来 →
时间轴

图 3-4-2　沟通形态的变化

当然,不管是否有新冠肺炎疫情,人们在商谈或授课之前都应该做好充分准备。只是在这个只能线上沟通而难以线下见面的背景下,沟通前做好充分准备、整理好想传达的内容就显得非常重要。即使是好友相约的线上聚会,如果没提前设定主题,大家也要事先准备些照片才能使气氛活跃起来。

那么，沟通之前应该如何做准备呢？

其实，只要我们能养成用第二部分学过的时间轴"过去→现在→未来"×空间轴来思考的习惯，就是最好的准备。简言之，九宫格思维正是最好的解决方案。

区分可控因素和不可控因素

内部因素和外部因素

学习第三部分内容前需先了解两个关键词：外部因素和内部因素。为了帮助大家理解，下面我们先来做一个练习。

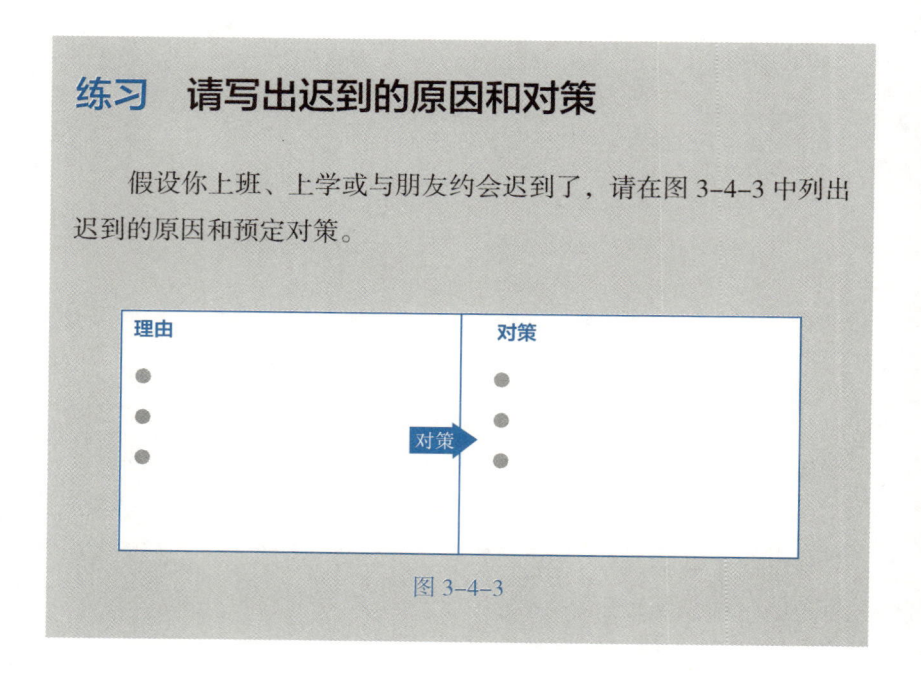

练习　请写出迟到的原因和对策

假设你上班、上学或与朋友约会迟到了，请在图 3-4-3 中列出迟到的原因和预定对策。

理由	对策
●	●
●	●
●	●

图 3-4-3

（1）请写出迟到的原因（3个以上）。
（2）针对每个原因，分别写出应对方法。
谢谢配合！

这个练习我在研修和实际课程中多次让学员们做过。回答结果主要分为两种，一种是以自责（主观因素）为主，另一种是以他责（不可抗力因素）为主。

所谓以他责为主，指"我按照预定时间出发了，但遇到了地铁晚点，所以迟到了"；而以自责为主，则是睡过头了等自身原因导致的迟到。

针对这种情况，我们采用的分析方法是把问题拆解成几个部分，然后逐一找到解决方案。

此时，最重要的是先区分外部因素和内部因素。因为这两个角度解决问题的方法截然不同。

本节中的外部因素指除自己以外的因素，即由别人或外部环境导致的，自己能控制的范围非常有限。因此，要解决由外部因素引起的问题，主要方法就是对于突发事件的出现概率进行"预测"，同时预估自己可能受到的影响，并事先做好被动接受的缓冲准备。

以地铁晚点为例，比如要避免地铁晚点，就涉及与地铁运行相关的列车、车站、站务员等，这对乘客来说是个极为庞大的系统（超系统）。乘客（自己）作为这个超系统中极小的存在，面对这种情况基本上是无能为力的。

对此我们能做的，顶多是预设地铁可能会晚点，因此尽量早出门，或是把见面时间定得晚一些，这些都属于事前的"缓冲准备"，也是从外部因素考虑问题解决方案的基本理念。另外，即使是电梯故障等规模较小的系统因素，也属于我们无法控制的外部因素，所以也必须随时做好缓冲准备。

而所谓的"内部因素"则是自己可以控制的。因此，从内部因素考虑问题的解决方案时，主动性较大。

例如：

- 睡过头→多定几个闹钟；
- 坐错车→事先查好路线；
- 表不准→事先校准。

由此可见，从内部因素分析问题的解决方法也比较简单。

综上可知，区分外部因素和内部因素是解决问题最重要的第一步。

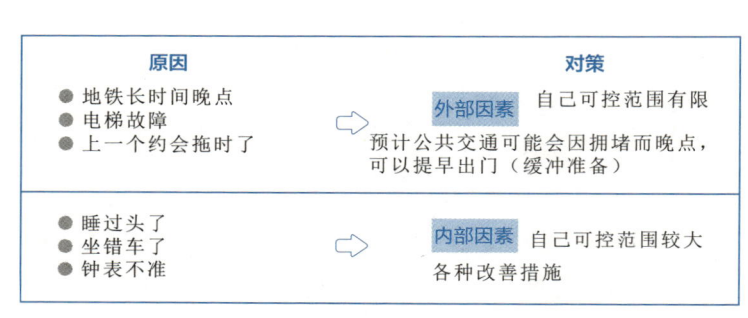

原因	对策
● 地铁长时间晚点 ● 电梯故障 ● 上一个约会拖时了	**外部因素** 自己可控范围有限 预计公共交通可能会因拥堵而晚点，可以提早出门（缓冲准备）
● 睡过头了 ● 坐错车了 ● 钟表不准	**内部因素** 自己可控范围较大 各种改善措施

图 3-4-4　迟到的原因及其对策

汇报、联络、商量九宫格

本章我们聚焦于九宫格思维中的"传达"功能，尤其是传达功能的结构化部分。

下面以作为社会人必备的汇报、联络、商量技能为主题，介绍结合了"过去→现在→未来"及"why → what → how"的状况预测九宫格。

在时间宽裕或不是很着急的情况下，汇报、联络和商量这三件事或许很简单，但在工作或学业繁忙时，如何立刻区分这三者并正确地向对方传达就非易事了。

这时，状况预测九宫格便派上用场了。

下面我们一起学习进行汇报、联络、商量时各应注意的事项，并根据这些内容撰写一份电子邮件。

学会活用状况预测九宫格后，相信大家一定能真切感受到自己在汇报、联络、商量这三方面的能力有质的提升。

从三封邮件看汇报、联络、商量有何不同

在进入主题前，我们先来看一下汇报、联络和商量的异同（见图 3-4-5）。

收件者的立场	收件者的立场	收件者的立场	（why、背景、收件者）超系统
尽快确认	想尽快对照自己的现状，采取正确的行动	尽快进行正误判断及回复	
汇报邮件的目的	联络邮件的目的	商量邮件的目的	（what、提供价值）系统轴
希望掌握已经完成部分的情况	结合收件者的情况，采取必要行动	通过商量，希望未来变得更好	
具体要素	具体要素	具体要素	（how、要素、前提、行动）子系统
简洁明了的结构	● 提供用于判断的事实（包括前提、背景） ● 说明行动的具体方法，比如活动费用 5 万日元/人	● 提供用于判断的事实（包括前提、背景） ● 提供事实（之前、之后）和预测（+提案） ● 提供具体活动方法，比如将发票发给财务部门	
过去（周知、事实）	现在（创新、变化）	未来（预测、提案）	

图 3-4-5　商务邮件的 3 种目的

首先来看汇报与联络的异同。

在网上搜索可知,其实这两者的界限非常模糊,但大部分解释都有一个共同点,那就是汇报指和对方分享"过去的时间点所发生的事",因为已是既定事实,所以内容不能更改,而且撰写汇报书时也要用过去时态。

反之,一般来说,联络是和对方分享"现在这一时间点的信息"。例如,上班时你所乘坐的地铁遇上故障,你确定要迟到而要跟公司说明时,告知的是"现在"的情况,所以是"联络"。假如你第二天才告知公司这件事,因为已经是过去式了,所以就成了"汇报"。

只要你站在对方的立场上,考虑为什么要汇报或联络(why),就能明白两者的最大区别。也就是说,区分两者的重点是你希望对方听完后会采取什么行动。

例如,遇到地铁晚点时必须立刻与对方联系,这是希望对方接到你的信息后采取某种措施(如调整会议时间等)。

如果第二天才进行汇报,那证明你可以应付地铁晚点造成的影响,而接到汇报的人对此无须采取行动。以前,日本学校曾经采用"联络网"的机制,就是将每个学生的联系方式登记在一张表格上并向全班公开,如果学校发生了什么事,消息能立即传递出去。现在因个人信息保护意识的提高,这样的制度已经不多见了。

在这种联络网制度下,接到信息的同学必须联络下一位同学,将自己刚获知的信息传达给他。相反地,如果将这种机制改名为"汇报网",大家是不是感觉"我已经接到汇报了,没必要再做其他任何事"?

同样地,如果接到的是"业务联络"消息,人们会有必须采取什么措施的感觉;如果接到"业务汇报",会感觉"业务已经完成了,对方只是过来汇报一下,我自己无须再做什么"。

反之,如果接到了"完工汇报",大家是不是也感觉只要知悉

250　　九宫格思维

就好，没必要采取什么行动呢？而如果接到的是"完工联络"，则让人感觉针对这个信息自己必须做点什么。

最后是"商量"。与前两项不同，这是关于未来的沟通，主要是针对目前所知的负面影响，商量应该如何处理。

反过来说就是，在商务领域，不打算改变未来的商量（即纯粹发牢骚）是大忌。

本节的状况设定

> **状况设定**
>
> 当事者立场：在 Z 公司任职，负责统筹即将在 4 月 1 日举办的活动。
>
> 状况 1：
> - 活动参加者共 80 人。
> - 活动手册委托外部讲师撰写，并委托印刷厂印制 100 份。原本预定委托 A 印刷厂印制，7 天交付，费用为 5 万日元。后来由于外部讲师延迟交稿，改为委托给 B 印刷厂印制，4 天交付，费用为 10 万日元。
> - Z 公司的会计年度为 3 月 31 日截止。发票需以 PDF 格式发给会计部门。
>
> 场景 1：向主管汇报及与工作人员联络。
> - 3 月 31 日收到手册，向主管汇报手册已经送达。
> - 与工作人员联络：请先将手册放在桌上，以便参加者在次日的活动中使用。（从 18：00 开始将手册放在 3 人长桌的两端。）

状况 2：(在状况 1 的基础上）

• 3 月 17 日收到外部讲师的初稿，预计在 3 月 21 日之前校稿完毕，并发给 A 印刷厂印制。

• 考虑到印制需要 7 天左右，因此预计 3 月 28 日能拿到印刷好的手册。然而，由于对原稿的修改超过了预想，进度落后，直到 3 月 24 日还无法将稿子发给印刷厂印刷。

• 3 月 31 日发给印刷厂，当天收到付款函。

场景 2：跟主管商量该如何处理。

• 3 月 24 日发生交稿延迟的状况，与主管商量处理方式。

• 跟主管商量能否将 A 印刷厂（7 天交付，花费 5 万日元）换成 B 印刷厂（4 天交付，花费 10 万日元）。

• 活动结束后，要在 4 月 3 日的定期会议上进行汇报。

本次设定的场景是负责统筹 4 月 1 日活动的 Z 公司员工在进行汇报、联络、商量时可能遇到的状况，请大家把自己想象成该员工，然后进行各种练习。

上述内容优先考虑汇报、联络、商量的顺序，但有时我会故意打乱时间顺序把原因写在后面，或增加一些细节等，这样的内容大家可能会觉得很难读懂。

接下来我们按照时间顺序，并根据背景和具体要素的范畴重新整理一遍，同时试着画出九宫格。

以下是我整理后的文章和以此画出的九宫格（见图 3-4-6）。

背景	背景	背景
手册撰写预计于3月21日完成	手册撰写预计延期至3月26日，按原计划印刷已来不及	4月1日的活动日期已难更改，工作人员的分工安排已确定
3月17日的情况	**3月24日的情况**	**3月31日的情况**
按计划进行（无特别应对措施）	就更换手册印刷厂的事宜进行商量	● 手册送达 ● 向主管汇报 ● 与工作人员联络
具体要素	**具体要素**	**具体要素**
● 委托A印刷厂印制手册 ● 100本，7日完成，预计3月28日交付 ● 价格5万日元	● 如3月26日继续委托A厂印刷，交付日延迟到4月2日 ● 手册印制由A厂换为B厂 ● 活动参加者80人，活动费5万日元/人	● 向主管汇报"手册如期完成" ● 将80份手册摆放在桌上 ● 印刷费由5万日元提高至10万日元 ● 将发票发给会计部门

时间节点①（3/17）　　时间节点②（3/24）　　时间节点③（3/31）

时间轴

系统轴：超系统（why、背景、收件者）／系统（what、提供价值）／子系统（how、要素、依据）

图 3-4-6　汇报、联络、商量的状况设定

整理后的状况设定

截至3月17日，所有准备工作皆按计划进行，手册的撰写预计于3月21日完成。因此，决定将手册的印制工作委托给工期较久但价格相对便宜的A印刷厂。

3月24日，发现必须请外部撰稿者修改原稿，这就导致工

> 作进度延后。原稿预计于 3 月 26 日完成修改，如继续委托 A 印刷厂已经来不及，因此必须和主管商量能否更换印刷厂。
>
> 　　印制好的手册在 3 月 31 日送达公司，此时需向主管汇报工作进展，同时与工作人员联络，交代分发手册事宜。
>
> 　　请就上述内容按汇报、联络、商量的顺序进行练习。

　　做完这个九宫格，大家感觉怎么样呢？是否感觉通过九宫格进行分析整理后，整件事情更加清晰易懂了呢？

　　接下来，请大家依照上述设定，考虑面对不同情况及针对不同对象，如何按以下方式进行汇报、联络、商量：

- 通过九宫格（或三宫格）对内容进行整理；
- 根据经上述整理后的内容撰写电子邮件。

　　经过这些练习，希望大家能学会利用九宫格思维进行汇报、联络、商量，这样就能大幅提升表达能力。

汇报邮件

● 写给熟人以简洁优先，善用三宫格思考 why

　　正如上述练习一样，在传达自己的想法时，如果能加上 why 和 how 进行说明，便能大幅提升传达的效果。

　　汇报邮件也是一样，针对汇报内容（what），说明"为什么要做此汇报"（why）非常重要。因为有些信息对自己（当事者）来说可能是理所当然的，但对收件人来说却并非如此。

另外，对于汇报内容，通过思考 what 和 how 来调整汇报的范围也非常重要。只要事先制作如图 3-4-7 所示的三宫格，就能避免从琐碎细节开始汇报。

汇报的背景（why）	汇报的背景（why） 4月1日的公司活动用到此手册
汇报的主题（what）	汇报的主题（what） 手册赶在公司活动之前送达了
具体要素（how）	具体要素（how） ● 布置会场 ● 印制费报销（10万日元）

图 3-4-7

假设我们必须向直属上司汇报"4月1日的活动要用到的100份手册，已在3月31日送到了，同时印刷厂也附上了（10万日元的）费用单"。可以利用三宫格进行整理。

面对这样的情境，大多数人的第一反应可能是"印刷厂把印制好的100份手册送来了，印制费用是10万日元"。可是这些信息真的足够了吗？

假如信息共享方面存在问题，收件人可能会产生"为什么要印制100册"这样的疑问。

如果考虑"为什么要汇报这件事"，便能发现汇报内容应该加上"因为4月1日举办的活动要用到这些手册"这部分信息。

接下来你会发现，100份手册及10万日元的印制费等其实都是"4月1日公司活动"的具体要素而已。因此，这次汇报应以"手册赶在4月1日的公司活动前送达"为主要内容（what）。

另外，关于10万日元的印制费，假如邮件收件人在获知后也不会采取任何特别行动，便无须汇报。

综上所述，给熟悉的人发送汇报邮件时，只需包括以下内容：

> 4月1日的公司活动所使用的公司手册已于今日（3月31日）顺利送达。接下来要进行会场布置和印制费的报销。

● 向不那么熟悉的人汇报时，要加上"过去"和"未来"的信息

如果是向直属上司这样平日往来较密切的对象汇报，你只需汇报现状，内容越简洁明了越好（见图3-4-8）。

汇报前的背景 （采取上次行动的原因）	汇报的背景 （采取行动的必要性）	汇报后的背景	（why、背景、收件者）超系统
	公司活动于4月1日举办		
之前的状态	汇报邮件的主题	下次汇报的内容预告	（what、提供价值）系统
	B印刷厂及时送来了公司手册，当务之急是布置会场和报账		
具体要素	具体要素	具体方法	（how、要素、根据、行动）子系统
	● B印刷厂在3月31日10：00送来了印制好的手册，18：00开始布置会场 ● 将发票以PDF格式发给财务部门		
过去（周知、事实）	现在（创新、变化）	未来（预测、提案）	

图3-4-8　整理汇报内容

相反地，如果汇报对象与自己联系不多，汇报时最好附上"过

去"和"未来"等信息，这就是为对方着想的一种沟通方式。

根据前文设定的状况，大家觉得此时应该提示哪些信息？又应该怎么说才好呢？

这时最能帮到大家的，不是纵向三宫格，而是在纵向三宫格的左右分别加上代表"过去"和"未来"的三宫格（共九宫格）再进行分析。

首先整理最左列的"过去的状况"。

过去的状况是：前期准备工作进展顺利，后来因故将A印刷厂换为B印刷厂。首先将变更的具体内容填入最下格，如印制费用、印制份数以及更换印刷厂的原因等。假如邮件接收方不太关注这些因素，则无须详写。

而且，如果接收方如前述一样是熟人，邮件内容也可如前述一样简洁明了。

此外，还需考虑"未来"，也就是说要考虑公司活动结束后的复盘工作，并在下一次的会议上进行汇报陈述。

将上述内容填入九宫格，接下来再整理成电子邮件。整理时请注意从 what 和 why 的角度去思考。

综上，我个人的填写如下，敬请参考。

×× 先生：

您好！下面我就 4 月 1 日公司活动的准备情况，向您汇报。

为了使手册印制不因撰写者的原因而延期，不得已将手册印制的委托方由 A 印刷厂换成了 B 印刷厂。

B 印刷厂印制的手册已于 3 月 31 日印制完成并顺利送达。接下来我们准备开始布置会场和进行手册印制的费用报销工作等。关于活动详情，活动结束后我另行汇报。

第三部分　利用九宫格思维进行沟通

汇报前的背景 （采取上次行动的原因）	汇报的背景 （采取行动的必要性）	汇报后的背景
由于准备工作延迟，若按预定计划，印制的手册来不及交付	公司活动于4月1日举办	公司活动于4月1日举办，下次的公司例会是4月3日
之前的状态 按计划进行（无须特别应对）	**汇报邮件的主题** B印刷厂及时送来了公司手册，当务之急是布置会场和报账	**下次汇报的内容预告** 活动结束后的总结汇报
具体要素 按计划进行（无须特别应对） ● A印刷厂换为B印刷厂 ● 100份 ● 5万日元	**具体要素** ● B印刷厂在3月31日10：00送来了印制好的手册，18：00开始布置会场 ● 将发票以PDF格式发给财务部门	**具体方法** ● 向主管汇报"来得及" ● 将手册分发给到场的80人 ● 印制费由5万日元变为10万日元，向财务部门报账
过去（周知、事实）	现在（创新、变化）	未来（预测、提案）

超系统（why、背景、收件者）　系统（what、提供价值）　子系统（how、要素、根据、行动）　系统轴

时间轴

图 3-4-9　汇报九宫格

联络邮件

● 向负责人交代清楚"理由"和"细节"

与汇报不同，如果希望或想拜托收件人采取某种行动，发送的便是"联络"邮件。

还是依据前述设定，我们必须在活动的前一天（即 3 月 31 日）紧急联络相关工作人员，请他们将手册搬到会场、放在桌上，并尽

快报销印刷费（见图 3-4-10）。

联络前的背景 （采取上次行动的 原因）	联络的背景 （采取行动的必要性） 公司活动于4月1日举办	下次联络的背景 （业务结束的理由）	（why、背景、超系统、收件者）
之前的状态	联络邮件的主题 B印刷厂及时送来了公司手册，当务之急是布置会场和报账	下次联络的内容预告	（what、提供价值、系统）
具体要素	具体要素 ● B印刷厂在3月31日10：00送来了印制好的手册，18：00开始布置会场 ● 将发票以PDF格式发给财务部门	具体方法	（how、要素、根据、行动、子系统）
过去（周知、事实）	现在（创新、变化）	未来（预测、提案）	

图 3-4-10　整理联络内容

在拜托对方采取行动时，最重要的就是向对方明确传达 why/what/how。明确 why 和 how，可使联络事项的结构呈现得更清楚。

why：联络的理由和背景；

what：告知目前状况并请求对方采取行动；

how：具体的行动方法。

接下来，通过 why/what/how 纵向三宫格对信息进行整理。

整理时几乎和汇报一样，只需将 why 和 how 的具体要素写得更加详细明白。

根据上述内容，通过纵向三宫格思考联络邮件的目的。

联络邮件要做到直截了当，让对方了解现状，并迅速采取对策。

为了让对方在最短的时间内了解现状，并（从对方的立场上）迅速采取对策，应该向他说明有助于做出正确判断的事实（包括前提、背景等）或采取行动的具体方法等。

下面请大家根据上述信息和要求，考虑如何撰写汇报邮件。

主要内容有两个，就是布置会场和向财务部门报账。

原因是公司活动的日期和会计年度结算的最后日期都迫在眉睫。解决这两件事的具体方法，就是安排相关工作人员将手册摆放在会场桌上，同时扫描收据并以PDF格式发给财务部门。

根据上述内容，我们可以整理出图3-4-11所示的三宫格，邮件内容可参考如下示例：

各位同事下午好！

印制好的手册已经送到了。今日（3月31日）18:00起请大家布置会场，将手册摆放在三人桌的两端。

另外，因今天是本年度财务报账的最后一天，所以请负责报账的同事在今天将发票以PDF格式发给财务部门。

背景 （采取行动的必要性） 公司活动于明天（4月1日）举办；财务报账今天（3月31日）是最后一天	收件人的立场 希望收件人能结合（发件人的）现状，尽快采取正确行动
邮件的主题 印刷厂及时送来了公司手册，当务之急是布置会场和报账	邮件的目的 希望收件人能结合自身现状，尽快采取必要行动
具体要素（how） ● 3月31日10:00手册送达 ● 18:00开始将手册摆放在会场桌子上 ● 将收据以PDF格式发给财务部门	具体方法 ● 为方便收件人做出判断，邮件中要包含前提、背景等事实依据 ● 提出具体的方法

图3-4-11

●**跟财务部门联系时，根据需要加入"过去"和"未来"的信息**

向财务部门发送联络邮件时，根据收件人与联络事项的相关程度，事先整理好"过去"和"未来"的相关信息，必要时将这些信息写进邮件。

下面请大家考虑如何撰写发给财务负责人（工作岗位上与自己联系不太密切的人）的邮件。

根据上述设定，必须在今日（3月31日）之内完成报账工作，所以邮件中要有请财务人员完成印制费用报销的内容。

由于已经临近财务结算截止日期，因此最好就必要事项事先和财务部门联系。而且，财务部门一般都会在3月多次提醒要尽早报账，所以这次的报账工作为什么拖到3月31日，也需要向财务部门说明。

面对这样的情况，如果能用九宫格进行整理就应该没问题了。下面，请大家按顺序进行整理。

邮件的基本内容与汇报邮件和联络邮件差别不大，但由于收件人是财务部门的人员，所以有关"发票报账处理"（how）的内容会有所不同。

由于情况特殊，会计结算已达最后期限，因此只能将发票扫描后以PDF格式发给财务部门，之后再将原始票据寄过去。此时，应该告知对方是由于临时更换印刷厂才导致报账时间延后。

我们可以将前文已经完成的九宫格稍加修改，然后将上述内容填入相应的格子，详见图3-4-12。

撰写联络邮件时，请务必留意过去和将来的信息。邮件书写示例如下，仅供参考。

财会部门的同事下午好！

平日承蒙关照。为了弥补准备工作上的延迟，我们将印刷厂由A换成了B，因此手册及付款申请单也延迟到3月31日才收到。所以，我们先将收据扫描以PDF格式发送给您，收据原件稍后邮寄过去。请先给予办理报账业务。谢谢合作！

联络前的背景（采取上次行动的原因）	联络的背景（采取行动的必要性）	下次联络的背景	
由于准备工作延迟，若按预定的计划，印制的手册来不及交付	公司活动于4月1日举办	公司活动日期是4月1日，下次的公司例会是4月3日	超系统（why、背景、收件者）
之前的状态	联络邮件的主题	下次联络的内容预告	系统（what、提供价值）
因撰稿者延误，导致更换印刷厂	B印刷厂及时送来了公司手册，当务之急是布置会场和报账	活动结束后的总结汇报	
具体要素	具体要素	具体方法	子系统（how、要素、根据、行动）
按计划进行（无须特别应对） ● A印刷厂换为B印刷厂 ● 100份 ● 费用：5万日元变为10万日元	● B印刷厂在3月31日10：00送来了印制好的手册，18：00开始布置会场 ● 将发票以PDF格式发给财务部门	● 过后邮寄发票原件	
过去（周知、事实）	现在（创新、变化）	未来（预测、提案）	

时间轴

图 3-4-12　联络九宫格

汇报、联络、商量时必须区分外部因素和内部因素

如前文所述，面对不同情况，应对方法也会因外部因素还是内部因素而不同。因此，在进行汇报、联络、商量时，也必须注意区

分外部因素和内部因素。

在导致事情发生的原因中，外部因素影响大还是内部因素影响大会随着状况的变化而有所不同，因此必须根据当时的具体情况做出判断。

就上述 Z 公司的例子来看，如果 Z 公司是一家上市公司，那么"会计年度结算的截止日期是 3 月 31 日"就不仅涉及公司员工，还涉及众多股东及股票持有者等，所以除非遇上重大事件，否则这项规定是不能轻易改变的（外部因素）。

相对来说，要委托哪家印刷厂印制活动手册，一般情况下都是可以自己决定的，相当于内部因素。当然，假如该印刷厂隶属于企业集团，或是该公司每年都委托同一家印刷厂印制，而且原稿已经在印刷厂手里了，那印刷厂的选择就成为难以改变的外部因素。

关于公司活动日期定在 4 月 1 日这一点，在召集参加者之前，属于可根据公司内部实际情况进行协调、较容易改变的内部因素，但在后来，随着报名人数以及牵涉的部门增多，活动日期就成了难以更改的外部因素。

另外，即使参加人员尚未确定，如果举行的是像"入社仪式"这类必须遵循"社会常识"的活动，日期大都定在 4 月 1 日，因此活动日期也是难以改变的外部因素。

不过，外部因素其实是相对的。例如，遇上 2020 年这种前所未有的新冠疫情的影响更大范围的情况，以上外部因素就可以变更。

如上所述，虽然这样的层次是相对的，但大家应该具备判断能力，也就是随时知道当下的状况究竟是哪种原因导致的：

- 可以独立应对的内部因素？
- 难以改变的外部因素？

因此，在向领导汇报或与其商量时，只要站在对方（老师或上级）的立场上考虑便能明白，区分内部因素和外部因素将内容进行整理后再传达，是一种体谅对方和善解人意的传达方式。

其实这也适用于汇报和联络。当我们思考 why 的时候，自然而然地会先将外部因素排除。在下文的"商量邮件"练习中，我会更强调让大家先养成区分外部因素、内部因素的思维习惯，然后整理内容、构思邮件。

商量邮件："过去→现在→未来"的所有相关信息都重要

在前文的汇报及联络九宫格中，"过去"和"未来"两列只作为辅助，但在此节，即撰写商量邮件时，必须使用完整的九宫格。

在商务场合，假如出现"仅是汇报和联络还不够，还必须和别人商量解决方案"的状况，就意味着"已经出现问题了"。

从"过去→现在→未来"的时间轴来看就是：过去没有问题，所以无须商量；现在出现了某种问题，需要商量如何解决；并且希望通过商量，减少将来发生问题的可能性。

遇到需要商量的商务问题时，除了刚入职的新人，如果一个负责人对于未来没有任何规划，而是只能进行毫无头绪的商量，那么这个人就算不上称职。

商量之前，如果能事先用九宫格对状况进行整理，对商量的结果会大有助益。

- 过去的事实；
- 现在的状况；
- 对于未来的提案。

下面请按照前述方法，思考和分析外部因素、内部因素后制成九宫格，并撰写一封商量邮件。

第一步：将现在的变化点整理成三宫格

下面我们练习用九宫格来撰写商量邮件。

首先，在九宫格的中间列填入目前所发生问题的相关信息。

还是以前文设定为例，导致这次必须商量的原因是"稿件需要返给外部撰稿者修改，准备工作延迟至3月26日才能完成"。

准备工作延迟是由于外部撰稿者未做好，这属于无法控制的外部因素，因此将之填入中间列的上格。

过去的背景（前提）	背景（变化点）	提案的背景、波及范围	（why、超系统、背景、收件者）
	稿件需返给外部撰稿者修改，预计3月26日改完		
过去的状态	商量的主题	商量时的提案、假设	（what、系统、提供价值）
	不更换印刷厂的话，活动当天拿不到手册		
具体要素	具体要素	具体方法	（how、子系统、要素、根据、行动）
	● 3月26日委托印制，4月2日方能收到手册 ● 活动参加者80人 ● 活动费5万日元/人		

过去（周知、事实）　　现在（创新、变化）　　未来（预测、提案）

图 3-4-13

准备工作的延迟导致了现在的问题,即"如果不换印刷厂,在公司举行活动之前无法完成手册印制"。这属于要商量的问题,因此要填入中间列的中间格(现在)。同时在中间列下格填入具体要素。例如,假如3月26日委托A印刷厂印制,最早在4月2日收到手册,但显然赶不上公司的活动。由此将产生的负面影响可用具体数字来体现,如活动的参加者有80人,每个人交了5万日元的活动经费,等等。

第二步:整理过去(无须商量)的状况

在商量某个情况的时候,必须回顾过去,即"没有问题,无须商量"的状况,并将相关内容填入代表过去的最左列三宫格(见图3-4-14)。结合过去的状况考虑,问题点会变得更加清晰,不仅

过去的背景(前提)	背景(变化点)	提案的背景、波及范围
公司活动于4月1日举办,准备工作预计于3月21日完成	稿件需返给外部撰稿者修改,预计3月26日改完	
过去的状态	商量的主题	商量时的提案、假设
一切按计划顺利进行	不更换印刷厂的话,活动当天拿不到手册	
具体要素	具体要素	具体方法
● A印刷厂 ● 100份,印刷需7天 ● 3月28日交付 ● 5万日元	● 3月26日委托印制,4月2日方能收到手册 ● 活动参加者80人 ● 活动费5万日元/人	
过去(周知、事实)	现在(创新、变化)	未来(预测、提案)

右侧标注:(why、背景、收件者)超系统 / (what、提供价值)系统 / (how、要素、根据、行动)子系统

图3-4-14

有利于做出判断，还有助于找到解决方案。

还是针对上述示例进行说明。如果不对照过去，对方便感受不到"准备工作延迟至 3 月 26 日才结束"所带来的负面影响有多严重。

此时，如果在最左列的上格填入过去的状况，比如原计划 3 月 21 日完成，也就是说虽然仅仅 5 日之差，但不仅意味着各项工作的准备时间缩短了，还有可能产生某种严重后果，所以必须要做出某些根本性改变。

另一方面，在最左列的中间格填入对比内容，即过去商量（或汇报）过的状态。在此示例中，可填入"在此之前一切按计划顺利进行"。而且，在最左列的下格列出过去的具体要素，对于提出理想解决方案非常有帮助。如"委托 A 印刷厂印制""100 份公司手册，耗时 7 天""手册交付日：3 月 28 日""印制费用 5 万日元"等。

第三步：将"针对未来的方案"填入最右列

在最左列和中间列分别填入过去和现在的信息后，将关于未来的方案填入最右列。

首先，在最右列上格填入提案的背景，尤其要列出难以改变的外部因素。

此示例中，可以列举出"公司活动日期难以更改""相关工作人员已安排到位"等。

列出外部因素的目的是，在我们思考解决方案时提醒我们所面临的制约条件。下面，结合上述制约条件，将可能采取的具体对策填入最右列下格。

例如，此示例中，可以采取的对策及相关具体数字为（仅供参考）："印刷厂由 A 更换为 B""100 份手册，印制需 4 天""手册交付日为 3 月 31 日""印制费用为 10 万日元"等。

如上所述，厘清了制约条件（上格）、具体对策（下格），以及过去（最左列）与现在的情况（中间列）后，便可在这些信息的基础上轻松做出判断：为了解决手册印制延迟导致的问题，比起将活动改期，多花些成本加速手册印制才更符合实际。

接下来将自己的判断和方案等填入最右列的中间格。由此，整个九宫格便填满了。

填完后，可再次回顾九宫格中所填写的内容，如果发现还可以改得更好，请尽量修改。一般情况下，都会提出更好的方案。

过去的背景（前提）	背景（变化点）	方案的背景、波及范围	（why、超系统、背景、收件者）
公司活动于4月1日举办，准备工作预计于3月21日完成	稿件需返给外部撰稿者修改，预计3月26日改完	活动日期难以更改，相关工作人员分工完毕	
过去的状态	**商量的主题**	**商量时的提案、假设**	（what、系统、提供价值）
一切按计划顺利进行	不更换印刷厂的话，活动当天拿不到手册	换一家印刷厂，便可确保按原计划进行	
具体要素	**具体要素**	**具体方法**	（how、要素、子系统、根据、行动）
● A印刷厂 ● 100份，印刷需7天 ● 3月28日交付 ● 5万日元	● 3月26日委托印制，4月2日方能收到手册 ● 活动参加者80人 ● 活动费5万日元/人	● A印刷厂换为B印刷厂 ● 100份，印刷需4天，3月30日交付 ● 5万日元 → 10万日元	
过去（周知、事实）	现在（创新、变化）	未来（预测、提案）	

图 3-4-15

第四步：撰写商量邮件

填完九宫格后，接下来就要撰写邮件了。请参考图 3-4-16 所示的九宫格并将内容整理成文章。

首先，将重点信息写在最前面。可以参考九宫格的第一行和第二行，从中挑选出重要的内容，无关紧要的信息可以忽略。

此示例中，开头表明4月1日活动的准备工作因故延迟，为了补救，想与对方商量更换印刷厂。

这样的开头会让收件者一看就能明白这是一封商量邮件。

接着写出详细内容。

我们在填写九宫格时，对顺序是没有要求的。然而在将这些内容传达给他人时，一般是根据整理好的按照从左至右的时间顺序，并从上至下进行说明。

首先，将最左列的内容从上至下写出。其中，具体要素中的"5万日元"后面会用来进行比较，所以在此先略过。

　　4月1日公司活动用到的活动手册委托给外部撰稿者撰写，原定3月21日完成，委托A印刷厂印制，预计3月28日印制完成并交付。

接下来写变化点（主题），也是按上格→中间格→下格的顺序列出。

　　但是，由于原稿需要返给外部撰稿者修改，预计3月26日才完成，准备工作延迟5日。

　　如果继续委托A印刷厂印制手册，预计我们最快能在4月2日收到。这样活动当天就无法将其分发给活动参加者。目前共有80人报名参加活动，参加费用是每人5万日元。

最后，提出自己的建议，可参考最右列的内容。下文仅供参考：

鉴于参加人数较多且工作人员的分工已经确定，如果活动改期，将导致成本增加，执行较困难。所以建议手册的印制工作交由B印刷厂，虽然印制费用会增加5万日元，但可以确保3月30日印制完成并交付。活动当天我们可按原计划将手册发给每位参加者。故发此邮件，想和您商量更换印刷厂事宜。

如上所述，只要在邮件中把"商量的背景"和"具体要素"列出，收件人能更容易针对"为消除稿件迟交带来的负面影响，比起更改活动日期造成的损失，换一家印刷厂是否更经济"做出判断及反馈。

以上就是在进行汇报、联络、商量时，运用九宫格思维的方法。

其实，即使面对的信息量非常庞大繁杂，只要按照时间轴和系统轴（自己能掌控的环境）加以整理，也能清楚明了地向他人传达。

过去的背景（前提）	背景（变化点）	提案的背景、涉及范围	
公司活动于4月1日举办，准备工作预计于3月21日完成	稿件需返给外部撰稿者修改，预计3月26日改完	活动日期难于更改，相关工作人员分工完毕	背景（why）概要（what）构成要素（how） ← 系统轴
过去的状态	**商量的主题**	**商量时的提案、假设**	
按计划进行（无须特别应对）	不更换印刷厂的话，活动当天拿不到公司手册	更换印刷厂家可缩短印刷周期，确保计划如期进行	
具体要素	**具体要素**	**具体方法**	
● A印刷厂 ● 100份，印制需7天 ● 3月28日交付 ● 费用5万日元	● 3月26日委托印制，4月2日收到手册 ● 活动参加者80人 ● 活动费5万日元/人	● A印刷厂换为B印刷厂 ● 100份，印刷需4天 ● 3月30日交付 ● 费用5万日元→10万日元	
过去（周知、事实）	现在（创新、变化）	未来（预测、提案）	

时间轴

图3-4-16　商量九宫格

策划九宫格

综合运用多个九宫格提升创意

21世纪头10年风靡一时的商业模式画布（BMC），其实本质也是利用9个格子思考，就如本书第一部分所介绍的那样，它具有模式化的格式与标签，对思考大有助益。

然而，商业模式画布真正的价值，在于利用固定的格式反复书写，而且很适合用于与他人比较和共创等。

这其实也是九宫格思维的优点。首先，九宫格由3×3的格子组成，这样简单明了的结构，显然有助于思考。其次，在熟悉了这种固定的格式之后，随着学习的深入，绘制的九宫格会越来越多，用得越多越能发挥其真正的价值，还可用来与他人比较和共创。

此外，九宫格思维还具有BMC所不具备的特征。本书到这里，已经用各种横轴和纵轴（的标签）对九宫格进行了介绍。正如本书第二部分的结尾所进行的练习一样，只要给九宫格设定不同的标签，我们便能从不同的视角对同一个主题进行分析。这就是九宫格思维的独特之处。

本节我将通过以下几个示例，向大家介绍三个用多个九宫格进行分析和创意的案例。

策划案1：利用策划九宫格进行策划构思

下面我们来练习使用业务策划九宫格构思一项新业务。大家可以参阅前文策划九宫格的内容，模拟构思一项新业务。

首先，将目前已经取得成功的商业模式作为"事实"填入左列的中间格。

我这次所列举的"事实"是"站着吃饭的荞麦面店"和"牛肉盖饭店"（左列中间格①，见图3-4-17）。这两家店所提供的商品，当然如其店名一样，分别是荞麦面和牛肉盖饭。

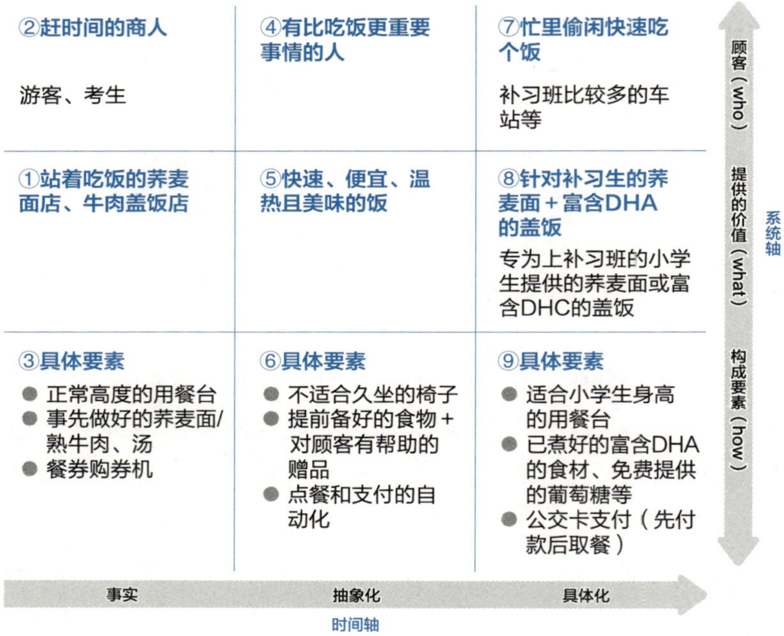

②赶时间的商人 游客、考生	④有比吃饭更重要事情的人	⑦忙里偷闲快速吃个饭 补习班比较多的车站等
①站着吃饭的荞麦面店、牛肉盖饭店	⑤快速、便宜、温热且美味的饭	⑧针对补习生的荞麦面+富含DHA的盖饭 专为上补习班的小学生提供的荞麦面或富含DHC的盖饭
③具体要素 ● 正常高度的用餐台 ● 事先做好的荞麦面/熟牛肉、汤 ● 餐券购券机	⑥具体要素 ● 不适合久坐的椅子 ● 提前备好的食物+对顾客有帮助的赠品 ● 点餐和支付的自动化	⑨具体要素 ● 适合小学生身高的用餐台 ● 已煮好的富含DHA的食材、免费提供的葡萄糖等 ● 公交卡支付（先付款后取餐）

右侧纵轴：顾客（who）／提供的价值（what）／构成要素（how）——系统轴

横轴：事实 → 抽象化 → 具体化——时间轴

图3-4-17　策划九宫格1

接下来分析这两家店的顾客（who）。大概都是赶时间的商人（吉野家就是从筑地市场*开始做大做强的）。另外，站着吃饭的荞

---

* 位于东京都中央区筑地的公营批发市场，也是日本最大的海鲜批发市场。——编者注

麦面店大部分开在车站前或车站内，许多游客和考生也常光顾（将之填入左列的上格②）。

左列的下格（③）填入与它们主打的"快速、便宜、美味"的牛肉盖饭和荞麦面等产品有关的要素（how）。

至此，左列的"事实"就填完了。接下来我们将左列的内容进行抽象，分别填入中间列（抽象化）的各格。

这两家店顾客（who）的共同需求，就是想忙里偷闲快速吃个饭。换言之就是，这是一群有比吃饭更重要的事情的人。将这一点填入中间列上格（④）。

那么，店家提供的价值是什么呢？一般情况下，顾客如果实在没时间，那么随便买个面包或饭团果腹是最省时间的（我在没时间吃饭时就常这么做）。所以，选择站着吃饭的荞麦面店或牛肉盖饭店的人，应该是有"即使没时间，也想吃点热乎饭"的需求。也就是说，这类顾客重视时间效率，即"快速→时间效率高（包括后续时间）"。

而这两家店所提供的"快速、便宜、温热且美味"的荞麦面和牛肉盖饭（提供的价值）能很好地满足这类顾客的需求。因此这一价值就是中间列中间格的内容（⑤）。

将实现上述价值的具体方法（how）进行抽象后填入中间列的下格（⑥）。

接下来，我们要把已经填完的 6 个格子的内容梳理一下，具体化成一项新业务。

首先，将顾客具体化，本示例中，我将顾客具体化为"忙于准备小升初考试的小学生"，这是以前在站着吃饭的荞麦面店或牛肉盖饭店中很少见到的顾客群体。但在日本汇集了各大课外辅导班的车站可能真有市场。

店家能为这些顾客提供哪些"快速、便宜、温热且美味"的价值呢？比如我家孩子曾表示，他小学时代最期待的事情之一就是补习班下课后，在车站站着吃一碗面。另外，金枪鱼富含的DHA具有增强记忆力及提高智力等作用而深受孩子们欢迎。所以，我的具体化方案是：开一家只提供天妇罗和金枪鱼盖饭的站着吃的店。

最后，参考③、⑥的具体要素，思考具体化要素后填写⑨。

首先，为了配合小学生的身高，餐桌、用餐台应该设计得低一些。但考虑到有的孩子个头较高，以及父母带着孩子来用餐的情况，因此还应准备一般高度或可调整高度的餐桌。

另外，为了节约用餐者看菜单点餐的时间，可以每天推出固定菜单，如荞麦面配富含DHA的金枪鱼天妇罗等。考虑到这些学生们的脑力消耗，还可免费提供葡萄糖等作为赠品。

关于支付方式，由于顾客主要是乘电车来补习的小学生，所以采取公交卡支付的方式，或者使用平板电脑支付，无须通过购券机购券。而且，菜单只有一项，省去了选择的时间，顾客只需在平板终端点击下单，在听到提示音后便可取餐了。

以上就是我通过策划九宫格构思的第一个创意，大家觉得怎么样？

策划案2：通过改变横轴，调整策划内容

除了第二部分第3章的纵轴与横轴的组合示例，其实还有各种其他组合。即使是同样的内容，从不同的角度将三宫格进行组合，也可激发出新的创意，或者将既有的创意进一步提升。

下面，请大家试着用第1章的"传统→创新→预测"三宫格与"who/what/how（顾客／提供的价值／要素）"三宫格组成的九宫格，针对上文提出的面向补习班学生的荞麦面或富含DHA的盖饭业务做进一步深入分析。

首先，将前述所想到的内容作为"创新业务"复制粘贴到中间

列的三宫格，左列填入原有的传统业务（见图 3-4-18）。

准备参加小升初考试的小学生	虽没时间，但也想吃温热饭食的准备小升初考试的小学生	忙于准备小升初考试的小学生
补习班比较多的车站	补习班比较多的车站	补习班比较多的车站
补习班盒饭 在补习班进行营养补给，可以让学生学习到很晚	补习班的荞麦面/富含DHA的盖饭 专为上补习班的小学生提供的站着吃的荞麦面/金枪鱼盖饭	补习班的金枪鱼盖饭 关于需求的市场调查
具体要素 ● 补习班的桌椅高度 ● 普通盒饭 ● 无须付钱	具体要素 ● 适合小学生身高的桌椅 ● 已做好的富含DHA的盒饭（富含DHA的金枪鱼等）、赠送的葡萄糖 ● 公交卡支付（先付款后取餐）	具体要素 ● 适合小学生身高的桌椅 ● 富含DHA的金枪鱼盒饭+葡萄糖+应试小技巧卡片 ● 费用含在补习费内（合作方案）
传统	创新	预测

右侧纵轴：顾客（who）／提供的价值（what）／构成要素（how）——系统轴
横轴：时间轴

图 3-4-18　策划九宫格 2

- 左列上格：传统的顾客不变。
- 左列中间格：以前的 what 即"补习班盒饭"，一般是家长自己做的，所提供的价值是"让孩子上完补习班后能吃上饭"，目的是"让孩子（在补习班）有更多学习时间"；
- 左列下格：参考中间列的"具体要素"填写，如补习班的桌椅高度、普通盒饭、无须付费等。

第三部分　利用九宫格思维进行沟通　　275

最后填写右列三宫格。

首先，右列上格的"who"内容不变。

接下来是右列中间格，在参考其他格子的内容后，就会感觉在投资油炸天妇罗或煮面的设备之前，如果能供应几乎不用任何设备就可以出餐的"金枪鱼盖饭"并以盒饭的形式销售，就能验证在补习班学习的小学生们的需求是否足够支撑这项业务的运营。另外多说一句，做金枪鱼盖饭所需的厨房设备，与眼下流行的珍珠奶茶的差不多。

接下来请继续思考实现这个价值的具体要素（how）。除了设置让小学生买完便走的外带窗口，准备一些写有考试技巧的卡片也不失为一个揽客的好方法。

此时，再次回顾九宫格中所填写的内容，我们可能会想到有没有无须用现金现场支付的方式，这也许就能产生"能否作为补习费用的一部分征收"这样的想法，这样的想法或许值得一试。

眼下在日本，能够供小孩念私立初中的家庭，大都是双职工家庭，所以在为孩子选择初中学校时，"学校是否提供三餐或有没有学生食堂"可能就是父母考虑的重点。其实，当年的"补习班盒饭"对我家来说就是个令人头疼的问题，后来幸好我岳父母可以帮忙给孩子准备，但我的同事们可就没那么幸运了，听说她们常为自家孩子的"补习班盒饭"烦恼不已。

假如可以跟补习班合作，让补习班提供盒饭，这样不但盒饭商家可以确保营业额，补习班也有了除价格以外的差异化优势，可说是一种双赢。（反过来说，在此之前为什么就没有这样的服务呢？）

提出这样的创意，我认为唯有"统一思考范围，同时又能一目了然地呈现大量信息"的九宫格思维才能做到。

策划案 3：再次制作策划九宫格，预测未来

为了让已有的创意更加完美，建议大家再制作一份"业务策划九宫格"。由此便可从另一侧面进行新的思考。

首先，将前文想到的创意内容填入图 3-4-19 的左列三宫格（①②③），接下来将其进行抽象化后填入中间列。

①准备参加小升初考试的小学生	④想将考前的时间尽量都用于备考和提升学习能力的小学生	⑤在忙碌生活中能兼顾学习和用餐的小升初的学生 补习班比较多的车站等
②补习班的盒饭（荞麦面/富含DHA的盖饭） 专为补习班小学生提供的站着吃的荞麦面/金枪鱼盖饭	⑥用餐时间不会占用学习时间，反而有助于提升实力	⑦东大讲师的育脑食堂 专为补习班小学生提供的荞麦面/金枪鱼盖饭
③具体要素 ● 适合小学生身高的桌椅 ● 已做好的富含DHA的盒饭（富含DHA的金枪鱼等）、赠送的葡萄糖 ● 公交卡支付（先付款后取餐）	⑧具体要素 ● 能在短时间内帮助学习的桌面 ● 精选的食材+有助于学习的要素 ● 点餐和交费的自动化，节约时间	⑨具体要素 ● 提供能重复播放时事新闻的平板电脑/大学生最喜欢的打工地 ● 做好的富含DHA的食物 ● 按月付费制（subscription）

事实　　　　抽象化　　　　具体化

时间轴

顾客（who）／提供的价值（what）／构成要素（how）　系统轴

图 3-4-19　策划九宫格 3

其实，九宫格可以随心所欲地应用，下面我们稍微改变一下顺

序，先从横向进行思考吧！

将①的事实稍加抽象化，再将"用餐时间"进一步抽象化（①→④），便可得出顾客是"想将考前的时间尽量都用于备考和提升学习能力的小学生"（who）。

接下来再进一步抽象化（④→⑤），就可进一步想到，"为了提升实力，备考的考生都在争分夺秒地努力，想将用餐时间也用于学习"，这类考生集中在补习班较多的车站附近。

如果将向这类顾客提供的价值进一步抽象化（②→⑥），就能发现他们的实际需求是用餐时间不仅不会占用学习时间，反而有助于提升实力。

为了具体体现这个创意，我给它起了一个名字——"东大讲师的育脑食堂"并将之填入⑦。

接着通过九宫格的下段来思考如何实现（how，⑦→⑧→⑨）。

将提供的价值抽象化为"能在短时间内帮助学习的桌面"，这样有助于想出更具体的方案，如在桌上放置能反复播放时事新闻或讲述科学乐趣视频的平板电脑（不过为了避免顾客长时间留在店中，视频设定为每10分钟左右循环一轮为宜）。这样的做法说不定还能吸引附近的大学生到店里来打工呢。

话虽如此，一般来说家长还是希望孩子能早点到家的，因此要禁止店员和消费者长时间聊天。但是，假如让到店打工的大学生写下一句话，如"今天餐点中使用的食材对大脑有……帮助"以及"大学生活的乐趣在于……"等，再将之印在小卡片上发给消费者，让他们在回家的电车上阅读，或许也是一个不错的创意。此外还可考虑在社交媒体上设置问答专区，让考生们能在上下学的时间有与在店里打工的大学生聊天互动的机会。

据我了解，很多大学生很乐意为社会和孩子做贡献，因此只要店铺打造良好的品牌形象，例如将提供的价值设定为"远离填鸭式教育，帮助孩子快乐学习"等，相信大学生一定也愿意参与，以合适的成本用心地帮助店家，甚至连策划都愿意包办（之所以敢下此断言，是因为我曾在大学学生协会担任过学生委员，了解大学生的心思）。

  接下来再将付款方式进行抽象化，我们很容易便能发一个痛点：点餐和付款方法。如果更进一步简化支付流程，或许还可以考虑推出"按月付费"方案。例如，每周用餐4次，每个月共16次，每次用餐的价格在500日元以内，那么一个月的费用不到8000日元。此时，因为有补习费用作为比较，所以家长会感觉这个餐费非常划算。

  看了上述思考过程，大家感觉如何呢？先不说上述创意是否可行，我只希望大家能感受到，只要将九宫格的9个部分形成一个模块，再统一思考问题，就可以不断地提出创意。这其实就是九宫格思维的魅力所在。

第 5 章

战略分析与九宫格思维

九宫格思维是战略分析的高级概念

公司里有几位后辈在看了我的上一本书后,主动与我一起推动书中内容的专利申请事宜,这也成了我撰写本书的动机之一。

他们在学习发明原理一年后,对我说:"通过学习,我们了解了如何通过发明原理来解决问题,同时也明白了解决问题的本质就是设定下一个问题。"

于是我先教他们运用九宫格思维,但并没有局限于TRIZ,同时教他们如何使用商业模式画布、价值主张画布、思维导图,以及有"简易版TRIZ"之称的USIT等。

在整个学习过程中,我用九宫格进行说明,结果发现他们能很快理解所讲的内容。

在将上述工具全部学完之后,我们发现,其实只要学习九宫格思维就够了。

当时有一名同事参与了公司创建"共创空间"的活动。他们在开始制作提案时并没有运用九宫格思维,结果提案总是被集团副总退回。后来利用九宫格思维重新整理后,这个预算高达几千万日元的策划顺利通过了。

在和这位后辈一起推进策划活动的过程中,我深切感受到了TRIZ九宫格在创意构思及整理方面的卓越效果,同时也意识到九宫格的潜力其实远远超过传统TRIZ界的认知。现在,我把九宫格当作基础工具,经常使用它进行分析、思考。

养成从超系统开始分析思考的习惯之后,大家一定会发现,其实3C分析及SWOT分析等经典的战略性分析工具都属于九宫格思维的一部分。

本章我将对上述发现进行详细说明。首先我们一起来了解 3C 分析、SWOT 分析、安索夫矩阵，以及战略咨询公司常用的其他图表。

我曾数次接到"如何才能将要素和需求进行匹配"的咨询，每当这时，我就会教他们用九宫格进行创意构思。希望大家也能尽快感觉到"TRIZ 九宫格思维是一种很强的万能框架"。

另外，前文提到的那几个帮我推进专利申请的后辈现在仍在使用 TRIZ 的发明原理和九宫格思维。他们通过 TRIZ 给公司申请了多项（在影像传感器中搭载 AI 功能相关的）专利，并使之实现了量产，因而受到公司的嘉奖。作为一个老师，这是一群最让我感到骄傲的学生。

系统轴 + 时间轴——3C 分析的核心

所谓 3C 分析，就是从顾客、竞争对手、企业自身去分析问题的方法。

3C 分析并非只能分析现状，它的目的是扩大视野以便更好地考虑"公司今后（未来）的战略"。也就是说，它不是单纯地站在公司现在的立场思考公司的未来，而是连同考虑竞争对手及顾客等因素。如图 3-5-1 所示，我们可以通过这样一个 3 层结构，考虑更理想的"未来的公司"。

其实，只要将现状按前文提到的外部因素和内部因素加以区分，就可得出"先预测外部因素的未来，再分析公司自身（内部因素）的未来"这样的架构。

也就是说，外部因素由于相关要素很多，一般情况下很难出现极端变化，但由于自己能掌控的部分极其有限，"预测情况并提前

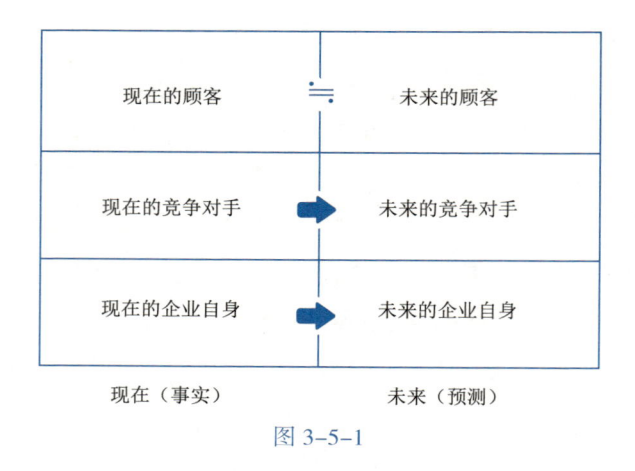

现在的顾客	未来的顾客
现在的竞争对手	未来的竞争对手
现在的企业自身	未来的企业自身

现在（事实） 未来（预测）

图 3-5-1

着手应对"有助于我们更好地进行战略构想。

实际进行 3C 分析时，建议大家尽量依照顾客→竞争对手→公司的顺序进行。

这样的顺序，会让我们自然地将 3 个"C"分为内部因素和外部因素，而这正是 3C 分析的最大价值。

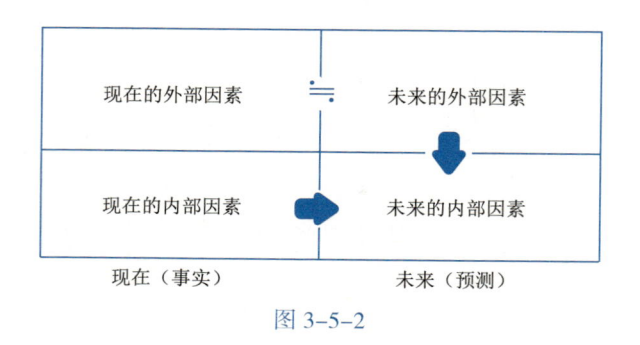

|现在的外部因素|未来的外部因素|
|现在的内部因素|未来的内部因素|

现在（事实） 未来（预测）

图 3-5-2

如本书第二部分所述，只要用系统轴的思路重新整理 3C 分析法，就能得出如图 3-5-3 所示分析图表。

该行业产品的所有使用场景	企业＋ 所有竞争对手 ＋所有顾客
整个行业所提供的所有产品	企业＋ 所有竞争对手
该行业产品的所有使用场景	企业

图 3-5-3

如果将两者进行结合，便可形成如图 3-5-4 所示的六宫格。另外，如果以外部因素、内部因素的观点将 3C 分析的基本结构换一种说法，则第一行和第二行属于外部因素，最下行属于内部因素。

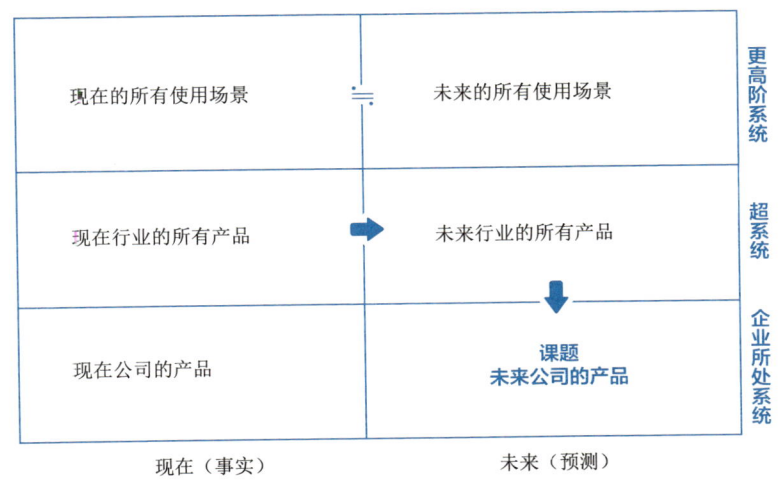

现在的所有使用场景	未来的所有使用场景	更高阶系统
现在行业的所有产品	未来行业的所有产品	超系统
现在公司的产品	**课题** **未来公司的产品**	企业所处系统

现在（事实）　　　　　　未来（预测）

图 3-5-4

第三部分　利用九宫格思维进行沟通　　285

后文提到的 SWOT 分析的基本概念也是基于"外部因素与内部因素"的框架，先预测未来的外部因素，再分析思考企业自身（内部因素）的未来。

SWOT 分析法中系统轴和时间轴也不可或缺

企业在思考今后的战略时所采用的 SWOT 分析法，具体项目如下：

S：企业自身的优势（strength）；
W：企业自身的弱点（weakness）；
O：机会（opportunity）；
T：威胁（threaten）。

SWOT 分析法的两个轴分别为"外部因素/内部因素"与"正面因素/负面因素"（如图 3-5-5 所示），具体如下：

	正面因素	负面因素
内部因素	优势	弱势
外部因素	机会	威胁

图 3-5-5　SWOT 四要素

S：内部因素中的正面因素；
W：内部因素中的负面因素；

O：外部因素中的正面因素；

T：外部因素中的负面因素。

如果从系统轴和时间轴进行分析，理解其结构与实用性会更容易。

与前文一样，外部因素相当于超系统，内部因素相当于自己所处的系统。如果再加上表示现在（事实）与未来（预测）的时间轴，便可得出图 3-5-6 所示的图表。

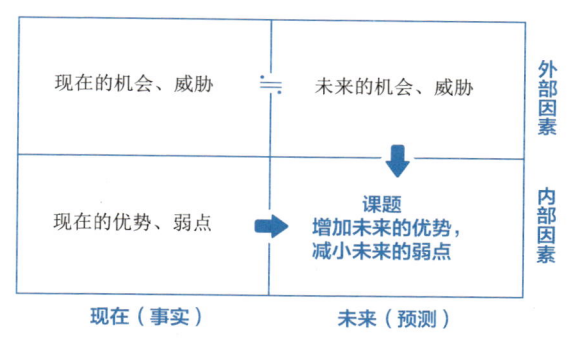

图 3-5-6　通过系统轴和时间轴重新分析 SWOT

此时，在自身所处的系统（公司）中增加的未来优势、减少未来的弱点，以使事业获得更好发展，这也是进行 SWOT 分析的核心。

而且 SWOT 分析法还具备易于将正面因素和负面因素分为外部因素（即超系统）和内部因素（即自身所处的系统）进行分析等的优点。也就是说，外部因素（即超系统）中存在大量的相关要素，同时包括许多阻止变化发生的因素，因此，一般情况下鲜少发生戏剧性巨变，预测起来相对容易，例如人口统计、政府部门的资料，或是民间研究机构所提供的资料等都可用作参考。

简言之，通过机会和威胁，我们可以从较为接近"现在"的事实预测出"未来"。

针对经上述方法预测出的超系统的未来（机会/威胁），如何增强现在的优势及减少弱点以实现企业的目标，便是 SWOT 分析法后半部分应该进行的。

SWOT 分析法具备实用性，关键在于它拥有包含了自身系统与超系统的系统轴，只需结合"过去→未来"的时间轴，它便具备了很强的实用性。

同样地，也可以用同样的两个轴对 SWOT 后半部分进行分析，这就是 TOWS 矩阵（见图 3-5-7）。

	未来的机会	未来的威胁	外部因素
现在的机会、威胁			
现在的优势	SO战略	ST战略	内部因素
现在的弱势	WO战略	WT战略	
现在（事实）	未来（预测）		

中间横条：TOWS矩阵

图 3-5-7　通过系统轴和时间轴分析 TOWS 矩阵

PEST 分析——思考外部因素（超系统）的钥匙

如前文所述，在思考事业战略时，最关键的一步就是掌握外部因素（即超系统）。然而这两个词语都有点抽象，如果想在日常生活中自由运用，迈出第一步确非易事。

下面先给大家介绍"现代营销学之父"菲利普·科特勒（Philip Kotler）教授提出的用于分析宏观环境的 PEST 分析。

所谓 PEST：

P：政治（political）；

E：经济（economic）；

S：社会（social）；

T：科技（technological）。

运用 PEST 分析，就是将与上述 4 点有关的内容一一列举出来，再进行分析思考。例如，稍加思考和分析后你就会发现，对个人来说，政治、经济、社会状况、科技等都是无法靠个人的力量去改变的"外部因素"。

具体来说，有如下内容：

政治：法规、税收制度、司法制度、政府部门的动向等；

经济：经济景气程度、银行利息、汇率、一般商业习惯等；

社会：人口动态、人口结构、教育水平、宗教信仰等；

科技：生产技术、技术革新、基础设施等。

对于抽象的"外部因素"，如能将之细化为 PEST 四个方面再进行考虑分析，就简单明晰多了。所以，这也是战略分析行业常用的思考工具之一。

例如，19 世纪（中叶以后）的 PEST 内容为：

P：帝国主义（允许殖民霸权存在，弱势群体几乎没有人权）；

E：（西方国家）商人与国家政权互相勾结的政商时代，强权者用船只将殖民地生产的物品运送至世界各地销售，当时的主要产业为煤炭（又被称为"黑金"），奉行"铁腕治国"政策；

S：人口增加，国家呼吁民众"多生多育"，以便扩充军力，矿工人数众多；

T：经济主要以钢铁加工和进出口为主，军事方面主要靠巨舰和大炮。

上述社会现实虽然被现代社会诟病，但在当时确是"合理"的。

进入 20 世纪后，PEST 的内容又转变为：

P：自由主义经济 vs. 共产主义、美苏冷战、经济制裁现象；

E：股份制企业出现、股市活跃，主要产业动力为石油，石油的重要程度日益凸显；

S：制造业、上班族、家庭主妇等现象和词语登场，进入属于"消费者"的时代；

T：电力、电子、半导体、核能技术。

同上，如果让大家用 PEST 分析法对 21 世纪的当前阶段进行分析，大家会列出什么内容呢？

顺便提一句，比较长的一段时间里，我自己画九宫格时，对应"超系统"的上格写的都是 PEST 分析法的内容。其中，我曾记录过如下的内容：

P：中美贸易竞争、国家与全球化企业之间的拉锯战；

E：人口减少，因流动性过剩及社会保障增加而鼓励投资，在产业方面，"数字＝黑金"；

S：人口减少，发达国家迈向高龄少子化；

T：互联网、AI、IoT（物联网）。

安索夫矩阵和九宫格

著名的"策略管理之父"伊戈尔·安索夫（Igor Ansoff）提出的"安索夫矩阵"，是战略咨询公司中人人必学的一款分析工具。

促进公司成长的战略通常包括以"既有产品／新产品"和"既有市场／新市场"组成的 4 个内容（此处为 4 个象限，见图 3-5-8），各个象限的名称如下：

A：市场渗透战略（既有产品／既有市场）；

B：新产品开发战略（新产品／既有市场）；

C：新市场开发战略（既有产品／新市场）；

D：多角化战略（新产品／新市场）。

```
                    既有市场
A：市场渗透战略      B：新产品开发战略
（有时代局限性）      （取决于技术能力）

                    新市场
C：新市场开发战略    D：多角化战略
（取决于策划能力）

既有产品            新产品
```

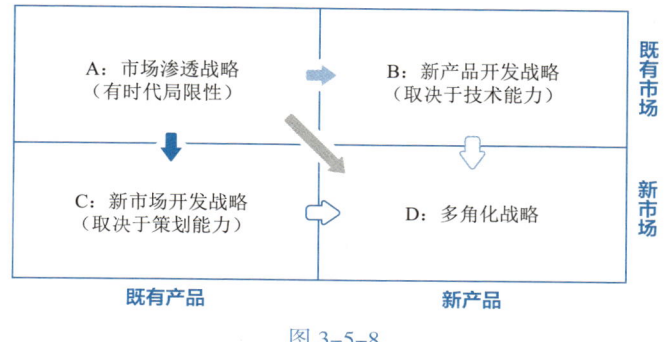

图 3-5-8

其中，A→B、A→C 为中风险、中回报；A→D 若成功则获利极高，但成功率极低，因此应该避免（A→A 的风险很低，但回报率也很低）。

成长矩阵是以公司为单位（范围）进行的分析，如果站在牵涉很多人的"产品或服务"立场，考虑如何提升营业额等问题，可以从"提供的价值+实现方法=要素技术"的视角，将内容区分为以既有要素/新要素和既有价值/新价值两轴组成的 2×2 矩阵，从而整理出如下内容：

A：持续性改善（既有要素/既有价值）；

B：非连续性改善（新要素/既有价值）；

C：新价值开拓（既有要素/新价值）；

D：革命性挑战（新要素/新价值）。

日本企业一般都很重视既有要素，因此大多采用 A→B 模式。如果用"提供的价值/要素、手段"与"之前/之后"的时间轴组成的 2×2 矩阵来体现 A→B 模式，便整理出图 3-5-9 四宫格。

但是，在这个方向上，自己和竞争对手都在不断改善，已经难以再有突破。因此，平日里有意培养自己从 A→C（无须改变太多要素就能创造出新价值）开始分析的习惯，就显得非常重要。

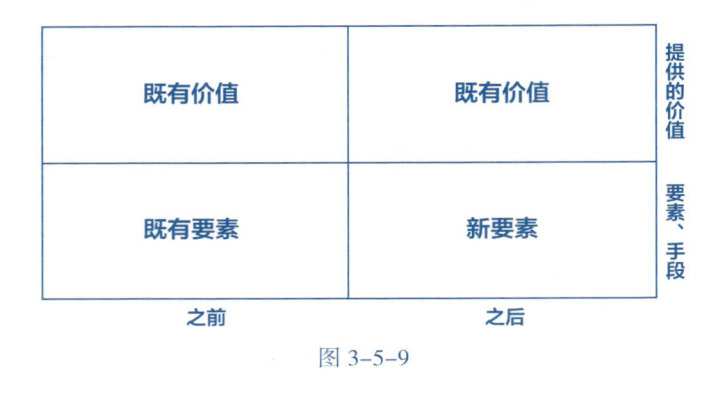

		提供的价值
既有价值	既有价值	
既有要素	新要素	要素、手段
之前	之后	

图 3-5-9

以富士胶片公司为例（以下简称"富士"）。当时，同为相机胶卷行业龙头（全球排名第一）的柯达宣布破产，富士却做到了华丽转身，顺利地脱胎换骨。对此，哈佛经济学院以及《基业长青》《领导与颠覆：如何摆脱创新者的困境》(Lead and Disrupt: How to Solve the Innovator's Dilemma) 等知名商业图书，皆进行过分析与讨论。

富士是一家以"底片国产化"为目标而设立的公司，主打商品是传统相机用的胶卷。

随着数码相机的问世，胶卷的需求量骤减，富士却能将其累积多年的既有技术应用到各种不同的领域。其中之一，就是其全球市场占有率第一的"液晶保护膜"。

富士利用既有的光学技术、薄膜技术，以及如何让光微粒在薄膜中均匀扩散的技术要素等，从"记录光线"（感光）的既有价值中，创造出了"控制透过光的技术"这样的新价值（见图 3-5-10）。

而且，富士没有停下挑战的脚步，不断尝试多视角的战略，即以 A → C → D 的模式不断探索，并取得了巨大成功，其中最知名的就是在化妆品产业。

富士从既有技术的"胶片的主要原料是胶原蛋白"获得灵感，将原本用于防止照片褪色的防氧化技术，以及可使纳米粒子保持稳

		提供的价值
既有价值 胶卷 （感光技术）	**新价值** 液晶保护膜 （透光技术）	
既有要素 光学 薄膜 光微粒扩散技术	**既有要素** 光学 薄膜 光微粒扩散技术	要素、手段
之前	之后	

图 3-5-10

定状态的乳化技术等，应用到提升肤质的美容产品上。

尽管两者皆名为"技术"，但富士在生产胶片的技术上加入新的元素后，成功地创造了新价值并顺利实现了华丽转身。

如上所述，只要将对象按空间轴方向分为"提供的价值"（what）和"要素、手段"（how），再按照"之前/之后"的顺序将时间轴分为横向三宫格，便可掌握如图 3-5-11 所示的许多信息。

			提供的价值
既有价值 胶卷 （感光技术）	**新价值** 液晶保护膜 （透光技术）	**新价值** 化妆品 （美容）	
既有要素 光学 薄膜 光微粒扩散技术	**既有要素** 光学 薄膜 光微粒扩散技术	**新要素** 抗氧化技术 乳化技术 控制纳米粒子技术	要素、手段
20世纪50年代	20世纪70年代	21世纪前10年	

图 3-5-11

其实，图 3-5-11 的六宫格就是九宫格（图 3-5-12）的一部分。

只需将九宫格中的"提供的价值"和"要素、手段"换成箭号,再将安索夫矩阵的标签分别贴到箭号上,一张完美的战略咨询公司常用的图表便绘制完成了。

市场渗透战略	新市场开发战略	多视角战略	
既有价值	**新价值**	**新价值**	提供的价值(what)
胶卷 (感光技术)	液晶保护膜 (透光技术)	化妆品 (美容)	
既有要素	**既有要素**	**新要素**	要素、手段(how)
光学 薄膜 光微粒扩散技术	光学 薄膜 光微粒扩散技术	抗氧化技术 乳化技术 控制纳米粒子技术	
20世纪50年代	20世纪70年代	21世纪前10年	

图 3-5-12　箭号形成长矩阵

大家是否能意识到这其实就是一个九宫格呢?由此可知,九宫格思维囊括了各种分析思考方法,你只要掌握九宫格思维,就能为需要的人提供各种建议和帮助。反复进行"整理→构思→传达"的练习,并通过不断帮助其他人解决问题来积累经验,这正是提高创意能力的最佳途径。

用六宫格发现新需求

对于前文的"比起创造新技术,不如创造新价值",相信很多管理者也都明白这个道理。

不过，他们中的很多人虽然明白，却不知道如何做，因此向我咨询。

"从现有要素中找到新需求"就是一种创造力。由于向我咨询的人太多，因此我制作了一个"发现需求六宫格"，让工作小组的成员学习掌握。确实，在进行创意构思时，"质从量中来"的说法没有错，例如，针对需求进行头脑风暴时，可通过文字接龙等游戏收集大量词语，再将之随意组合。这样的讨论无须太高明的技术，就像是一个创意游戏，但确实很有效果。

但是，如果企业自身已经有一定的技术要素，也可以试着用这个需求六宫格进行分析思考。有些公司在某方面具有很强的技术能力，但因为投资了与原有技术毫不相干的新产品，从而陷入财务危机，这种事情真的令人唏嘘不已。此外，"不忘初心"的确是好事，但如果连"技术要素都要回到原点"，而且没有专利保护，那么势必出现竞争对手争相模仿的局面，导致利润空间遭到挤压。

传统（解决前）	创新（解决后）	
要素之间的关联性太随机，难以找到差异化要素，进入壁垒低，较难获利	易于发现要素的优势并用其找到需求，易于造出能盈利的商品	解决方法、要点
以随机的方式找到需求	发现需求六宫格	方法
先将创意写在便签上，再将玩文字接龙时写出的意思相近的词集中在一起	● 范围一致的3层结构 ● 结合过去的成功案例 ● 注意各要素的特性	发明要素

图 3-5-13

延伸内容

发明要素一览与《日常生活中的发明原理》

下面给大家介绍一下除"非对称性"之外,我们最容易看出的其他发明要素。

观察同一发明物的不同版本,我们会发现它们大多是局部特征有所变化。特征的变化大多具有相对性(如图 3-5-14 所示)。

外观改变类	单数⇔复数类
● 直线形⇔曲面形 ● 对称⇔非对称 ● 无色透明⇔有色	● 竖排⇔横排(协调) ● 单一、不可动⇔关节、可动 ● 专用、纯粹⇔通用、复杂
位置改变类	附加辅助类
● 内侧⇔外侧 ● 朝上⇔朝下 ● 平面⇔立体	● 有动力⇔无动力 ● 有中介物⇔无中介物 ● 有反馈⇔无反馈
重、厚、长、大⇔轻、薄、短、小	顺畅性
● 厚⇔薄 ● 粗⇔细 ● 硬⇔软	● 有障碍⇔无障碍 ● 有周期⇔无周期 ● 快、时间短⇔慢、时间长

图 3-5-14 最容易找到的"发明要素"

资源和需求相关联的方法

发现需求六宫格的制作方法

接下来,请大家实际思考并动手制作发现需求六宫格。

纵轴的设定如下:

- 上格:消费者视角,已经得到满足的需求;
- 中间格:分析对象;
- 下格:要素视角。

时间轴则设定为"过去→现在"。

在最左列填入现在已经成为"日常"的"过去的创新发明",最右列填入能满足自己现今需求的系统。从右列中间格开始按顺时针方向依次填写①~⑥。

①右列中间格:本次的分析对象;

②右列下格:支撑实现①的技术要素(详情可参照前文的"延伸内容");

③左列下格:与②的技术要素有共同点的日常用品;

④左列中间格:具备③的要素的具体日常用品;

⑤左列上格:④所列举的过去的发明已经满足的需求;

⑥右列上格:从⑤(或其他格子)开始考虑各种关联,提出新的需求。

上述所填写的内容乍看之下可能有点荒唐无稽,但由于②和③的技术要素具有一定的共通性,所以比起完全随机的构思,实现的可能性应该更高。

⑤已经得到满足
的需求　　　　⑥好像可以满足
　　　　　　　　的需求

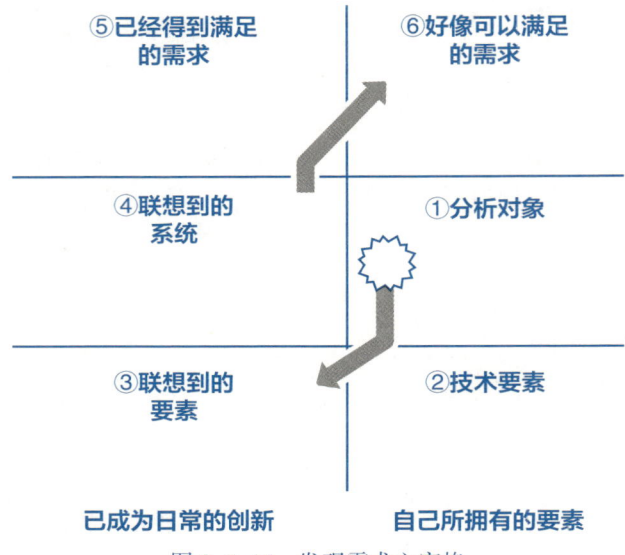

④联想到的
系统　　　　　①分析对象

③联想到的
要素　　　　　②技术要素

已成为日常的创新　　自己所拥有的要素

图 3-5-15　发现需求六宫格

关于智能手机新功能的创意构思

　　下面，让我们一起实际利用发现需求六宫格针对智能手机构思一个新功能。

　　可以从智能手机的众多功能中挑出一个要素，针对其构思新的功能。

　　首先，在图 3-5-16 右列中间格（①）填入本次的分析对象"智能手机"。

　　接着，随意挑选智能手机的一个功能要素。例如，假设有人前来咨询有关"振动"的技术要素，就在右列下格（②）的技术要素中填入"振动"。

　　接下来，可以观察我们身边具备"振动"功能的物品，尤其是已经成了日常用品但过去曾是"新发明"的物品。此示例中，我将

⑤已经得到满足的需求
洗净衣服、脱水功能

⑥好像可以满足的需求
洗净_____、脱水功能

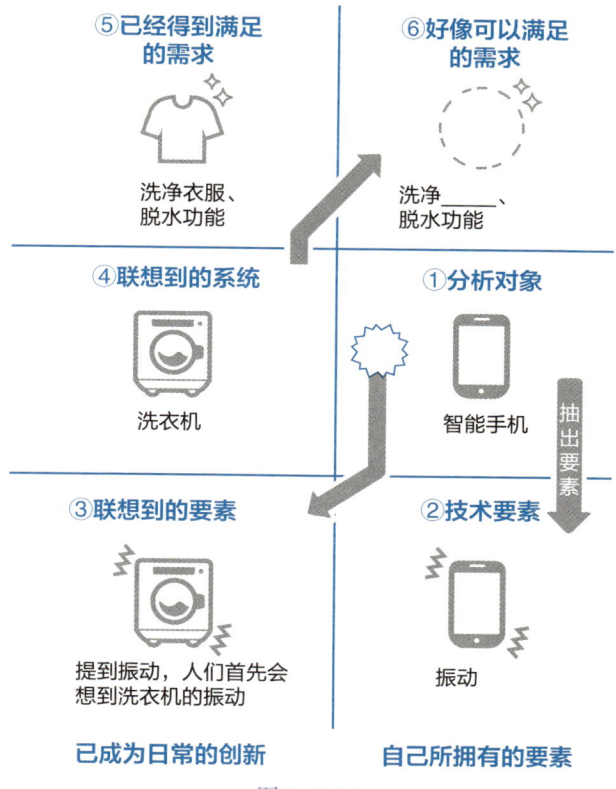

④联想到的系统
洗衣机

①分析对象
智能手机

抽出要素

③联想到的要素
提到振动，人们首先会想到洗衣机的振动

②技术要素
振动

已成为日常的创新　　**自己所拥有的要素**

图 3-5-16

在运行时会振动的洗衣机填入了左列下格（③），以及由此想到的相关要素。

能够振动的系统就是洗衣机本身，所以我将之列在左列中间格（④）。

以上均是准备阶段的工作。

下面将④的"洗衣机"系统（通过②的振动）能满足的市场需求填入各相应格子。洗衣机通过搅动滚桶里的水并施加振动以实现洗净衣服的需求。

第三部分　利用九宫格思维进行沟通　　299

以此为线索，可以在⑥中写下"洗净＿＿＿"，作为可以满足的需求。接着回看六宫格的内容。

看完①～⑥的内容，如果此时有人提出将原本用于新消息通知的"振动"功能用于"清洁手机"，你是否还会觉得很荒唐呢？

但事实是，只需进行如下设计，即把手机放进口袋时，手机便会出现微幅振动，也许就能擦去手机屏幕上的指纹。

养成这样的思考习惯后，我们便会自然而然地继续联想。例如洗衣机之所以会振动，是因为要实现脱水的功能，因此，可在⑤中填写满足让衣服脱水的需求，同时可直接在⑥的需求栏中填入让手机脱水。再进一步细想的话，如果刻意振动手机，或将手机的接缝处设计成朝外倾斜的样子，说不定真能通过振动来实现脱水功能。

另外，提到晃动，可能很多人第一个想到的就是摇晃的公交车；坐在摇晃的车上，人会容易产生困意。如果顺着这个思路往下想，提出"利用手机的振动给人催眠"的创意，也非天方夜谭。

说到这里，大家可以大开脑洞，比如提到公交车，西方国家认为"bath、bus、bed"（洗澡、公交、床）是"最容易激发创意的3B"，如上种种，如果这时有人提出"利用手机振动激发灵感"的创意也不足为奇。

接下来脑洞可以开得更大一些，比如可以从公交车的震动进一步联想到减震器。减震器通过一个名为"弹簧"的振子，实现"让车稳定"的目的。由此再细想，将来或许会出现"如何通过振动来保持手机稳定"的新需求。这时或许仍会有人认为这样的创意有点异想天开，但如果是针对洒落在平面上的水滴或粉末，确实可以利用敲打产生的振动，使其落在固定的位置上。由此可见，这个看似异想天开的创意并非毫无道理。

如上所述，比起毫无目的地随机联想，通过六宫格并结合与所知要素相关的日常生活用品进行关联构思，不仅更易于找到创意构思的方向，还能更愉快地发现新需求。

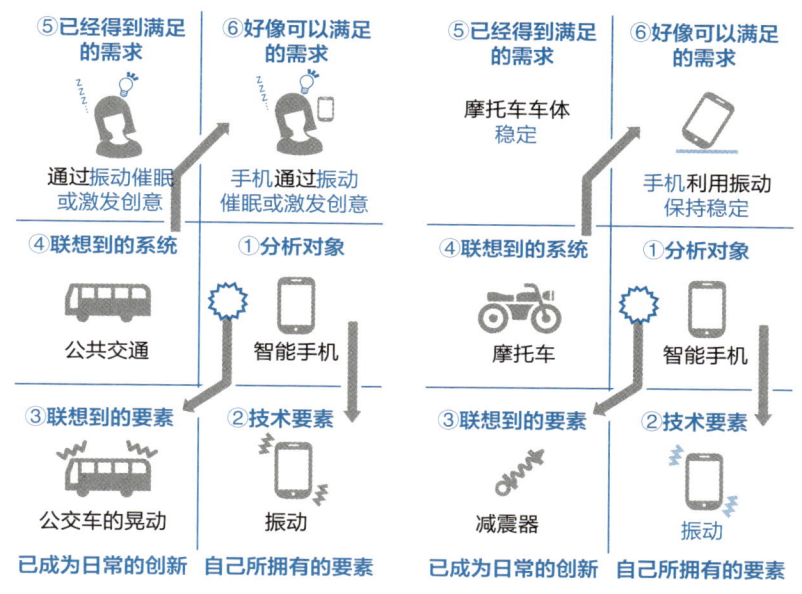

⑤已经得到满足的需求	⑥好像可以满足的需求	⑤已经得到满足的需求	⑥好像可以满足的需求
通过振动催眠或激发创意	手机通过振动催眠或激发创意	摩托车车体稳定	手机利用振动保持稳定
④联想到的系统	①分析对象	④联想到的系统	①分析对象
公共交通	智能手机	摩托车	智能手机
③联想到的要素	②技术要素	③联想到的要素	②技术要素
公交车的晃动	振动	减震器	振动
已成为日常的创新	自己所拥有的要素	已成为日常的创新	自己所拥有的要素

图 3-5-17　从要素找到发明物的发现需求六宫格

用九宫格来教学

用九宫格设定教学内容和确立假设

接受委托后，自然会考虑目的

前文的九宫格基本都是立足于过去和现在，再面向未来进行各种分析思考。本节想给大家介绍的是从目标（未来）开始分析思考的九宫格，即最适合用于教别人知识的"教学九宫格"。

"从教中学到的东西相当于从学中获得的 3 倍。"

这是父亲教育我时最常说的一句话。教学活动中，人们常认为学习者是主体，但事实上，教学者本身所学到的或所收获的，比学习者多得多，原因主要有以下两点。

首先，一般情况下，当遇到需要教给别人什么的状况时，大都受到了对方的委托。而在接受别人的委托后，自然而然地就会思考对方的目的，同时确立假设。

其次，课程一结束，我们便可验证自己一开始提出的假设是否正确。在教学过程中如果能时时意识到自己的假设，就能获得更多的知识和见解。

不过，为了能对上述假设进行验证，必须先了解"教学技巧"。如果不了解教学技巧，课堂就会变成教师的个人舞台，这样对学习者来说将十分痛苦。

教学最重要的目的就是"改变学习者的学习行为"，然而这并不容易达成。

下面我将以自己的小组研讨会及课堂为例，利用九宫格为大家介绍教学所需的技巧以及需要注意的问题等。

教学其实也有技巧

我有过一段不太好的回忆。那是 10 年前，我的一个在大学任教的同学邀请我到他的班上讲课。

当时热情高涨的我，只想在 90 分钟里把想讲的东西尽量多地教给学生，所以整堂课都是我一个人在滔滔不绝地讲话。课后学生并没有提出任何问题，而我的大学同学也表示："你讲得很好！谢谢！"但后来，他再也没邀请我去讲课。

其间，也有其他同学邀请我去演讲，但结果都一样。

后来，经同事介绍，我有机会学习了教学方法，学过之后才知道，我之前那种填鸭式的教学让学习者多么痛苦。

本来，无论是培训还是上课，都应该是一段能互相学习、有意义且有所收获的时间，否则，对教、学双方来说都是既浪费时间又毫无意义的事。

我很幸运后来有机会学到了教学方法，但对很多人来说，即使有教学的机会，也不一定有学习教学方法的机会。

▍两大教学技巧：整体设计和重点内容设计

理想的课堂能对学习者产生积极影响并使其在学习行为上产生积极改变。要实现这样的课堂效果，重要的是做好如下两点：课堂的整体设计和重点内容设计。整体设计包括教学开场、教学过程（小组研讨会等）及教学收尾三个环节。

下面，我先给大家介绍课堂的整体设计方法以及进行设计的重点内容。接着，引导大家思考应该如何设计教学开场、教学过程（小组研讨会等）及教学收尾三个环节。最后，通过教别人使用九宫格，让大家掌握如何提出假设及进一步理解假设。

掌握了教学方法，大家不仅可以看见学员们满意的表情，更能感受到自己的成长。希望大家学习本节内容后，能在教学时更有收获。

求职时，如果强调"我能把自己的专业知识和经验教给更多人"，那么就能更容易地找到发挥自己专业特长和经验的工作。这样，大家也能顺利地发挥个人专长，为社会做更大贡献。

面对后辈及下属时也一样，如果能教会他们如何才能对自己的工作感到满意，就能激发他们的工作动力，使其更积极主动地投入工作，从而提升整个组织的成效。

希望大家能通过对以下示例的学习提高教学能力。

课堂的整体设计

课堂设计差的课，没人想上

请大家回想一下自己的学生时代，是不是有一些课是你不想上的呢。说来惭愧，我也是这样，并不是每堂课都喜欢。

后来我终于也有机会站到讲台上了，且有了前文所述的痛苦经历，我才深刻体会到对一名授课者来说课程设计有多么重要。

直到后来有幸学习了教学方法，再加上反复实践，我才能做到现在每节课的综合评价都是满分。

我在进行课程设计时，即使课程内容与九宫格无关，我也会先制作如图 3-5-18 所示的"整体设计九宫格"。

② 之前的状况	③ 今天的预期改变	① 效果
● 越来越不喜欢使用 ● 没有独创性 ● 没有跨行业、跨领域的创意	● 耐心听完20人的自我介绍 ● 向他人传达了独创性 ● 与不同领域的人相互激发	● 使在场者认识其他成员并了解他们的专长 ● 帮他人扩展视野及向其传达独创性 ● 让自己的经验服务于社会
⑨ 传统方法	④ 今天的学习主题	⑤ 具体使用场景
以各自喜欢的方式介绍	用TRIZ九宫格进行30秒的自我介绍	● 发表会/欢迎会 ● 跨行业交流
⑧ 要素	⑦ 要素	⑥ 具体行动
● 实质上无时间限制 ● 无专业词语的说明 ● 没有结构化	● 限时30秒，120字以内 ● why/what/how ● 成就→赠予→目标	● 提升自我介绍能力 ● 加入why/how ● 参加和以往不同的聚会

过去（周知、事实） 　 现在（创新、变化） 　 未来（预测、提案）

时间轴

系统轴：环境／概要／要素

图 3-5-18　整体设计九宫格

课程设计的最重要目的，就是让学习者听完课后，在工作及学习行为上产生变化。

了解委托人和学习者的环境

有时，可能连委托人自己对开设这门课程的真实目的都不是很了解。所以在接受委托后，我们要做的第一件事就是了解其想达到的目标。

这时我们可以通过口头询问或在网络上收集资料，了解委托人或学习者的背景，再将这些信息填入整体设计九宫格第一行。

右上格①中填入委托人希望实现的效果；左上格②填入对方邀请自己来授课的背景，即之前的状况；接着结合上述两点，在第一行中间格③填入希望通过这次授课所能改变的内容。

提出学习者行动变化的假设

如果学习者听完课后行动上没有任何变化，那么这堂课就没有任何意义。

因此，可以参照学习者的环境（①~③），再结合自己能讲授的内容（④），同时考虑这些知识具体能应用在哪些场景等，提出假设。

同时，结合上述假设，写上希望学习者在听完课后能产生的变化（⑥），再综合这些信息列举出授课的具体要素（⑦）。

通过比较使课题更简单易懂

填写完九宫格的中间列和最右列后，接下来继续填写最左列：让学习者能立刻明白这是哪个领域的课程，这堂课可以帮他解决哪些"不"。

在最左列下格⑧中填入与⑦相对应的内容，并在⑨中填入体现

⑧的"传统方法"。

| 若课程结果与最右列内容一致表明假设成立

至此,九宫格的所有格子都已填完。我在给学生上课时,会先发下最右列留空的九宫格作为"学习九宫格",课程结束时,请学生们填写然后回收。

如果学生填写的内容符合自己的预期,就表示事先提出的假设是正确的;如果不符合预期,说明假设不正确。无论结果为何,比起没有提出假设就直接上课,事先提出假设再行授课不仅有助于提高下次授课的质量,还有助于教师成长。

课程结尾九宫格

"结果好,一切就好!"

这是一句日本谚语,同样可用于授课。也就是说,一个好的收尾对课程非常重要,因为好的收尾可以提升学习者对课堂的满意度。下面,我想通过九宫格进行详细说明。在此我使用的关键词是"婚礼"(见图3-5-19)。

| 与环境结合

第一个秘诀——授课内容与环境结合。

也就是说,讲课的内容要与学员们当时所处的环境相结合。

前文已经提到多次,授课或进行小组研讨会的意义,在于使学习者听完后行动上会发生积极改变。为了达到这个教学目的,必须让学习者意识到,他们所学的内容能用于改变自己所处的环境(职场、家庭、升学、求职等)。

对此,常用的方法是讲师列举与学员目前状况相同或类似的事

想象在学习后自己的变化，提高将所学的内容付诸行动的意愿	课程结束后心情放松，同时意识到这是一个新的开始	听讲后明白了该如何付诸行动	优点
内容与学员所处环境结合 让学员意识到今日所学内容可应用于自身所处的环境	**是终点也是起点的"结婚"** 让学员意识到当日课程既是终点也是新起点	**像婚礼一样的固定模式** 用语言明确下一步的做法及优势	学习内容
● 实际的应用示例 ● 绘制九宫格 ● 结合超系统（环境）确定讲授内容	● 鼓掌 ● 带有庆祝意味的图片 ● 讲授内容与学员的过去、现在、未来相关	● 完、理、接、好 ● 学习九宫格 ● 分组练习，进一步抽象化	具体方法
过去	现在	未来	

时间轴

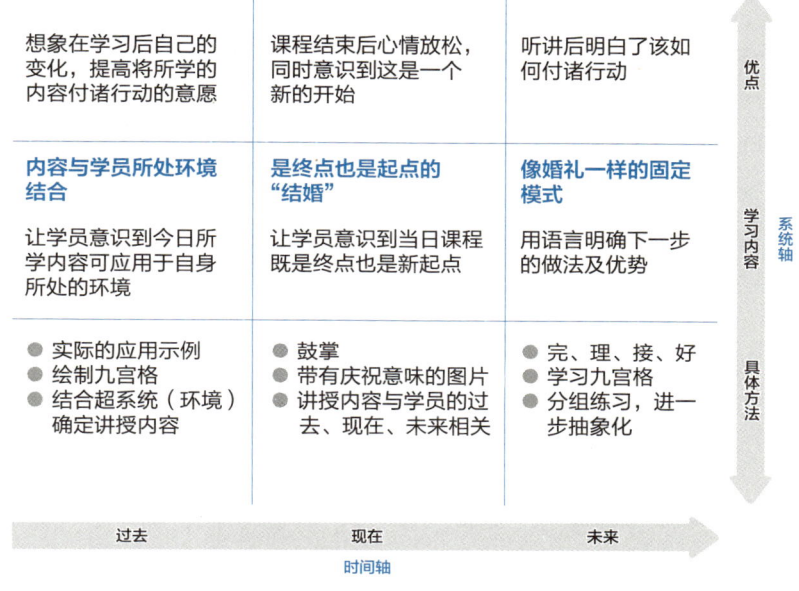

图 3-5-19　结尾九宫格

例、成功案例。

如果所列举的事例能让学员们自觉用来与自己的情况进行比较并思考，则最理想。

比如，我在讲授"如何教别人使用九宫格"的课程时，会让学生自己绘制九宫格，这样他们就能意识到超系统（环境）与自己的关系。如果是其他主题的课程，我会引导学生思考自己身处的环境。比如可向他们提出"你们现在身处的环境是怎样的"等问题来引发思考，也可以让他们制作逻辑三宫格，让他们意识到自己身处的环境。

| **是终点也是起点的"结婚"**

秘诀之二就是让学习者在庆祝当天课程结束的同时期待新课

程开始。

最简单的做法就是鼓掌。就算有时会感觉难为情，但我还是建议尽量请所有学员一起鼓掌，这样可让课堂氛围变得更融洽。此外，讲师也可以准备一些带有庆祝氛围的图片，我一般会放红豆饭[①]的图片以示庆祝。同时还经常补充道："今天的课程虽然看起来已经结束了，但事实上它代表着一个新的开始。"

| 采用"婚礼"模式

秘诀之三就是采用"婚礼"模式。

在准备婚礼的整个过程中，"结婚典礼"可谓模式最固定（包括各种规范）的部分，因此也可以说是最容易策划的环节（先抛开费用因素）。同理，为了让学生能够轻松地将所学内容应用于未来的行动，授课时最好也能为学生准备一个容易遵循和执行的固定模式。

我常用的模式是"学习九宫格"。

除上述之外，其实还有第四个秘诀，那就是授课严格守时。有人说过："每拖堂 1 分钟，学习者的满意度就会下降 10%；如果拖堂 5 分钟，就会下降 50%。"其实这个说法已经非常含蓄了，所以授课前请务必设定一个收尾时间，这个时间一到，必须进入收尾阶段。如果课程内容实在讲不完，可以在结束之后想办法给学生补充。

开场九宫格

日本还有一句谚语是："开头好，一切就好！"

[①] 在日本，红豆饭象征着吉祥和庆祝，常常在重要时刻食用，如婚礼或成年仪式等。——编者注

为了课程的成功，开场也必须利用九宫格好好进行设计。

近年来，在线课程成为主流，这对一些学习意愿较低的人来说，重新燃起学习兴趣更是难上加难。因此，教师在准备和设计课程时必须更加用心。做好课程开场的秘诀如下：

- 目的共享；
- 让学习者有获得感；
- 告知整个课程的内容结构。

● 目的共享

课程的开场环节，最重要的就是让所有学生知道为何要学当天的课程。

教师倘若不理解学习者为什么愿意学习当天的课程，那么在接下来的授课过程中将会非常辛苦。

此时的有效方法就是通过以"传统→创新→预测"×系统轴（优点/学习内容/具体方法）构成的九宫格进行分析思考。

可以将前文"整体设计九宫格"的最右列纵向三宫格改为空白后印发给学生，并让他们勾选最左列纵向三宫格中符合自己想法的内容。

让学生意识到"旧环境"已经转变为"新环境"。

接着让学生意识到"自己的不足"也发生了变化，并让他们想象获得成功后的场景。例如，我会告诉学生，由于深度学习的发展，劳动的基本概念将会改变，创造力和表达能力将日益重要，同时也会告知他们掌握这些能力有什么好处。

还有一个细节，为了让学生关注教学目的，最好在课前就将课程的详细介绍发给他们，讲课当天再用30秒简单介绍即可。

在大家都了解了课程目的之后，接下来就要激发他们的学习意愿了。

● 让学习者有获得感

在市场营销活动中，巧妙地让客户感受到各种"不"（意识到现有产品的不足，对现有产品感到不满等），对实现营销目标十分有用。

所以，授课时如果也先让学生尝到"不"的滋味，再让他们获得小小的成就感，便更能激发他们的学习动力。

但是，我以前在课堂上让学生感受"不"的时候，态度有点傲慢，仿佛在说："你们看，要是不会这个，会很不方便吧？"现在回想起来，我确实有点内疚，因为学生可能觉得我是在炫耀，从而丝毫不会感觉到学习的成就感。在这种心情下，学生是绝对不可能学得好的。

现在在课上，我都会先请学生进行有重点的自我介绍，或者引导他们找到诸如"非对称的意义"等新发现，让他们获得成就感。所以我建议大家今后在课堂上也要多多鼓励学生进行一些简单的练习，让他们能获得成就感，如此一来，他们对课程的兴趣和期待也会提高。

● 告知整个课程的内容结构

在学生对课程和教师充满期待之后，接下来开始介绍课程的整体内容和结构。

以我自身为例，我会用过去的方法作为对比，告知大家这堂课的内容及价值，接着告诉学生整个课程的结构。根据情况，有时也可以先透露一些与课程相关的关键字。如果内容过于繁杂，也可按照课程结构依次说明。此时如果能用学习九宫格进行说明，那就更好了。

小组研讨会九宫格

单纯地听课与小组研讨会，哪一个更能让你感受到"自己也可以实际应用所学内容了"？我想选择后者的人应该更多吧？那么，所谓"成功的小组研讨会"应该是什么样的呢？

利用九宫格，创建兼具独特性和易于传达的主题介绍

相互自我介绍与"三明治沟通法"*的重要性	进一步结构化使其兼具独特性和易于传达的优点	通过实践感受效果，考虑提升方法	优点
学习内容① ● 说明的结构化 ● 用3层结构进行自我介绍	**学习内容②** ● 说明的结构化（3×3） ● 独特性的普遍化	**学习内容③** ● "分割+结构化"可增加普遍性，同时提高表达能力	学习内容（系统轴）
要素① ● 有重点的自我介绍 ● why/what/how	**要素②** ● 目标/成就/赠予+why/what/how ● （应用）参数化	**要素③** ● 分组进行自我介绍，每人30秒 ● 成就→赠予→目标 ● （应用）发明原理	具体方法
过去	现在	未来	

时间轴

图 3-5-20　开场九宫格

根据我的经验，我举办过 100 多场亲子小组研讨会，超过 2000 个家庭参加，我发现"成功的小组研讨会"具有如下三个特点：

● 可制作；
● 可说明；
● 可带走。

只要留意这三点，相信你的小组研讨会也一定越办越好。

● 可制作的快乐

能亲自动手制作是一件令人开心的事。上课和小组研讨会的最大区别，应该在于是否有机会亲自动手。

最理想的情况是制作出某个实体物品。假如小组研讨会的主题就是手工制作某样东西，那么几乎可以肯定会取得成功。

但就算不是手工制作的主题，请学生"利用今天所学知识制订一个计划"，也不失为一个完美的收尾。

另外，我经常推荐的"请做一下自我介绍"也不失为一个好方法。因为如果对于坐自己旁边的同学连名字及喜好等都不知道，这样是很难融入课程的。

教室里一旦存在"老师和学生"两种身份，学习者就容易被"学生"这个被动的身份束缚，因此，教师需要制造一些能让学习者主动学习的机会，这样才能激发和维持其学习动力。

● 可说明意味着可整理思维

接下来，请准备一个能让学员们开口"说"的环节。

手工制作实物的小组研讨会，容易出现制作完成就草草结束的结果。但是如果设定"说"的环节，让学员们将自己体验到的东西转化成语言并进行交流，便可以加深他们的印象。例如前文讲的自我介绍和介绍计划等，也都是通过口头说明获得新发现并进行改进的。

小组研讨会中可以适当安排几次"两人一组，相互进行30秒以内的自我介绍"的活动，效果会很不错。而且，在研讨会的最后环节，可以以4～6人为一组，彼此分享学习成果，最后每组再派出一个代表向全体学员进行汇报。如果有的学员把教师原本想说的内容提前说出来了，这样的效果更好，因为这表明课程设计非常成功，可以给教师带来更多自信。

另外，"说"环节对提高教师的口碑可能也大有助益，所以请大家一定重视这一环节的导入和设计。

● 可带走能保证效果持续

其实,"可带走"也是小组研讨会的重点内容之一。如果是手工制作实物的研讨会,让学生把实物带回家,可作为其日后复习的依据。如果是暑假期间的亲子手工制作研讨会,被学生带走的成品自然会成为一种有效宣传,从而吸引更多参与者。当然,从成本考虑,也为了方便学生购买,使用的材料尽量都能从普通商店买到。对于有些难买到的材料,可提先替学生买好。

另外,建议大家另外准备可以将成品带走的袋子。在一般的专卖店中,100 个带彩色图案的塑料袋价格不到 1000 日元。我想光是拿到这样的袋子,参与的孩子应该就会欣喜若狂,所以各位也可以试一试。

前文讲的 30 秒自我介绍和计划,也都可以让学生写成范文,再打印出来让他们带走。比如图 3-5-21 所示的九宫格,这是以"高斯加速器"小组研讨会的内容为基础填写的。

用简易的材料制作高斯加速器(高斯枪)	体验高斯加速器的奇妙之处,并能说明其原理	带回家后可再次实验,也可在朋友面前展示(招来下一位顾客)	优点
可制作 能制作高斯加速器; 能通过高斯加速器进行实验	**可说明** 能够说出"高斯加速器的关键要素在于磁力的非对称性"	**可带走** ● 可把高斯加速器带回家; ● 带图案的包装袋,满满的仪式感	学习内容
要素 ● 制作说明书 ● 吸管、磁铁、铁球5个 ● 订书机、透明胶带	**要素** ● 发明原理——非对称性原理 ● 日常生活中非对称的例子(后视镜、易拉罐、昆虫翅膀)	**要素** ● 吸管、磁石,普通商店有售 ● 帮买铁球 ● 带图案的包装袋	具体方法
过去(定论)	现在(主张)	未来(感想)	

时间轴

图 3-5-21 发明的九宫格原理暑期研讨会・"制、说、带"九宫格

以上列出了设计一堂理想课堂的重点。

最后，我想向大家介绍应用上述概念设计课程的实例，即多年来我用作九宫格思维入门的"30秒自我介绍"小组研讨会的概要。

开场白部分是用逻辑三宫格进行有重点的自我介绍，课程的主要内容是"30秒自我介绍"的小组研讨会，最后让学员将所学内容填入学习九宫格。

| 共享环境和目标

日本有这样一句谚语："就算你有办法把马带到水边，也没办法逼它喝水。"

讲开场白的目的，就是让学生产生学习的意愿，因此我想通过"百岁人生"的概念，和学员们共享课程目标。

为此，我还准备了前文绘制过的"整体设计九宫格"，让学员们根据自己的具体情况在最左列纵向三宫格中勾选相应项目。这时，再让学员两人一组进行讨论，效果会更好。

另外，我还刻意将中间列纵向三宫格的文字设成灰色，让学生模仿，效果也不错。

| 通过逻辑三宫格收获小小成就感

我常让学生使用逻辑三宫格（why/what/how）介绍他们当下最热衷的事情。目的是通过练习，让学生明白只要时常意识到 why 和 how，就能更轻松地传达自己的独特性。这样不仅能缓解学生的紧张心情，还可让他们获得某种程度的成就感。

| "可制作、可说明、可带走"的自我介绍

以主题为"自我介绍九宫格"的课程为例。课堂上我先向学生进行说明，然后要求他们各自"制作"自我介绍。

接下来是"说明"环节，要求他们分别进行"说明"。一开始是两人一组，然后慢慢增加人数，最后两人一组轮流上台向全体成员进行自我介绍。最后，请学生把自己或之前参加过的学员所写的自我介绍"带走"。这么一来，学生不仅在课堂上有大量产出，在课后还有诸如"和我同组的人中竟有那么厉害的人物！"之类的感慨可与亲友分享。

如果学生中有人成功掌握了九宫格思维，用九宫格做出了完美的自我介绍，这样便能感染其他学员，让他们也感受到九宫格的潜力。

做出改变的第一步

所有成员都做完自我介绍后，别忘了引导大家一同鼓掌庆贺。我还会请所有人填写"学习九宫格"的最右列纵向三宫格，并以此作为收尾。一般情况下，比起被动地完成别人要求达成的目标，人们更愿意为自己定下的目标付出努力。

在课程的最后要求学生填写九宫格，不但能让他们结合自身所处环境（也就是找到付诸行动的理由），还能让他们获得价值及找到具体方法，获得采取行动的动力。

学习九宫格是验证假设的工具

课程结束后，我会翻看所有学生最后填写的学习九宫格最右列的内容。

部分人写的（行动宣言）正如我预想的那样，也有的完全出乎我意料。有些人写的明显表明他没完全理解课程内容，有些则写出了连我都没想到的好点子。

对教师而言，学习九宫格不仅有助于反省课程进行情况，同时还能带来新发现。

在准备下一节课或是想通过九宫格找到新的创意时，学习九宫格是一个绝佳帮手。

| 总结

到这里，大家已算顺利完成本书的学习了。非常感谢大家的耐心阅读。

所谓"教学"，其实不一定要真的站在讲台上。

如前文所述，求职时如果能强调"我能将自己的专业知识和经验传授给更多人"，那么就能更容易找到发挥自己专业特长和经验的工作。

面对后辈及下属时也一样，如果能教他们对自己的工作产生兴趣，就可能提高他们的工作动力使其更积极主动地投入工作，从而提升整个组织的成效。

上述两方面如果能实现，都是在对社会做积极贡献。

希望各位也能深入学习教学方法，并持续钻研下去。此时，如果能通过九宫格思维构建一种固定模式，那么它不但能重复使用，还可作为回顾或反省时的参考。在给东京大学的学生上课前，我会事先绘制几十张九宫格。由于过去的笔记也都是九宫格格式，因此我总是能马上想起当时思考的内容。

但是，假如想在课堂上有效利用"学习九宫格"，就必须先将九宫格思维说清楚。因此在最后，我想介绍一种无须先讲解九宫格思维，也能马上高效使用的简便方法——"完、理、接、好"：

- 完：完成的事；
- 理：理解的事；
- 接：接下来要做的事；
- 好：好处。

下面请大家试试看，先写下这四个关键字，然后逐一写出各个关键字的主要内容。

完：已完成的各项练习中，给你留下最深印象的内容；

理：自己已经理解的内容；

接：接下来要做的事；

好：这么做的好处。

此外，本书的编排设计多处用了九宫格思维，希望大家每次阅读本书时都能有新的发现。

真希望所有读者在读完本书后都能有"将九宫格思维运用到教学上"或"教会更多人理解和掌握九宫格思维"这样的想法。

本书最后一章，将介绍更多运用九宫格思维的范例。

在学习九宫格思维及 TRIZ 的路上，我也仍在努力。

第6章

常用的九宫格示例

与前文以理解和掌握九宫格为目标的章节不太一样，本部分的主要目标是让读者感受九宫格思维的无限潜力。因此，在学完前面各章后，大家可以结束阅读并开始试着绘制九宫格，或者可以跳过这一部分直接进入后记。

　　本章所列举的示例中，上段填写的是从更宏观的角度所考虑到的内容，下段则填写具体要素，并依照时间顺序排成3列。所以大家在练习时，也可按这个基本原则，但也没必要拘泥于此。本章中我列出了许多我以前绘制的九宫格，希望能给大家带来一些启示。

　　其中包括为了速记而随手画下的九宫格，也有为了预测未来而认真思索后制作的九宫格。

　　希望大家参考完这些范例后，在运用九宫格思维时能更容易地想到适合的标签。

用九宫格讨论美食

　　2020年新冠疫情暴发后，人与人之间的沟通瞬时转变为以线上交流为主。有一种说法是，在线讨论时如果先花两分钟左右聊些轻松的话题，可以有效提升沟通效率。

　　话虽如此，要找一个闲聊的主题也不容易。这个时候，就轮到基本上百搭的"美食话题"登场了。

　　接着再结合"过去→现在→未来"的时间轴，我们就可以绘制出包含如下内容的横向三宫格。

- 过去：小时候吃过的印象深刻的食物；
- 现在：最近吃过的印象深刻的食物；
- 未来：以后有机会的话一定吃的食物。

我个人的填写如下：

- 芜菁片；
- 荞麦面卷；
- 佛跳墙。

假如只是简单聊聊，只要如上所示把与过去、现在、未来相关的东西随意记下来就行了。

然而，如果只有食物名，对方并不容易理解，或者你如果想向对方更详细地传达令自己印象深刻的食物，那么可以将笔记进一步结构化。这时最实用的工具就是九宫格了。

对于每一种食物，在上段三宫格填入"什么时候吃的？在哪儿吃的？和谁一起吃过？"等相关信息；在下段三宫格填入该食物最具特点的食材信息。由此，美食话题九宫格就完成了（见图3-6-1）。

我的填写如下。

小时候吃过的食物中，让我印象最深刻的是用芜菁腌制而成的酱菜。现在我还常回忆起40多年前在京都老家和父母、祖父母及曾祖母一起吃芜菁片的场景。我家腌制的酱菜使用了大量优质海带，所以口感甘甜顺滑，让人上瘾。我至今仍然非常爱吃。

最近吃过的食物中，给我印象最深的是荞麦面卷。在我大儿子生日时，妻子带着我们双方的父母和我们的孩子在附近专卖荞麦面的店点了荞麦面卷。它是用鸡蛋把鳗鱼包起来形成的一个大卷，一般应该用米饭的部分用了荞麦面来替代，这样的做法非常少见。

　　有机会的话，我最想品尝的是名为佛跳墙的中国食物。据说它是用了干鲍鱼及鱼翅等十几种高级干货食材而成的。传说因它太香了惹得出家修行的和尚都忍不住翻墙出来品尝，所以得名"佛跳墙"。等孩子长大后，我想找机会带上妻子到中国去品尝正宗的佛跳墙。

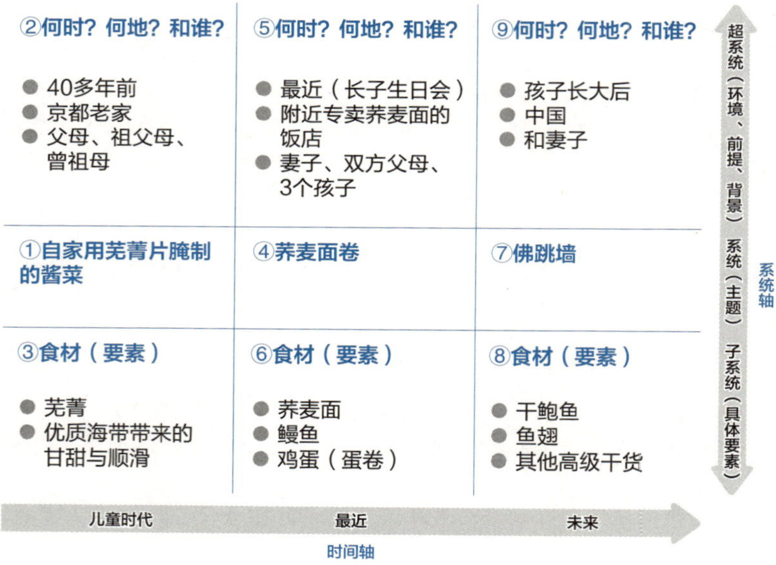

②何时？何地？和谁？ ● 40多年前 ● 京都老家 ● 父母、祖父母、曾祖母	⑤何时？何地？和谁？ ● 最近（长子生日会） ● 附近专卖荞麦面的饭店 ● 妻子、双方父母、3个孩子	⑨何时？何地？和谁？ ● 孩子长大后 ● 中国 ● 和妻子	超系统（环境、前提、背景）
①自家用芜菁片腌制的酱菜	④荞麦面卷	⑦佛跳墙	系统（主题）
③食材（要素） ● 芜菁 ● 优质海带带来的甘甜与顺滑	⑥食材（要素） ● 荞麦面 ● 鳗鱼 ● 鸡蛋（蛋卷）	⑧食材（要素） ● 干鲍鱼 ● 鱼翅 ● 其他高级干货	子系统（具体要素）
儿童时代	最近	未来	系统轴

时间轴

图 3-6-1　美食话题九宫格

用九宫格辅助学习

　　相信理科生在高中时都学过"植物演替"理论。

如果单纯看以下文字，确实较难理解：

苔藓→一年生草本→多年生草本→阳生植物→阴生植物。

如果再加上各个时期的特征，那么记起来更非易事。

我们可先用九宫格思维将这些内容分为"更大空间"和"局部空间"，然后补充上各空间对其他空间的影响程度及萌芽时的状态等，这样就能发现每个阶段之间的连续性，记忆起来也更加容易。

以下是我参考了森林、林业学习馆网站的内容绘制而成的九宫格（见图3-6-2）。

● 一年生草本植物生长的土壤 ● 阳光无法照到一年生草本植物上 ● 增加水分	● 多年生草本植物生长的土壤（稍深） ● 阳光无法照到树苗上 ● 较耐旱	● 适合树木生长的土壤（足够深） ● 阴生植物成树挡住了阳光，导致地表几乎无阳光 ● 地面不干燥	更大空间（周边环境、整体）
多年生草本植物构成的草原 多年生草本植物： 芒草、茅草等	**以阳生植物为主的树林** 阳生植物： 赤松、栲树等	**以阴生植物为主的树林** 阴生植物： 毛叶栲栗、樫树、山毛榉、杉树、桧木等	更大基准（聚焦对象的空间） 系统轴
● 即使地上部分枯萎，地下根茎还在 ● 促进岩石风化 ● 形成适合树木生长的土壤	● 从灌木丛向以阳生植物为主的树林转化 ● 阳生植物的树苗无法生长 ● 对于阴生植物有利	● 从混合林向极相林转化 ● 阳生植物衰退 ● 日本"三大美林"（青森的丝柏林、秋田的杉林、木曾的桧林）	局部空间（微观构成要素）
前20年	20~200年	200年后	

时间轴

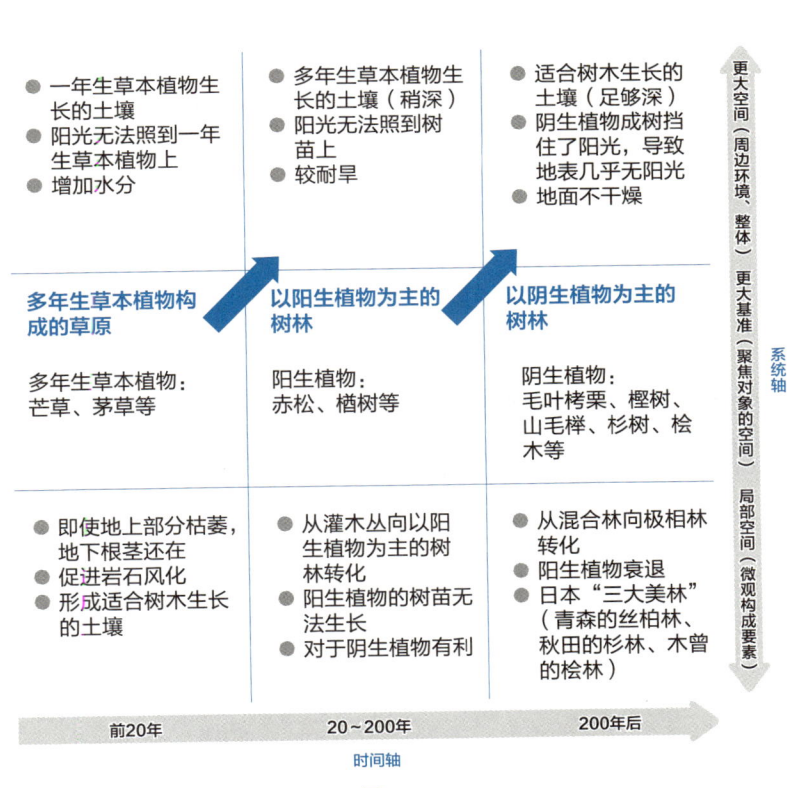

图 3-6-2

首先在中段横向三宫格填入各时期的植物（分析对象）；在相应的上格填入环境状况，包括：土壤情况、光照情况、水分保持情况等；同时在相应的下格填入上述环境的局部变化。

此处所列举的例子虽是生物学领域的，但对于社会、历史领域也同样适用。

另外，如果要列出所有的内容至少需要 3 段 ×6 列共 18 个格子。一般情况下，九宫格思维用到 9 个格子，但也可根据需要往横纵方向扩展（其实，TRIZ 有个著名的方法，就是不断扩充内容，画出巨大的矩阵）。

真正重要的是学会划分、排列、比较。

所谓的思考工具其实就是一种解决问题的方法。只要能够达到"激发出更好的创意"这个目的，就不必过分拘泥于所采取的方法到底是哪种。

大家在熟悉了九宫格思维后，也请不要懈怠，而是要继续努力前行，从"守破离"[①]的"守"境界迈向"破"境界。

用九宫格做读书笔记

本节讲一种用于进行图书介绍的九宫格。下面将以我的另一本书《日常生活中的发明原理》为例进行说明。

在此九宫格中，首先在中间列中间格填入这本书的特征，接着

---

① "守破离"源自日本剑道，后发展到其他运动与行业。"守"指最初阶段须遵从老师教诲达到熟练的境界，"破"指试着突破原有规范，"离"指自创新招数另辟出新境界。——译者注

在最左列中间格中填入比较的对象,并在最右列中间格填入读完这本书的人发生了什么变化。

●最左列

20世纪90年代,作为发明问题解决理论的TRIZ刚引进日本时,曾被认为是一种能立刻提供发明创意的"魔法杖"。进入21世纪后,TRIZ被用作搜索专利文件的IT工具,帮助人们从庞大的专利资料库中找到对自身业务有益的灵感。

虽然TRIZ具有很强大的分析能力,但因较难理解和掌握,所以有些人认为它实际效用不大。

过去出版的相关图书,大都将TRIZ进行浓缩、精炼,所列举的例子也大多为工业产品,有些书的印刷、排版设计也很简单。

●中间列

这本书由高木芳德先生撰写,高木先生在所任职的企业中曾获得"发明数量最多奖",仅写作这本书就花了两年时间。同时,这本书在日本亚马逊的发明专利类图书排行榜居榜首长达半年。

这本书并不是直接教读者解决问题,而是引导读者学会从日常用品中找到其发明要素,以及帮读者掌握向其他成员说明问题解决方案所需的沟通技巧。

具体来说,这本书着眼于找到"发明原理",以巧克力、USB等240多个日常生活用品为例,搭配相关图片,阅读起来十分轻松。

●最右列

近年来随着AI技术的进步,如何提高问题解决能力与创造力备受瞩目。我读完这本书后,现在也能运用发明原理从日常用品中找出发明要素,有种学有所成的愉悦感。

例如，这本书教会了我"看见凹痕时，要意识到它其实是一种发明"、"进行非对称设计是有原因的"，以及"夹在中间的事物有其意义"，等等。

此外，同为 TRIZ 界图书作者，我个人认为，读者如果能通过阅读这本书掌握 TRIZ 的基本概念，便能轻松理解介绍 TRIZ 的其他图书。也正因为有这些经典著作，我才能放心地撰写入门书。

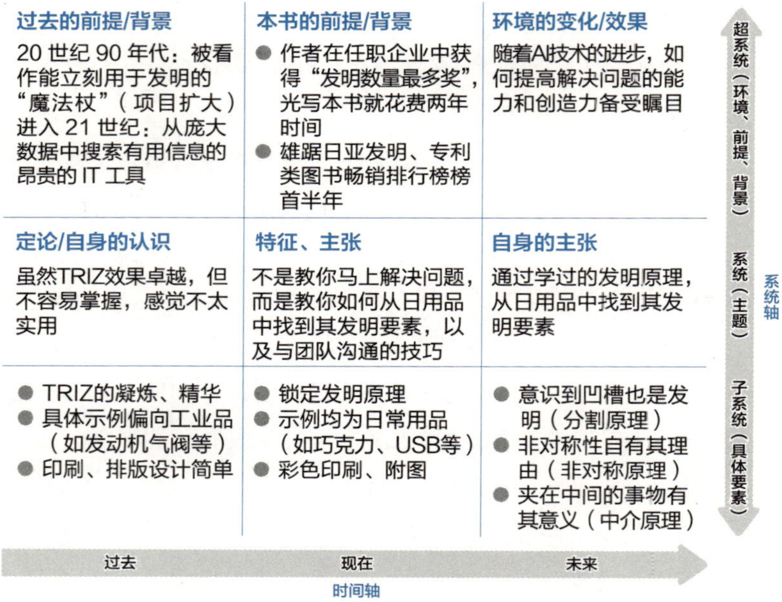

过去的前提/背景	本书的前提/背景	环境的变化/效果
20世纪90年代：被看作能立刻用于发明的"魔法杖"（项目扩大）进入21世纪：从庞大数据中搜索有用信息的昂贵的IT工具	● 作者在任职企业中获得"发明数量最多奖"，光写本书就花费两年时间 ● 雄踞日亚发明、专利类图书畅销排行榜榜首半年	随着AI技术的进步，如何提高解决问题的能力和创造力备受瞩目
定论/自身的认识	**特征、主张**	**自身的主张**
虽然TRIZ效果卓越，但不容易掌握，感觉不太实用	不是教你马上解决问题，而是教你如何从日用品中找到其发明要素，以及与团队沟通的技巧	通过学过的发明原理，从日用品中找到其发明要素
● TRIZ的凝炼、精华 ● 具体示例偏向工业品（如发动机气阀等） ● 印刷、排版设计简单	● 锁定发明原理 ● 示例均为日常用品（如巧克力、USB等） ● 彩色印刷、附图	● 意识到凹槽也是发明（分割原理） ● 非对称性自有其理由（非对称原理） ● 夹在中间的事物有其意义（中介原理）
过去	现在	未来

时间轴

超系统（环境、前提、背景） / 系统（主题） / 子系统（具体要素） — 系统轴

图 3-6-3　用九宫格介绍图书（以《日常生活中的发明原理》为例）

用九宫格做预测

随着 AI 技术的日益进步，提高"创造力"的学习需求也日渐高涨。

● 最左列：制造和流通的时代

在工业革命之前，90%以上的人都以务农为生。随着农业机械和肥料的改良，农业生产的效率也大幅提升，催生了农业以外的各种产业。

工业革命爆发后，城市化进程加速，进行工业品生产的工厂陆续出现。当时所谓的工业生产，复制出一个个已经取得成功的产品（是的，可能颠覆你的认知，但这就是当时的真实情况）。而且，当时所谓的劳动，就是购买原材料、在工厂里生产，然后将产品销售出去，这就是"劳动"的最基本样貌。

当时生产上面临的瓶颈就是工厂的产能，而能解决此瓶颈的，就是提高生产管理能力。例如加强供应链的管理及改进生产技术等。

在当时的背景下，遭遇的瓶颈越多，只要改善效率，就能产生越多的利益，因此人们不断地提高生产效率。

● 中间列：营销和 IT 时代

工业生产的效率提升带动了 IT 革命，价值的体现方式也开始从实体产品转向数字化。大量生产（复制）变得越来越简单。

由于交通发达、移动范围扩大，销售成为比生产更加重要的环节。在这样的背景下，当时被称为"上班族"的人中，大部分都是与销售业务或市场开发相关的。

在这样的时代里，新的瓶颈出现了，那就是想找到各种产品的"最理想组合"，但由于可以考虑的选项太多，人的判断力可能就不够用了。

因此，业务员的主要工作内容也发生了转变，即"如何将需求和供给（要素）进行完美匹配"。

从大的方面来说，进行程序设计或调整产品参数等"使产品发挥出最大效能"的工作也是一个解决方案。同时，关于如何才能实现供给（要素）和需求完美匹配的咨询也越来越多了。

此时最需要的技能就是沟通能力和 IT 能力。另外，使人们的判断变得更加简单的品牌管理能力也越来越受到重视。

目前，兼具上述 3 个特征，并且世界排名前列的企业就是 GAFA。

●中间列→最右列：高效找到正确答案

当然，历史总在不断重演。现在仍和以前一样，当事业遭遇瓶颈时，只要继续改善效率，就能有更多利益，因此，提高效率仍是企业持续追求的。

尤其是深度学习技术出现后，通过 AI 实现提效目的的竞争正在火热进行。与此同时，计算机的运算能力也在指数级增长。

如今只提供大量的"正确示例"（题库），计算机就能以比人类高出数十倍的效率进行判断。

于是，接下来的瓶颈将从如何针对人类的"判断"找到解决方案，逐渐转变为如何给计算机提供有效的深度学习训练数据。

●最右列：创造和 AI 时代

现在，工作的价值正渐渐转变为创造新的正确答案（或错误答案）。

首先，随着感应技术的发展，过去无法数字化的内容现在都有可能数字化。

其次，针对过去必须做出取舍的选项，如何通过新的方式在其中找到创造新价值的创造力的需求越来越高涨。

此外，最近越来越受重视的"福祉"（well-being）相关理念和举措，也显示出必须尽快找到与以往不同的"正确答案"。

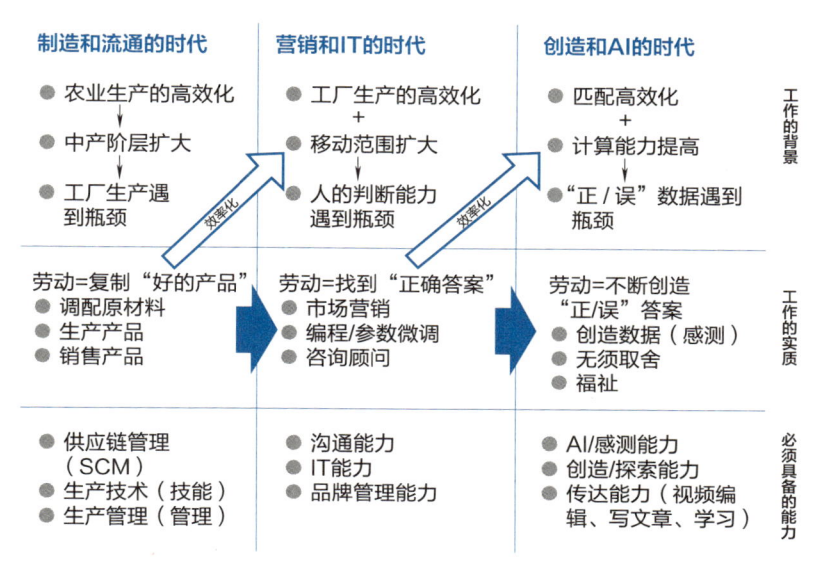

	制造和流通的时代	营销和IT的时代	创造和AI的时代	
	● 农业生产的高效化 ● 中产阶层扩大 ● 工厂生产遇到瓶颈	● 工厂生产的高效化 ＋ ● 移动范围扩大 ↓ ● 人的判断能力遇到瓶颈	● 匹配高效化 ＋ ● 计算能力提高 ● "正/误"数据遇到瓶颈	工作的背景
	劳动=复制"好的产品" ● 调配原材料 ● 生产产品 ● 销售产品	劳动=找到"正确答案" ● 市场营销 ● 编程/参数微调 ● 咨询顾问	劳动=不断创造"正/误"答案 ● 创造数据（感测） ● 无须取舍 ● 福祉	工作的实质
	● 供应链管理（SCM） ● 生产技术（技能） ● 生产管理（管理）	● 沟通能力 ● IT能力 ● 品牌管理能力	● AI/感测能力 ● 创造/探索能力 ● 传达能力（视频编辑、写文章、学习）	必须具备的能力

图 3-6-4 用九宫格预测未来

● 右下：未来可能需要的能力预测和九宫格

针对上述背景，我们可以预测未来需求最大的应是 AI 技能和数字化能力。因为数字化可以帮助我们高效地处理工作。

但上述能力充其量也只是技术。如果想通过这些技术创造劳动机会，作为基础的"创造力"绝对不可或缺。越是过去没有的创意，价值就越高。

然而，如果是过去没有的创意，要使他人理解就更难，还有可能因为无法传达而被埋没。因此，除了创新能力，将自己的创意很好地传达给他人的表达能力，也应是未来必备的能力之一。例如贴标签的能力，也就是在面对未知事物时，能对其做出判断。此外，视频编辑能力、撰写文章的能力、打造学习场所的能力等，也可算是表达能力的一种。

因此，我衷心希望这些都能通过各种九宫格帮到大家。

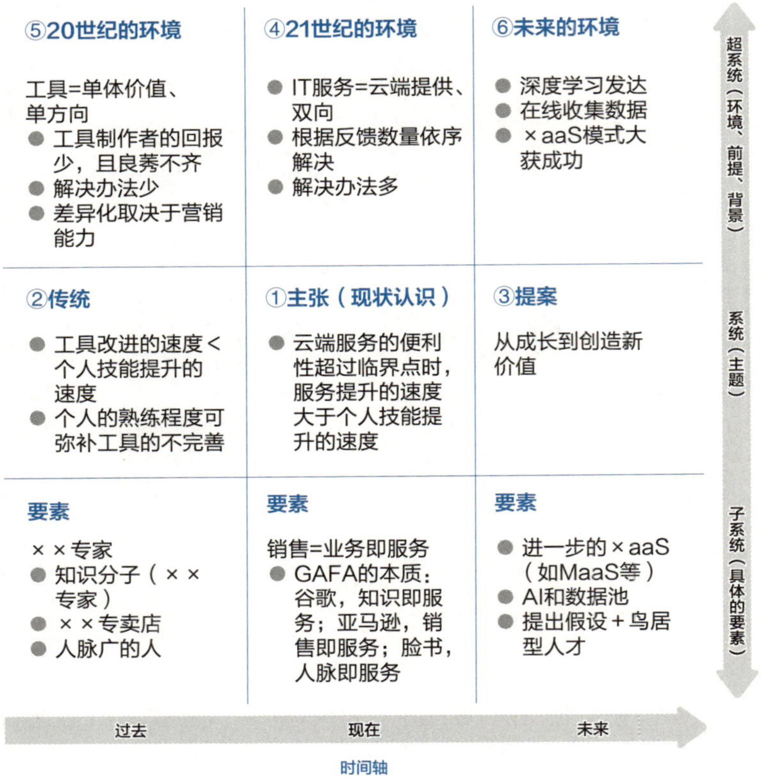
⑤20世纪的环境
工具=单体价值、单方向
● 工具制作者的回报少，且良莠不齐
● 解决办法少
● 差异化取决于营销能力
④21世纪的环境
● IT服务=云端提供、双向
● 根据反馈数量依序解决
● 解决办法多
⑥未来的环境
● 深度学习发达
● 在线收集数据
● ×aaS模式大获成功
②传统
● 工具改进的速度＜个人技能提升的速度
● 个人的熟练程度可弥补工具的不完善
①主张（现状认识）
● 云端服务的便利性超过临界点时，服务提升的速度大于个人技能提升的速度
③提案
从成长到创造新价值
要素
××专家
● 知识分子（××专家）
● ××专卖店
● 人脉广的人
要素
销售=业务即服务
● GAFA的本质：谷歌，知识即服务；亚马逊，销售即服务；脸书，人脉即服务
要素
● 进一步的×aaS（如MaaS等）
● AI和数据池
● 提出假设＋鸟居型人才
超系统（环境、前提、背景）
系统（主题）
子系统（具体的要素）
系统轴
过去
现在
未来
时间轴

图 3-6-5　从成长到创造新价值

在九宫格中使用插图

为了让读者能熟悉和掌握纵、横两轴和九宫格，本书所讲的九宫格并没有加入插图。

但想兼顾创造力和表达力时，有时仅仅是附上简单的缩略图，也能发挥极大的效用。

其实插图还有一个很大的作用。例如，当你熟悉、掌握九宫格之后，可能会绘制出几十甚至几百张九宫格。在这样的情况下，就算只加上一个简单的图示，在将来也能帮助你很快找到自己想要的九宫格（见图3-6-6）。

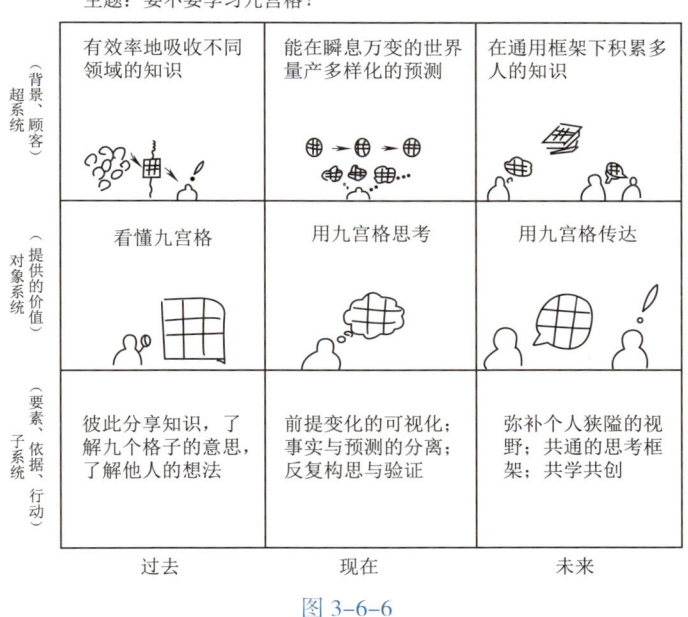

主题：要不要学习九宫格？

	（背景、顾客） 超系统	（提供的价值） 对象系统	（要素、依据、行动） 子系统
过去	有效率地吸收不同领域的知识	看懂九宫格	彼此分享知识，了解九个格子的意思，了解他人的想法
现在	能在瞬息万变的世界量产多样化的预测	用九宫格思考	前提变化的可视化；事实与预测的分离；反复构思与验证
未来	在通用框架下积累多人的知识	用九宫格传达	弥补个人狭隘的视野；共通的思考框架；共学共创

图 3-6-6

为了方便读者理解，本书在说明九宫格的填写方法时，看起来好像是逐格填写的，但实际上，我一般先在每个格子里填入大约3条内容，接着如图3-6-7所示在不同格子之间来回填写。特别是相邻格子之间，来回修改的情况更为显著（例如图3-6-7中的③④、⑨⑩⑪，以及⑫~⑭）。之所以如此填写，是因为每填写一个项目，思考便会前进一步，各项目之间也会彼此影响。此外，填写上格时，顺序大多是由下往上。随着范围的扩大和视野变宽，思维也将逐渐变得抽象。

第三部分　利用九宫格思维进行沟通

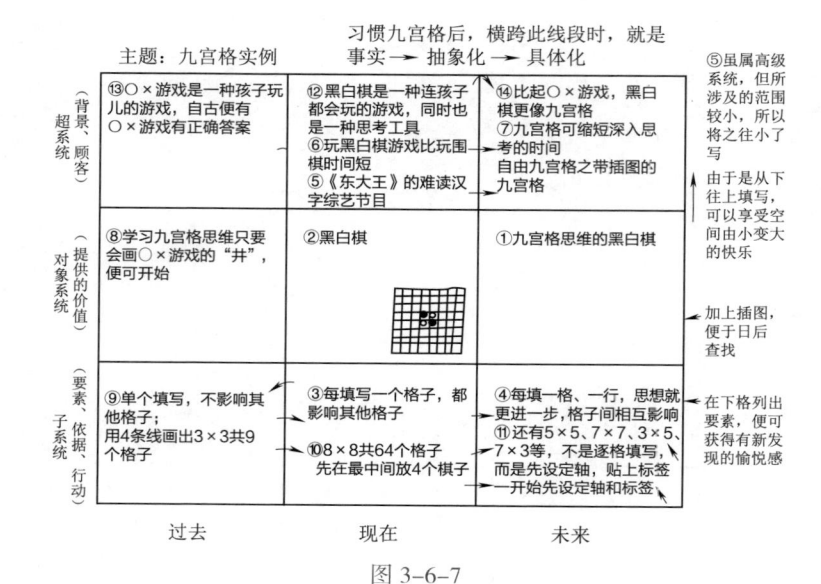

	主题：九宫格实例	习惯九宫格后，横跨此线段时，就是 事实 → 抽象化 → 具体化	
（背景、顾客）超系统	⑬○×游戏是一种孩子玩儿的游戏，自古便有○×游戏有正确答案	⑫黑白棋是一种连孩子都会玩的游戏，同时也是一种思考工具 ⑥玩黑白棋游戏比玩围棋时间短 ⑤《东大王》的难读汉字综艺节目	⑭比起○×游戏，黑白棋更像九宫格 ⑦九宫格可缩短深入思考的时间 自由九宫格之带插图的九宫格	⑤虽属高级系统，但所涉及的范围较小，所以将之往小了写 由于是从下往上填写，可以享受空间由小变大的快乐
（提供的价值）对象系统	⑧学习九宫格思维只要会画○×游戏的"井"，便可开始	②黑白棋	①九宫格思维的黑白棋	加上插图，便于日后查找
（要素、依据、行动）子系统	⑨单个填写，不影响其他格子；用4条线画出3×3共9个格子	③每填写一个格子，都影响其他格子 ⑩8×8共64个格子 先在最中间放4个棋子	④每填一格、一行，思想就更进一步，格子间相互影响 ⑪还有5×5、7×7、3×5、7×3等，不是逐格填写，而是先设定轴，贴上标签 一开始先设定轴和标签	在下格列出要素，便可获得有新发现的愉悦感
	过去	现在	未来	

图 3-6-7

332　　九宫格思维

参考文献

下面还是通过九宫格思维，简单介绍我在撰写本书时参考过的资料。我以 who/what/how 为系统轴，以类似"过去→现在→未来"的思路为横轴绘制了九宫格。

- who 是预设的对象（读者）；
- what 是能提供给上述对象（读者）的价值；
- how 是具体的图书或网站。

how 部分格子①～③的标准如下：
① 非常值得一读，但对于初学者难度较高。
② 建议在阅读①中的文献之前阅读。
③ 并非专业文献，而是网页等比较容易读懂的科普文章等。

最左列上格，是对本书相关的传统方法感兴趣的读者，最左列纵向三宫格列出的则是现有的最为值得参考的方法。

首先是照屋华子和冈田惠子合著的《麦肯锡逻辑思考法》及其续集《逻辑思考练习本》，这两本书为本书的报告、联络、商量九宫格部分提供了很多有益的参考。本书的"30秒自我介绍"则是参考了吉野真由美的《电话销售魔法：将约见成功率瞬间提升7倍的绝对法则！》。关于使用横纵双轴的作用，我参考的是高桥晋平的《精准策划》。

下面给大家推荐三本很好地运用了九宫格思维的著作。

第一本是管理学博士川上昌直先生的《这才是生意人的赚钱

思维》，该书著名的"九问九宫格"商业模式就是 3×3 的九宫格结构，使用的双轴分别是事业概念轴（who/what/how）和事业要素轴（顾客价值／利益／过程）。

对本书相关的传统方法感兴趣的读者	看完本书后，想进一步了解TRIZ的读者	看过本书后，想利用九宫格思维进一步共创知识的读者	who
本书参考的传统方法	TRIZ相关信息	面向已经习惯了高层次思考者的信息	what
①《麦肯锡逻辑思考法》照屋华子、冈田惠子 ②《电话销售魔法》吉野真由美 ③TED演讲：Creative Training Techniques Handbook	①《系统性创新手册》达雷尔·曼恩 ②《日常生活中的发明原理》高木芳德 ③介绍TRIZ的各种网站	①《新展望2050：白金社会》小宫山宏、山田兴一 ②《一天只工作3小时，平静生活的思考法》山口扬平 ③内田树研究室（博客）	how
过去	现在	未来	

图　参考文献九宫格

第二本是曾在麦肯锡和波士顿咨询公司（BCG）工作 20 余年的名和高司所著的《麦肯锡＆波士顿解决问题方法和创造价值技巧》。在这本书里，作者将 2×2 的安索夫矩阵扩充为 3×3，并分析了其中的差异。

第三本是近藤哲朗的《商业模式 2.0 图鉴：全球 100 家新创企业的成功之道》，该书也将要素配置于 3×3 的格子里，探讨使用者、企业和管理者之间的关联性。（此外，据说九宫格思维在 1984 年便出现在 TRIZ 发明者阿奇舒勒的论文中。）

最后，来看看 why/what/how 的价值。对此，西蒙·斯涅克

（Simon Sinek）在其TED演讲《伟大的领导者如何激励行动》（How Great Leaders Inspire Action）中已经讲得非常清楚了。另外，前述的高桥晋平先生也曾在TED大会演讲。通过TED演讲，我们还可以学到除TRIZ以外的各种方法。

此外，在制作企业九宫格时，企业的官方网站，尤其是企业沿革和投资人关系（IR）等相关资料，皆十分有用。

接下来移到中间列。中间列的信息都是与TRIZ有关的资料，适合看完本书后，想更进一步了解TRIZ方法的读者。

还有一本必须给大家介绍的书，就是英国的达雷尔·曼恩所著的《系统性创新手册》。据我所知，在本书出版之前，《系统性创新手册》是一本将九宫格思维讲得最详尽的书。

不过，该书对刚接触九宫格思维的读者来说较为艰涩难懂，所以建议大家先阅读我的《日常生活中的发明原理》，也可参考各种介绍TRIZ的网站，从中找出较适合自己的TRIZ相关图书，之后再挑战上述著作。

最后是有关TRIZ信息的网站。首先，建议各位先从"IDEA PLANT"网站（https://ideaplant.jp/）上找到石井力重先生分享的资料，大概地了解TRIZ。对TRIZ的历史介绍得比较详细的网站是"TRIZ塾"（http://www.trizstudy.com/）。另外，日本也有一些翻译自俄文、适合儿童的TRIZ入门书。

如果想了解TRIZ实际上如何对事业有所助益，"IDEA"（https://www.idea-triz.com/）及IDEATION JAPAN INC公司的（https://ideation.jp/）官网上都有详细的事例介绍。

还有一个网站将上述信息都进行了汇总，堪称TRIZ信息大全，这就是由中川彻先生经营的"TRIZ Home Page"。该网站不仅介绍TRIZ在日本的使用情况，对于日本以外的TRIZ使用情况也有记载：https://wwwosaka-gu.ac.jp/php/nakagawa/TRIZ/TRIZintro.html。

最右列的对象是看完本书后，想利用九宫格思维进一步共创知识的资深读者。这类书的作者早已将高层次的思考融入日常生活。

东京大学第 28 任校长小宫山宏先生在其与山田兴一合著的《新展望 2050：白金社会》中提出了一个"有依据的乐观愿景"，即日本有望在 2050 年前后，成为一个资源和能源可以自给的国家。现在距离 2050 年还有较长时间，有兴趣的读者可以边绘制九宫格边阅读这本读起来耗时又涉及专业知识的好书。

长尾达也的《知识的构建——小论文的写法》（そもそも論じるとは何か？）不仅是一本应试书，还探讨了"何谓论述"，它用 3×3 矩阵，引导读者深度思考。

山口扬平先生的著作也使用了时空画布。使用时空画布可以先设定未来、再展开思考，此书也值得大家一读。

内田树先生的博客，不仅视野宏大，还包括对未来的许多预测，甚至经常讨论常人认为不可能发生的未来。建议大家结合九宫格思维来学习相关内容，相信一定收获颇丰。

另外，我还想向大家推荐可以在线免费阅读经典名作的"青空文库"，我就是在这里阅读了寺田寅彦先生的几本著作。

后记

我在公司里有一群后辈,他们怀着满腔热情向集团副总经理提交申请,希望公司拨款 3000 万日元用于打造一个让员工进行共创活动的空间。他们向上司提交申请的次日便收到了拒绝的邮件,邮件只有简短的一句:

"我不知道打造这样的空间是不是公司应该做的。"

那群后辈中,正好有我的学生。

他在做完简报之后对我说:"高木前辈,我想利用九宫格思维重新仔细检查我们的策划案。希望能得到您的指导。"

我当然一口答应,并且再次为他和他团队的成员讲解如何运用九宫格思维。

后来他们运用九宫格思维不断更新和优化自己的创意,并在一个月后再次提交了申请。

隔天早上,他们便收到了回信,邮件同样只有简短的一句话:

"我明白你们的想法了,你们想在公司打造一个共创空间,对吧?"

这意味着,审核通过了!

于是,这个打造共创空间的活动便开始运作,并于翌年以"沟通共创中心"的形式盛大开放。

****

也正因为有了这件事作为推手,我终于下定决心出版本书。现在,离本书通过出版策划已过了 4 年,同时距离我的前一本书出版已过了 6 年半,我终于能将第 2 本介绍 TRIZ 的书呈现给读者了。在准备出版的这段时间,我制作了 3000 多张九宫格图。

接下来，我想先说明上一本书的出版情况，以及九宫格思维的变迁及运用，同时也想借此机会向大家表示感谢。

感谢各位读者的厚爱，据说《日常生活中的发明原理》在日本亚马逊网站成了发明专利类的畅销书，并且连续两年一直占据排行榜前5名。

而且，还有很多朋友私下告诉我他们看过我的书，一些刚认识的朋友也表示："我同事有你的书！"甚至曾有名人对我说："我女儿买了你的书！"

面对这样的反馈，我确实喜出望外。

但最让我高兴的，还是该书的出版让我有了更多讲授TRIZ的机会。不仅是在我任职的公司内部，我还在日本国立研究所、东京大学，还有其他公司，以及高中、托儿所、厚木区儿童科学馆、科学技术馆、图书馆等机构，举办了共100多场小组研讨会，参与人数超过3000人。整个过程中，共有超过200名工作人员大力协助，他们与我共同努力完成了授课。其中包括技术人士学会、东京大学工学部工友会，以及索尼的同人等。所以，我想借此机会向他们表示诚挚的感谢。

公司的后辈得知这本书的作者竟然和自己在同一家公司任职后，也纷纷来找我学习。因此我开始有了一个可以持续进行九宫格学习的机会，这也是我写作本书的原因之一。

本书得以出版，并非我一个人的功劳，松崎、川鸠、奥池、米泽、朝原、渡边、石河都是幕后功臣，在此特向他们表示真心的感谢。

我除了帮助工程师学习如何用九宫格思维提出创意，还开始思考如何让九宫格思维帮助工作、营销以及个人发展。

我第一个成功的营销案例，是获得了在《日经商业在线》（Nikkei Business Online）撰写连载专栏的机会。

当时向对方提出方案时，我就是一边绘制和填写九宫格，一边向他们说明"矛盾定义"的概念。

我和同为发明家的父亲一起撰写的专栏"发明烦恼咨询室——从 TRIZ 找到答案",以隔周刊出的形式,共出了 24 期,连载了 1 年左右。

另外,我的工作也兼顾了研究和营销。

这项新的业务具有一种全新的功能,即不透露个人信息的用药记录通知。我利用九宫格向各药厂负责人说明这一做法的好处:不但更加方便,同时更符合未来社会的需求。

而且,我还在公司内部创收,用我在公司内部的培训产生的收益购买我的工时,有一段时间这一比例竟然高达 50%。

因此,在此我也要向给我这个机会的福士、森井、石岛以及当时部门的同人,还有制药厂和相关政府部门的各位朋友,包括公司的同人,表示感谢!

感谢教会我 TRIZ,并让我在公司内部有机会教学的永濑、池田、西本、石原、安达等人,也感谢告诉我 TRIZ 世界很大、很宽广的三原、中川、前古,以及 TRIZ 协会的各位。

感谢给我到东京大学讲授 TRIZ 机会的村上教授、石北教授,以及索尼集团人力资源部及基础技术研修部的相关同人。

感谢从上一本书开始便与我一同实践九宫格思维,并通过实际使用九宫格,让出版方案在策划会议上顺利通过的第一任编辑堀北先生,以及后来接手的牧野编辑,他让原本没有出电子书计划的我,顺利以电子书形式发行上一本书。同时还非常感谢与我一同举办读书会的伊东,以及与这本书相关的所有人员。

上一本书的第一任责任编辑,时任社长干场先生,在那一年里,通过各种形式教我提高文字表达能力,同时也对本书提出了许多具体建议,在此一并致谢。

承蒙读者的厚爱,由于上一本书广受好评,我也因此获得出版社的邀约，征询下一本书的出版意愿。老实说，我最初预设的第二本书的主题是"TRIZ 的矛盾定义"或"TRIZ 的进化趋势"，但最后竟成了现在这样与最初设想完全不同的书。

本书在交付印刷之前经过了两次大的修改（图文都增加到原来的 2~3 倍），因篇幅限制，更多常见的九宫格无法收录，希望未来还有机会与各位分享。

此外，为了将九宫格思维运用在小升初的备考上，我举办了"用 TRIZ 写读后感"的培训课，还将其拍成视频上传到网络，大家只需将"用 TRIZ 写读后感"作为关键词在网上搜索就能找到该视频。也就是说，九宫格思维也能帮助大家梳理文章架构，提高写作水平。

另外，如前文所述，九宫格思维和头脑风暴法一样，加上示意图，不仅更加清晰易懂，对创造力提升也更有帮助，所以建议大家务必一试。

发明九宫格结合了九宫格思维、TRIZ 发明原理和 TRIZ 进化趋势，也非常适合配合其他 TRIZ 工具使用，例如可以与 IFR（ideal final result，最终理想解）和 SLP（smart little people，聪明的小人物模型）[1]搭配使用。如果想运用九宫格思维对未来进行预测，并添加一些独特性，可以将上述工具放在九宫格最右列，或是在最右列之外再加第四列。

想更详细地了解上述 TRIZ 工具的读者，可以参考前文"参考文献"部分讲的《系统性创新手册》一书。相信通过这本书的厚度，读者便可体会 TRIZ 系统的庞大。

我原本以为只要每两年理解 TRIZ 的 1/10，20 年后就应该能完全掌握它，没想到迈出第一步就花了 6 年。照此来看，我至少要花 60 年才能掌握 TRIZ（苦笑）。

---

[1] IFR、SLP 都是 TRIZ 理论的问题解决方法。——编者注

其实，我现在和大家一样，都走在学习 TRIZ 的路上，希望将来能和大家一起探讨。如果大家在阅读本书时有什么新的发现，还请不吝分享。

最后，还要感谢我的家人和同事。我和妻子都是上班族，养育 3 个孩子，全靠我的妻子、父母和岳父母的全力支持和帮助。在我专心写稿期间，我的妹妹、妹夫、外甥、外甥女也都给了我很大的帮助。

谢谢你们一直以来的帮助！

还要感谢其他同事和伙伴，我不在此一一列出名字了。我之所以能够花这么多时间学习和研究庞大而精深的九宫格知识，正是因为我在日常工作中出现疏漏时，有他们在默默帮我。

衷心感谢我身边的每一个人，他们在我出现纰漏时替我补救，在我根本没发现错误时替我修正错误。

因此，我非常期盼自己的作品能让这个国家、这个世界变得越来越好，每个人都过得越来越幸福。我希望能以此回报大家对我厚爱的万分之一二。

谢谢大家耐心读到这里。

与其他 TRIZ 工具一样，本书所有九宫格的图表和横纵轴的标签，本人皆放弃版权，大家可以自由使用。

欢迎大家自由使用我设计的标签，并在此基础上创作出更多能与他人共创的九宫格。

最后，我想用这句话作为本书的结尾：

只用简单的四条线画成的九宫格具有无比强大的创造力和表达能力，希望它能给我们带来一个更美好的世界。

TRIZ 创意讲师
东京大学聘任讲师
高木芳德